U0922950

别让心态毁了你

——最有效的情绪掌控法

墨　非◎编著

中國華僑出版社

图书在版编目（CIP）数据

别让心态毁了你：最有效的情绪掌控法 / 墨非编著.
—北京：中国华侨出版社，2013.3
ISBN 978-7-5113-3331-5

Ⅰ.①别… Ⅱ.①墨… Ⅲ.①情绪—自我控制—通俗读物 Ⅳ.①B842.6-49

中国版本图书馆 CIP 数据核字（2013）第 043364 号

● **别让心态毁了你**：最有效的情绪掌控法

编　　著 / 墨　非
责任编辑 / 宋　玉
责任校对 / 王京燕
装帧设计 / 天下书装
经　　销 / 新华书店
开　　本 / 710 毫米×1000 毫米　1/16　印张 /20　字数 /287 千字
印　　刷 / 香河利华文化发展有限公司
版　　次 / 2013 年 4 月第 1 版　2017 年 10 月第 2 次印刷
书　　号 / ISBN 978-7-5113-3331-5
定　　价 / 36.80 元

中国华侨出版社　北京市朝阳区静安里 26 号通成达大厦 3 层　邮编：100028
法律顾问：陈鹰律师事务所　编辑部：（010）64443056　64443979
发行部：（010）64443051　传　真：（010）64439708
网　址：www.oveaschin.com　E-mail：oveaschin@sina.com

前言

PREFACE

一位哲人说过："你的心态就是你真正的主人。"一位伟人说："要么你去驾驭生命，要么是生命驾驭你，你的心态决定谁是坐骑，谁是骑师。"常言道："心态决定命运。"心态如此重要，心态的力量如此之大，心态决定一个人的情绪，而情绪又决定一个人的人生。

生活中，我们经常会有各种各样的情绪体验：高兴、悲伤、愤怒、恐惧、痛苦……情绪就像"万花筒"丰富多彩，然而，情绪又犹如"夏日天气"，变化莫测。前一秒我们在微笑，后一秒就在哭泣；刚才还在心平气和，突然就怒火冲天；"情绪化"让我们时乐时怒，忽喜忽悲。严重时，还引起可怕的"情绪病"，影响我们生活中的一切乃至整个人生。情绪真的是不可把握，坏心情真的不可战胜吗？

美国密歇根大学心理学家南迪·内森的一项研究发现：一般人的一生平均有十分之三的时间处于情绪不佳的状态。可见，人们经常需要跟情绪作斗争，尤其是消极情绪。消极情绪的引起分为内因和外因两种情况。内因包括一个人的性格、性情、心态、思想等，比如有些人生来是悲观主义者，这类人注定一生都被不良的情绪所困扰；外因包括客观条件和外部环境，比如糟糕的事情、恶劣的环境、工作的压力、突然的天灾等。事实上我们的情绪大多时候是根据这些外因的变化而变化，此起彼伏。

每个人的人生都不会一帆风顺，人生道路上充满了许多的荆棘和坎坷，各种各样的艰难和困苦。然而，我们却会看到这个世界上存在两种人：一种人看起来经常愁云满面、忧心忡忡；一种人却时常笑容满面，笑口常开。这是为什么呢？这就归功于心态吧。心态好，心情就好；心态坏，心情就坏。也就是说无论外部环境如何变化，只要我们的心态保持平和，就会谱写出美好快乐的人生。

一个成功的人，首先要学会掌控自己的情绪，扼住情绪的“咽喉”，做情绪的主人。有人曾经说过：1％的坏心情会导致100％的失败。这个结论其实一点都不夸张，从古至今有很多实例证明，差的心态、坏的情绪会导致一个人在生活、工作、人际中处于劣势，陷入糟糕的情境中无法自拔。生活中，我们经常看到有人喜欢发脾气，不仅把事情搞得更糟，许多人唯恐避之而不及，还给自己的事业带来严重影响，这些人不是因为能力不够，更不是沟通能力太差，而是让1％的坏心情毁灭了自己100％的成功。而且，坏情绪对人的身心健康也有着强烈的影响。经科学家研究发现：经常生气、发怒、抱怨的人患心脏病的概率极高。哈佛大学曾调查了1600名心脏病患者，发现他们比普通人更容易焦虑、抑郁、发脾气。俗话说：身体是革命的本钱。没有好的身体，怎么取得成功、成就大业？

一个成熟聪明的人，不管外面刮风下雨，心房都会住着快乐的精灵，播撒下幸福的种子，盛开出美丽的花朵，温暖自己，温暖他人。常言道：“笑一笑十年少，愁一愁白了头。”那我们何不多笑笑，让自己拥有好心情，让自己永葆青春。有人说：生活如一杯白开水，放点盐，它是咸的，加点糖，它是甜的，生活的质量靠心情去调剂。那我们不妨多放点糖，让心情愉悦美好，让生活甜如蜜……

我们的生活离不开情绪，它是我们对外面世界正常的心理反映，心情会有好坏，情绪波动是很正常的，也是很必要的，但关键就要看我们有没有在“天时地利人和”的情况下把自己的情绪表现出来。表现得当，有可能会给我们带来很高的价值动力，反之，则会带来毁灭性的力量，可见情绪的把控和心态的调节对人生多么的重要。本书根据心态决定情绪的思想观点，分为三大篇章，运用大量的实例阐释和证实了情绪对一个人的身体、心理、工作、人际等生活中的一切所造成的巨大影响，并提出了许多有效的调控和管理自我情绪的方法和方式，形成一套行之有效的“情绪掌控法”，从而帮助读者在生活中保持好情绪、在人生中拥有好心态，远离“情绪病”，做情绪的主人；修炼高情商，做成功的自己；拥有好心态，做幸福的自己！

目 录

CONTENTS

上篇 远离“坏情绪”，做情绪的主人

中篇 修炼高情商，做成功的自己

上篇

远离“坏情绪”，做情绪的主人

人是感情极丰富的动物，人的情绪也是多种多样的。高兴、愤怒、悲伤、抑郁、痛苦、恐惧……这些都是最基本的情绪，而且情绪犹如“波浪”会时常波动，起起伏伏，这是再正常不过的现象。但是任何事物过犹不及，情绪也是如此，当情绪太过度、太极端，就会失控，如果状态持续，就会形成恶性循环，从而产生情绪障碍，以至于演变成“情绪病”。

随着社会经济的高速发展，“情绪病”在现代生活中愈演愈烈，已经成为一种非常普遍的心理疾病。据研究，情绪病的引起分外因和内因两种情况。外因包括环境刺激、各种压力、各种不如意的事情等；内因则是由于性格、性情、心态等所致。“情绪病”会导致人的精神状态不佳，乃至影响身体状况，最终会给人的生活带来困扰。因此，我们要学会及时通过情绪调控、平衡、转移、释放、选择等方式控制和调整自己的情绪，让自己远离“情绪病”，做情绪的主人，做自己的主人！

第一章

情绪认知

——了解情绪，才能更好地掌控情绪

“我今天心情不好”、“我今天太高兴了”、“我好害怕”……每个人都有自己的情绪，每天都在上演着不同的情绪。很多人知道自己是有情绪的：会高兴、会生气、会悲伤、会恐惧……然而却不知道自己为什么会产生这些情绪？情绪是从哪里来的？为什么自己的情绪会不断变化呢？有些人甚至不知道什么是情绪，情绪具体是指什么？

人的情绪就像一个“万花筒”，多姿多彩又变化莫测。因此，很多人不仅对别人的情绪琢磨不透，对自己的情绪更是不甚了解。俗话说：知己知彼，百战百胜。我们若想调控好情绪，让自己做情绪的主人，首先需要明白情绪，了解自己的情绪，探索出自己情绪的来源，知道自己的情绪变化规律。总之，学会认知自己的情绪，这样才能打败坏情绪，战胜坏心情，让自己天天拥有一个好心情。

1. 我们一起来揭开情绪的面纱

每个人都是有情绪的，每天都跟情绪共舞，尤其是现代社会这趟高速列车上，埋伏着各种各样的情绪，情绪就像神秘幽灵一样漂浮在我们赖以生存的空气中。然而又有谁知道情绪真正是什么？有谁去揭开情绪的面纱一探究竟呢？

《礼记·中庸》中有一句："喜怒哀乐之未发谓之中，发而皆中节谓之和。"由此得出喜怒哀乐这个成语，概括出了人们的最基本、最熟知的情绪。然而在现实生活中，我们的情绪更加丰富：我们有时会高兴喜悦，有时会难过痛苦，有时会焦虑忧伤，有时会空虚无聊，有时会孤单寂寞，有时会气愤憎恶，有时会恐惧胆怯，等等。情绪是极其复杂的心理现象，它有着独特的心理过程；情绪是实实存在的，同时又是琢磨不透、变化多端的。

1. 情绪的概念

关于"情绪"的确切含义，各大心理学家和哲学家已经辩论了上百年了。如今情绪有达 20 种以上的定义，尽管它们的表述各不相同，但主要包含以下四种成分：(1) 情绪会引起身体外在和内在的变化，这些变化是情绪的表达形式。(2) 情绪是一种有意识的体验。(3) 情绪不是盲目的，它包含认知的成分，甚至涉及对外界事物的判断和评价。(4) 情绪是行动的准备阶段，这可能跟实际行为相联系。

普通心理学定义上讲：情绪是指伴随着认知和意识过程产生的对外界事物的态度，是对客观事物和主体需求之间关系的反应。是以个体的愿望和需要为中介的一种心理活动。情绪包含情绪体验、情绪行为、情绪唤醒和对刺激物的认知等复杂成分。

通俗定义上讲：情绪就是人的心情、心境，是人各种的感觉、思想和行为的一种综合的心理和生理状态，是对外界刺激所产生的心理反应，以及附带的生理反应，如：喜、怒、哀、乐等。情绪是个人的主观体验和感受，常跟心情、气质、性格和性情有关。

2. 情绪的构成

情绪既是主观感受，又是客观生理反应，具有目的性，也是一种社会表达。情绪是多元的、复杂的综合事件。情绪构成理论认为，在情绪发生的时候，有五个基本元素必须在短时间内协调、同步地进行。

(1) 认知评估：当外界发生或出现某事（某人），认知系统自动评估这件事的感情色彩，因而触发情绪的产生（如，看到熟悉的某人去世了，人的认知系统会自动评估这件事对自身产生的意义）。

(2) 身体反应：身体自动反应是情绪的生理构成（如：意识到死亡无力挽回时，人的神经系统觉醒度降低，全身乏力，心跳频率变慢）。

(3) 感受：人们体验到的主观感情（如，对于某人死亡，人的身体和心理产生一系列反应，主观意识察觉到这些变化，把这些反应统称为“悲伤”）。

(4) 表达：情绪通过面部和声音变化表现出来，向周围人传达出自己对这一事件的看法和行动意向（如，悲伤时会哭泣、紧皱眉头）。当然，表达方式有共同处，也有独有的方式。

(5) 行动的倾向：情绪会产生动机（如，悲伤时会找人倾诉，愤怒时会吵架等）。

3. 情绪的意义

(1) 情绪是生命中不可或缺的元素

一个正常的人，必然是有情绪的，因为这是人的生理现象。没有情绪的人，无法想象，可以说如同行尸走肉、没有了灵魂。没有情绪的人是不完整的人，是人生的极致痛苦。

(2) 情绪是一个人的能力

这种能力有天生的因素，但更多的是后天培养的。如一个人的自信、勇气、冷静、坚定、创造力等，这些能力虽然需要资源、知识等辅助去实现，但是根本是由你的内心感受去实现的，俗话说“谋事在人”，没有心里的某种感觉支配，外在的东西都是“纸上谈兵”。真正有能力的人能很好地发挥自己的情绪能力。

(3) 情绪是我们的“良师益友”

每份情绪都有其意义和价值，给我们指明一个方向，或赐予某种力量。情绪督促我们不断学习、改变。如，小孩子被火炉烤痛了，下次就不敢再摸，不甘心落后的人才会发奋努力，假如没有恐惧，生命也就无谈珍贵了。

(4) 情绪是为我们服务的，勇做情绪的主人

情绪本是我们生命中的一部分，例如我们的手脚、积累的经验和知识等都是为我们服务的。很多人成为情绪的奴隶，是没有驾驭好情绪，使它臣服。然而这种情况是可以扭转的，当我们自身办不到时，可以借助外部力量，如知识、技巧等，帮助我们成为自己情绪的主人。

2. 情绪种类知多少

人类的情绪就像一只万花筒一样，色彩丰富多样。人类有几百种情绪，此外还有很多混合、变种、突变以及具有细微差异的“近亲”。情绪的种类仅用人类的语言是形容不完全的。

情绪本身就是一个复杂的混合体，就像人类身体上的各种神经系统交叉错综。因此要对情绪进行准确的分类显得尤为困难。

许多研究者对情绪进行了长期的探索，但一直都在争论到底哪些情绪属于基本情绪，甚至怀疑是否存在着基本情绪。中国古代将人的情绪分为喜、怒、哀、乐、爱、恶、惧七种基本形式。现代心理学一般把情绪分为快乐、愤怒、悲哀、恐惧四种基本形式。

美国心理学家保罗·艾克曼认为人类的情绪具有共通性，对此他花费40年之久进行了研究，并走访了很多国家，结果发现某些基本情绪（快乐、悲伤、愤怒、厌恶、惊讶和恐惧）的表达在不同的文化中都很雷同。

由此艾克曼指出：人类的确存在少数几种核心情绪。人类的四种基本情绪（喜、怒、哀、惧）所对应的特定面部表情，为世界各地不同的文化所公认，这说明情绪具有普遍性。艾克曼的观点一定程度上证实了人类是有基本情绪的，这四种基本形式即情感的红、黄、蓝三原色，以此为基础可混合成千上万种的情绪。

通俗地讲，喜就是快乐，是人们追求某种东西并达到目的时所产生的满足体验。它是一种正面的情绪，使人产生接纳感、享受感、超越感和自由感。

怒就是愤怒，是指由于受到干扰而使人不能达到目标时所产生的体验。愤怒有时是由于某种刺激骤然发生的，有时是经过长期的积压终于在某刻爆发。

哀就是悲哀，悲伤，是指人们对失去重要的东西或愿望破灭时、现实不能满足理想时产生的一种心理体验。悲哀的程度有重有轻，这取决于对象的重要性与价值性。

惧即恐惧，害怕，是指人们在遇到某种危险企图摆脱、逃避时所产生的体验。人们产生恐惧一方面是由于天生因素，比如女孩子见了老鼠等就会害怕，但更重要的原因是缺乏处理可怕情景的能力与手段。

另一种现代颇具代表性对情绪的分类是根据情绪状态即发生的强度、速度、持续时间和紧张度，分为心境、激情和应激。

1. 心境

心境是一种具有感染性的、比较平稳而持久的情绪状态。当人处于某种心境时，会以同样的情绪体验看待周围事物。如人伤感时，会见花落泪，对月伤怀。心境体现了“忧者见之则忧，喜者见之则喜”的弥散性特点。平稳的心境可持续几个小时、几周或几个月，甚至一年以上。

2. 激情

激情是一种爆发快、强烈而短暂的情绪体验。如在突如其来的外在刺激作用下，人会产生勃然大怒、暴跳如雷、欣喜若狂等情绪反应。在这样的激情状态下，人的外部行为表现比较明显，生理的唤醒程度也较高，因而很容易失去理智，甚至做出不顾一切的鲁莽行为。因此，在激情状态下，要注意调控自己的情绪，以避免冲动性行为。

3. 应激

应激是指在意外的紧急情况下所产生的适应性反应。当人面临危险或突发事件时，人的身心会处于高度紧张状态，引发一系列生理反应，如肌肉紧张、心率加快、呼吸变快、血压升高、血糖增高等。例如，当遭遇歹徒抢劫时，人就可能会产生上述的生理反应，从而积聚力量以进行反抗。但应激的状态不能维持过久，因为这样很消耗人的体力和心理能量。若长时间处于应激状态，可能导致适应性疾病的发生。

不管情绪有哪些种类，按照哪种形式分类，我们都要明白情绪是由我们自身产生的，是可把控的。情绪是人类生活中的重要一部分，我们离不开情绪，但在情绪的海洋中，我们绝不能迷失，而是自由自在地遨游前进。

3. 情绪的两极性——亦正亦邪

在现实生活中，我们经常顺嘴说“这段时间情绪很坏或很好”，事实上，情绪并无好坏之分，情绪本身也没有正负面之分，但是情绪引发的行为则有好坏之分，情绪引起的影响有好坏之分。也就是说情绪具有两极性，一方面表现为肯定的和否定的对立性质，如满意和不满意、喜悦和悲伤、爱和憎等。一方面表现在积极的和消极的，即积极情绪与消极情绪。

积极情绪主要包括喜爱、开心、幸福、愉快、崇拜、希望、宁静等，这类情绪会产生正面的影响，可给人“增力”，可以提高、增强人的活动能力，可促使人积极地行动。比如可以提高人的思维能力和奋发向上的精神，产生向上的力量，使人生机勃勃、缔造和谐，对身体健康有莫大的帮助。而消极情绪则包括沮丧、妒忌、紧张、怨恨、烦恼、愁闷、抑郁等，这类情绪会产生负面的影响，会“减力”，会降低人的活动能力。如由痛苦引起的悲哀会使人心不在焉，削弱人的活动能力，甚至产生悲观厌世的念头和慵懒、萎靡不振、颓废的心态，久而久之对身体产生极大的危害。

情绪产生的力量是巨大的，正面的情绪有可能帮助我们实现想要的一切梦想。美国最杰出的积极情绪研究者芭芭拉·弗雷德里克森曾有一本书名叫《积极情绪引起的力量》，书中赞叹道积极情绪是上帝赐予的魔法，可以创造出来像“花儿”一样美丽、欣欣向荣的生活，构建我们最美好的未来和社会。

而与积极情绪相对的负面情绪却像一个“魔鬼”，可以顷刻摧毁我们建立起来的一切。尤其是情绪具有传染的特性，一个人的消极情绪会影响到周围的人，一传十，十传百，最后影响一个民族、一个国家，甚至整个社会，从而引起无法想象的破坏力和危害。著名漫画家朱德庸先生言：世界上的创造百分之八十来自情绪，百分之八十的破坏也来自情绪。有些情绪需要我们控制，有些情绪需要我们疏导，有些情绪需要我们思考，有些情绪需要我们发泄。不必害怕情绪，因为它证明了我们对这个世界还是有感觉的。

因此，虽然情绪对我们的生活有极大的影响，正面的影响我们满心期待和欢迎，并把它们发挥到极致。但是对于负面的影响我们也不要恐惧、害怕、排斥。其实负面情绪也能给我们带来意想不到的收获——只要我们发现它们的正面意义。

每个负面情绪，用心体会，都是给人一份推动力，推动我们去作出正确的判断和处理行动。这份推动力，既可以是赐予我们一份力量，又或是指引一个方向，有的更能两者兼备。比如当我们回忆过去做错的一件事情时，就会因为内疚产生反思，产生改正这种错误的勇气；当我们感到痛苦时，就会想办法避开这种遭遇；当我们有忧虑时，就会努力让自己做得更好一点；当我们恐惧时，就会寻求避开存在的危险或不去尝试；当我们悲伤时，就会从中取得智慧更加珍惜眼前所拥有的，这些我们可以称之为情绪经验。当一个人拥有丰富的情绪经验时，会使自己的生活快乐多一些，幸福多一点。

上帝创造的功能总是有用的，万事万物都有它们存在的价值和意义。任何事物都是两面性的，我们的情绪亦如此。虽然它有两极之分，有积极和消极之分，有正面和负面之分，并且时刻发生在我们的生活中。但是假如我们认识到它负面的积极影响，就可以让负面情绪为我们服务，甚至成就辉煌。因此，情绪的亦正亦邪，都是控制在我们的手上，你正它则正，你邪它则邪。

4. 情绪是身体的报警信号

现代社会，人们的生存压力越来越大，很多人面对种种压力表现出种种情绪，并且变化多端，即越来越情绪化。有时候我们并没有意识到这些情绪，但是身体就早早地发出了“报警信号”。

据统计，目前由情绪引起的疾病已达到两百多种；有研究指出，70％以上的人最终还会遭受到情绪对身体器官的“攻击”。

情绪致病主要有两种情况：一是情绪波动太大，过于激烈。如狂喜、暴怒、骤惊、巨恐等，往往会迅速致病伤人。《范进中举》一文中描述了范进中举就喜极而疯的故事，生活中也有很多因过喜而致疯、惊恐而吓死，暴怒引起的脑溢血的实例。二是情绪波动强度虽然不大、不烈，但是波动持续时间过长、过久。如长时间的悲伤、忧虑、过多思念，经常处于心境不佳的状况就会积而成病。由此看出，无论是正面情绪还是负面情绪，过犹不及，即超过了人体的耐受程度皆会致病伤人，影响身心健康。

一般来说不良的情绪是引起我们身体疾病的主要“罪魁祸首”。大量临床医学研究表明：小到日常感冒，大到危及生命的肿瘤和癌症，都与坏情绪有着密不可分的关系。感冒是由于人们心里充满矛盾、长时间压抑、心里感到不愉快和不安全所致的免疫力下降，抵抗能力弱小，才被细菌感染引起的；而经常抑郁和忍气吞声的人得癌症的几率是一般人的三倍。

不同的负面情绪会引起不同的疾病。比如焦虑、压力过大会导致肠胃不舒服；常受批评的人爱得关节炎，恐惧则容易紧张，会导致脱发和溃疡；经常愤怒的人容易有口臭，还爱发生脓肿。

“胃肠道被认为是最能表达情绪的器官，心理上的点滴波动它们都能未卜先知。”复旦大学附属中山医院心理医学专家说，“在人身体的所有疾病中，胃肠疾病是高居榜首。也许很多人有这样的经验：当遇到紧张或焦虑的时候，肠胃就会出现不舒服，如胃痛或腹泻，当压力大时，就根本没有胃口。一般从事高强度工作的人如司机、记者、警察、白领等患胃溃疡的概率比较大。位居第二是皮肤。如有的人紧张时头皮就发痒，长久的失眠则脸色发黄，掉头发，烦躁时头皮屑就增加。第三，内分泌系统，如女性的一些不良情绪会对卵巢、乳腺产生很大的冲击，男性则是前列腺的危害。”

曾经有人用两只猴子做过这样一个实验：他将这两只猴子甲和乙固定在两个相邻的铁架上，只允许猴子的前肢自由活动，而下肢却用导线缠绕相连，并且通往电源，两只猴子的前面各放一个弹簧开关。所不同的是甲猴面前的弹簧开关可以切断电流，使它和乙猴免于电击的痛苦，而乙猴面前的弹簧开关却只是个摆设，虽然可操作却无效用。

在实验开始前，甲猴和乙猴都学会了操纵开关。每次实验的时间持续为 6 小时，实验的时候每隔 20 秒电击一次，通电之前都会先亮灯作为信号。实验结束后休息 6 小时。

实验几次后，甲猴知道自己的责任重大，所以每次电击时都提高警惕，因为它一疏忽，两只猴子都要遭受电击。而“坐以待击”的乙猴则没那么紧张。

实验进行了 23 天，甲猴便死亡了。经过解剖发现，甲猴的肠胃中已产生溃疡，而乙猴却安然无恙。

也有位学者对 500 人进行过调查研究，发现他们在经历了一系列的紧张事件后，就会出现各种各样的疾病。前联邦德国的巴尔特鲁施博士曾对八千多位不同类型的癌症病人进行调查后得出一个结论：恶性肿瘤的产生大都是发生在孤独、痛苦和失望等各种严重精神压力和强烈频繁的时期。

据美国耶鲁大学医学院报告指出：在所有的病人中，因紧张情绪患病的患者占76%。而且由于这些人长期处于这种情绪之中，已经把这种情绪当成习惯，所以当身体发出“警报”时，他们只是意识到这种症状，却还是不能认清情绪与其有多大关系。

人的情绪与身体健康是相辅相成的。情绪的好坏可以影响人的身体健康的好坏。而一个人身体是否健康也会影响我们的情绪。如身体健康往往表现心情开朗、精力充沛、自信满满；而长期疾病缠身的人，则容易抑郁、悲伤、绝望。因此，积极锻炼身体、合理安排生活、适当睡眠，拥有良好的体魄是情绪饱满与安定的基础。而愉快的、稳定的情绪又是身体健康的重要心理条件，培养良好的情绪对增强健康、防治疾病起着至关重要的作用。

5. 情绪是心灵健康的庇护神

“累”是现代社会人嘴上常常挂着的一个字，“累”不仅是身累，更是心累。心累是“心”对生活压力的主观感知，“心”再强大如果在超重荷的情况下就会感到疲惫，何况很多时候都是我们的“心”被迫接受一些挑战和困苦，因此，不累才怪。

当心累时，随之就会产生一系列的心理问题。比如心灰意冷，万念俱灰，痛苦绝望等，从而引起一系列心理上的疾病如抑郁症、焦虑症、自闭症、精神病等。美国健康教育委员会曾调查宣布：在美国人口中，每10人中就有1人患心理疾病，每20人中就有1人因心理疾病住院治疗，由此可以看出现代人患心理疾病已成普遍性。其实我们每个人都或多或少会有一些心理问题。当问题强烈时就成心理疾病，当心理疾病严重时，就会威胁到我们的心灵健康。

而这些心理疾病很大程度上是由我们的情绪所引起的，尤其是负面情绪。这时，就要我们学会控制情绪，驾驭情绪，不是让情绪左右我们，而是服务于我们，让情绪做心灵的庇护神，保护我们的心灵健康快乐。

以下的故事是一位心理治疗师的亲身体会。

这位心理治疗师年幼时每次打架时，她都“战无不胜”，曾经把一个经常欺负她妹妹的小男孩，打翻在地。她自己绝不受气，也想保护家人不受欺负。

随着时间的流逝，小女孩渐渐长大，嫁为人妇，并且有了自己的儿子。一次，她带儿子到小区附近的公园玩，忽然发现有几个比儿子大点的小朋友粗鲁地抢走儿子手中的玩具跑在一边玩起来。坐在一旁的她顿时火冒三丈，觉得他们明显是在欺负儿子。

但转眼她又发现儿子没有哭泣、委屈，而是愣了一下神，就勇敢地跑过去加入他们的队伍看他们怎么玩，看着别人玩得很好，儿子开心地大叫妈妈快点过来看。她内心逐渐平静下来，脸上露出笑容，走过去陪儿子看着小朋友一起玩。

事后，她说，如果当时我一时冲动，肯定会过去帮儿子教训那些欺负他的小朋友，并且还会骂他：“怎么这么笨，别人抢东西，还笑得那么开心。”幸好，我学过心理学，能够很好地克制自己的情绪，才不至于破坏当时和谐的场景。也不会图一时嘴快，教训儿子给他幼小的心灵上留下阴影。甚至在他长大之后，他也这样教育自己的子女，这种阴影就会一直流传下去。

这位心理治疗师能够及时地控制住自己爆发的情绪，通过仔细的观察和感受让自己的情绪平复下来，不仅让自己的内心感受到温和，还让自己儿子的心灵免遭创伤，保护了他的心灵健康。

美国密歇根大学心理学家南迪·内森通过一项研究发现：一般人的一生平均有十分之三的时间处于情绪不佳的状态。因此，人们常常需要与那些消极的情绪做斗争，那些能够控制情绪的人，实际上就是心理障碍突破最多的人，而那些不能及时地调控自己消极情绪的人，则会造成心灵创伤的延续。

因此，要想心灵健康，我们应该努力突破心理障碍，控制好自己的情绪，控制情绪是保持心灵健康的必备法宝。

那么，如何调控情绪让自己的心理疾病减少，心灵保持健康呢？

1. 勇敢地面对消极的情绪。当遇到消极的情况时，我们第一反应就是逃避，但是逃避不能解决任何问题，而且还会加剧消极的情绪体验。因此，要勇敢地接受，并寻找原因，找到改善的途径。

2. 合理宣泄。宣泄是释放情绪的最好方法，尤其是合理的宣泄。消极情绪也是正常的情绪，过多压抑，只会强化情绪的消极作用。宣泄包括直接和间接两种方法，或者是直接地表达出情绪，或者通过向别人倾诉、进行一些娱乐活动来宣泄。

3. 适当控制。当不良情绪宣泄出来会害人害己时，只能控制情绪。更多时候，我们的消极情绪会带来很多的破坏和很大的破坏力，因此，控制情绪是最明智的选择。通过转移、理智、幽默、放松、自慰、升华等方式来达到控制情绪的目的。

6. 做自己的情绪“侦探”

如果有人问我们现在的心情怎样？我们经常会不假思索地答“好”或“不好”，甚至会答“一般”。于是他们会继续问：“为什么好或不好了？”这时，我们才会注意到：是呀，为什么我们的心情会好了？会不好了？是什么原因呢？这样的情绪是怎样产生的呢？我们不妨像一个侦探一样，面对复杂的“情绪案情”，在脑海里提出众多疑问，然后一个一个去破解。

我们的情绪源究竟在哪里？

自从我们的祖先由猿猴进化成人类后，功能强大的情绪使人类在激烈的物种竞争中生存下来。同时，经过无数代的繁衍情绪的原始性不仅传递下来而且越来越丰富，这都归根于我们的思想和智慧越来越丰富。

虽然我们大脑中枢的一些特殊的原始部位明显地决定着我们的情绪，但是，随着语言的诞生和人类大脑组织的进化，如今影响我们情绪和行为的主要因素是我们自己的思维、我们自己对事件的评估以及自言自语的述说。

据专家认证：遗传结构只是在很小程度上决定着我们的情绪，如情绪是倾向于安静还是倾向于激动；其次我们的生理因素（如疾病、营养不良、睡眠缺乏）也会影响情绪状态。但情绪的产生主要取决于我们的主观思想，如我们的信念，我们的追求，我们的满意程度，这些都是在后天环境中培养起来的。

这就是我们所说的人有七情六欲。人的情绪总是与欲望、需求密切联系在一起。情绪是人对客观事物能否满足自己需要的一种主观体验，以及所产生的身心激动状态。

我们的情绪产生主要取决于三个因素，以下细作分析。

1. 身体内外环境的刺激

刺激情绪大部分来自外界环境：如美丽的大自然、清洁的环境、美妙的音乐都让人产生愉悦的情绪，而相反恶劣的环境、肮脏拥挤的街头、嘈杂的声音却会让人烦躁和压抑。生活中紧急的考试、失恋、巨额的债务都会让人沮丧和焦虑；而工作出色的完成、与朋友的相聚、幸福的婚姻都会使人感到快乐和轻松。

至于由身体内在因素引起的分两种情况，一种是内在生理，如得了疾病就会忧心，内分泌失调则会消沉抑郁，甲状腺素分泌过剩的人脾气暴躁；一种是内在心理的刺激，如回忆痛苦的往事则会陷入悲伤的情绪，想象美好的事情则会充满甜蜜和兴奋。

还有时候我们觉得情绪来得莫名其妙，这只不过是引起情绪的刺激不是那么明显、具体、细微，比较模糊或隐蔽，或者是当事人意识反应较迟钝等。仔细发现寻找，就会找到情绪产生的根源：或显或隐，或直间或间接。

2. 自身主观的认识活动既包括生理也包括心理的需求

经过心理学研究证实：需求是情绪产生的基础。每个人都有各种各样的需求，既包括生理的和心理的需要，又包括物质和精神上的需求，还有短暂和长久需要的情况。俗话说："萝卜白菜，各有所爱。"不同的内外刺激，会对个人产生不同的满足的程度或能否满足，从而导致其对此的评价不同，即情绪的体验不同。另外，同一个刺激物对于要求不同的人来说，引发的情绪体验也不同。比如附近音乐广场的高声歌唱，对观看的人来说是一种美妙的享受，而对于在家里休息的人们来说简直是一种噪音。

可见情绪的产生和存在带着很大的个人主观性，甚至可以说纯粹是个人的主观体验。也就是说情绪必须要以个人的需要为依据，通过个人的理智认识和判断活动，并加以解释和评价，最终确认了自己对此采取哪种态度，行动体验了，情绪才产生了。

3. 个人的生理情况和状态

我们知道当情绪产生的时候会伴有身体内部各器官、各神经系统及外部表情、动作的变化，这些都是情绪刺激和激发出来的。但是，同时，当情绪将要产生之际，由于个人刺激产生的生理状态会影响情绪表现的程度、水平和强弱。如，当一个人喝了酒后，生理上会产生变化，即心跳加快、浑身发热、血管扩张、神经兴奋等，这时，若旁边某人或某事给他赞扬或挑衅的刺激，就会使这个喝酒的人或更加高兴，或更加愤怒；又如某些人因为后天或先天疾病的因素，体内含有的激素偏高或偏低，造成其对同一刺激产生不同于正常人的情绪反应。

总之，情绪是由我们身体内外的刺激所引起，紧接着以我们的需求和认识活动为转移，并且在一定程度上受到我们生理状态的制约，最终才适当地表现出来。现在，我们对情绪的产生心里有了数，找到了情绪源头，做好自己的情绪"侦探"，指日可待。

7. 你知道自己的"情绪晴雨表"吗

在生活中我们经常会发现这样的情况：自己的心情会无缘无故地变得低落，喜欢发脾气，或者不愿意跟别人说话，可是过上两三天，又恢复了原样，生活在继续。可是过段时间后，突然又陷入了心情糟糕的漩涡，不能自拔……这样的心情一直在生活中重复着。其实这就是情绪周期性。

早在20世纪初，科学家就开始观察研究情绪变化，最终奥地利的一位心理学家首先发现：人的情感和精神状况存在着一个从生日算起以28天为一周期的“情绪波动周期”，遵循着临界日→高潮期→临界日→低潮期→临界日→高潮期的规律而循环往复。其中，高潮期和低潮期交替的日子称为“临界日”，临界日及前后相邻的两天，称为“临界期”。

而且人的体力、智力周期也大致同情绪周期波形一致，三者相互影响。在高潮期间，精力旺盛、体力充沛、精神饱满、乐观积极、思维敏捷、记忆力强、不易得病；而在低潮期表现为：心神烦躁、体力下降、情绪低落、思维迟钝、耐心很弱、记忆减退、容易疲劳等；在临界期，人体正处于变化之中，协调性较差，判断力较弱，易出差错。这种周期性就如同无形的时钟一样永远在循环前进着，演奏着经久不息的生命进行曲，因此，有人把其称为生物钟现象。

情绪的周期性致使我们的情绪就像天气一样，时而万里晴空，时而乌云满布，时而狂风暴雨，时而阳光明媚。因此像天气晴雨表一样，我们也需为自己建立一张“情绪晴雨表”。记录下自己情绪的变化，从而认识、了解到自己的情绪，并学会正确表达和调节自己的情绪，做自己情绪的主人。更重要的是学会利用情绪的周期性，使其的积极性作用在生活、工作和学习中。如在处于情绪高潮期间，就充分利用良好的心态和积极饱满的精神努力学习、认真工作；而当处于低潮期和临界期时，就来一次情绪总动员，由积极情绪带动消极情绪，慢慢度过“情绪危机”。

一位老师曾经因发现学生在课堂上表现差别很大，就私下进行过调查，才发现，前几天本来积极踊跃回答问题的那几个学生在这几天课堂上表现的反常现象，这都是由于他们遇到不同程度的情绪问题，或是被其他老师批评，或是家里爸妈吵架影响到心情，或是与同学闹了矛盾。

于是，这位有心的老师就为学生制定了一张“情绪晴雨表”，让学生把自己的每日心情填在表上，9～10分为心情特别舒畅，7～8分为心情一般，6分以下为今天情绪不好。

上课时，老师浏览“情绪晴雨表”后，根据学生的情绪状况决定课堂提问及个别辅导。学生们很喜欢老师的这种做法，觉得这是老师对自己的尊重和关爱，自己不再是独自躲在角落里伤心的“丑小鸭”。上课时积极思考，主动与老师配合，表现出良好的精神状态，在这位老师的带领下，班里的成绩在全市一直名列前茅。这张“情绪晴雨表”不仅成为他们师生之间沟通心理信息的桥梁，也成为师生间友谊开花结果的润土。

在日常生活中，我们应如何对待这种周期性的情绪变化呢？

一、把情绪周期性看成一种正常的现象，并且对情绪低潮期的来临做好充分的心理准备。一般来说没有多大情绪问题的人，情绪周期性变化对其的学习和工作不会产生太大的不好影响，所以不必担心或紧张。

二、当感到自己的情绪低落时，可以有意识地避免触碰情绪的导火线，让其爆发或强度增大。

三、学会宣泄，不去刻意压抑情绪。该抑制的抑制，该宣泄的宣泄，听歌、倾诉、大喊，无论哪种方式，只要觉得适合自己，就恰当运用。

四、发挥主观能动的作用，做情绪的主人。用自己的理智战胜不良情绪。与其抱怨情绪的周期性，不如加强自己对情绪的自我调控能力。

五、如果够勤快，就建立一张自己的“情绪晴雨表”，这是对自我情绪周期的最准确记录。当然，哪怕不去专门建立，起码平时多留意自己的情绪周期性，百利无一害。

第二章

情绪调控

——欲想掌控人生，就先掌控好自己的情绪

约翰·米尔顿说："一个人如果能够控制自己的激情、欲望和恐惧，那他就胜过了国王。"也就是说如果我们可以控制住自己的情绪，堪比"国王"般厉害，如"国王"一样自由拥有所有。事实上情绪本身是没有好坏之分的，只有积极和消极之分。我们对情绪的调控并不是要消灭情绪，压抑情绪，而是以适当的方式进行适度有效的管理、疏导、控制，从而减少情绪产生坏影响，增加好影响。

正如亚里士多德所言："任何人都会生气，这没什么难的，但要能适时适所，以适当方式对适当的对象恰如其分地生气，可就难上加难。"学会情绪调控，就要学会适时适所，对适当对象恰如其分表达情绪。有的情绪需要抑制，有的则需要宣泄，有的则需要慢慢中和，这样才不至于使我们处于痛苦的情绪旋涡中不得自拔，而是迅速调整摆脱，重整旗鼓。情绪调控是一种能力，一种本领，学会自我情绪的调控和管理，诞生良好的情绪。

1. 压抑情绪是愚蠢的举动

随着社会竞争的愈演越愈，人们都竞相地表现自己。同时另一种现象也在上演，许多人悄悄地把自己的真实内心封闭起来，尤其是对自己情绪的压抑。

压抑情绪就是指对自己心理上的束缚、抑制。尤其是对悲伤、忧虑、恐惧等消极情绪的极力压制，会导致人们心情沉闷、烦恼不堪、牢骚满腹、暮气沉沉。不仅如此，还表现为对外面的世界生厌、漠不关心、对别人的喜怒哀乐无动于衷，对什么事情都失去兴趣。成天把自己拘泥在自我约束之中，心头似有千斤重的石头压着，快要窒息。

压抑自己情绪的心理是一种比较普遍的病态社会心理现象，它存在于社会各个年龄阶段的人群中。由于长久的压制，情绪得不到良好的释放，久而久之，就会产生自卑、沮丧、自我封闭、焦虑、孤僻等病态心理与行为。压抑情绪虽然起到暂时减轻焦虑的作用，但不会让情绪消灭，相反，这种潜意识会像雪球一样越滚越大，或形成一系列恶性循环。

从主观原因来看，压抑自己的情绪是由于个人的性格和气质所致，心理学上把人的气质分为典型的四种：胆汁质（外向、过于兴奋）、多血质（外向、灵活）、粘液质（内向、安静）、忧郁质（内向、过于抑制）。更多时候，粘液质和忧郁质性格的人比较倾向于选择压抑自己的情绪，他们的压抑感可能比其他人更明显。

但心理学不主张人们无限制地抑制自己的情绪。因为如果长期被不良的情绪所困扰，或被忧伤长期地折磨，对人的身心健康都会产生严重影响。

外部环境有很多的原因。常言“人心隔肚皮”，很多时候我们对人有着很大的戒心或不信任，所以无法坦然倾诉出自己的情绪。于是情绪积压得越来越厚，最终或是在自己的心灵上蒙上了一层厚厚的“污垢”，或是某一天像火山爆发，发出强大的威力，让我们“灰飞烟灭”。

俗话说：不如意事常八九。现实生活中难免会出现种种让我们惹气伤神的事。但是我们都明白对别人乱发脾气的后果不堪设想，会付出很大代价；对别人随意泄露自己的脆弱内心，会让他们看不起自己；有时候对别人说出自己心里的困惑，他们也无能为力，如此还不如不说等理由，让我们给自己的心理上了一个大大的枷锁，甚至我们最亲的人也无法窥探到内心的真实想法。

当然有些人是一种善意的行动，他们觉得自己够坚强，宁愿独自承担而不愿与人分担。他们害怕说出自己的痛苦会让家人、朋友担心，一切都自己来扛。岂不知，这样朋友和家人会更担心，而且说不定会造成之间的沟通堵塞，出现没必要的误解和指责，情况就会适得其反。

曾有一位美国心理学家报告过这样一个实例。

一位妇女经常做噩梦，她梦见海里的巨浪向她扑来，她被卷进漩涡，但是周围的人都无动于衷。她吓得目瞪口呆，总是连“救命”两字都无力喊出来。当她彻底要被海水吞没时，她看见丈夫在不远处微笑着……

心理学家通过调查得知：这位妇女近来老是跟丈夫吵架，由于她的工作和家务负担极重，常常感觉疲惫，无缘无故地在心头生起一股无名火。但是她又不愿向周围的人求救，包括自己的丈夫。梦境中的险恶场面其实正是她生活中的困境的显照。心理学家告诉她应该摆脱生活中的紧张感和压抑感，噩梦才会与之告别。

因此，我们虽应该适当压抑一些不良情绪如生气、发怒、忌妒等，但最重要的是适当地宣泄自己的不良情绪。如向他人倾诉，大家肯定会有这样的体验，找知心朋友谈谈，倾吐内心的一切苦衷，把郁积在胸中的憋闷发泄出来以后，就会觉得如释重负，心头轻松了不少。倾听就像一种心理按摩的医生，给倾诉者进行心理上的治疗，精神上得到放松，从而获得身心健康。

如果由于外部环境和一些原因没有对象可倾诉，或者难以说出口，也不要憋在心底独自难受，可以找另一种方式，比如写日记、跟陌生人聊天、唱歌等缓解压力，改善情绪。

我们一定要懂得压抑自己的情绪其实是最愚蠢的做法，聪明的人会在高兴时就尽情地释放，悲伤时就找人倾诉或找到适合自己的一套宣泄方式。当然记住任何事情过犹不及，恰到好处最重要。

2. 学会情绪的自我调节

被誉为是20世纪最伟大的心灵导师和成功学大师的戴尔·卡耐基说过：学会自我调节情绪是我们成功和快乐的要诀。在日常生活中我们如若能游刃有余地驾驭自己的情绪，做情绪的主人，相信快乐和美好人生离我们不远。

学会调节情绪，保持良好情绪对我们每个人是至关重要的。大仲马曾经说过："你要控制自己的情绪，否则你的情绪便控制了你。"

美国石油大王洛克菲勒曾经打过一个漂亮的官司。他的胜利，不仅源于他良好控制自己的情绪，更是他的对手律师的"坏脾气"所赐予的礼物。

在法庭上，律师态度不仅恶劣，还不断地羞辱洛克菲勒，企图惹恼洛克菲勒。但是聪明的洛克菲勒不仅没有落入他们的陷阱，而且是一直保持令人惊奇的冷静心态。最终律师反倒被自己的粗暴态度和激动心情所控制，最终说漏了嘴，讲出了真相。其实根据手上的资料律师完全可以打败洛克菲勒，但是他却被他的坏情绪所打败了。而洛克菲勒不仅赢得了官司，还在美国人眼中，留下了一个很优雅的形象。

可以毫不夸张地说，学会控制和调节我们的情绪不仅是我们事业和成功的需要，也是生活中一件生死悠关的大事。

楚汉相争时，刘邦的父亲被项羽五花大绑，拉到阵前。项羽威胁刘邦要将他父亲剁成肉泥，煮成肉羹吃掉。其实这是项羽有意在刺激刘邦，让他处于要父亲还是要江山的为难之中，如果为了救父亲就必须自动投降。

然而，刘邦没有被项羽给的压力情绪所蒙蔽，他凭着理智战胜了恐惧、担心、内疚等一切情绪，并对项羽说："我曾和你结为兄弟，因此，我的父亲也是你的父亲，如果你要杀咱们的父亲，可以给我分一杯肉羹。"此言一出后，项羽被刘邦的冷静心理和安定情绪所震惊，一时不知道怎么回应，只能收回了杀父的招数。

刘邦不仅用良好的情绪救了他父亲的命，还成就了自己的千秋伟业。刘邦一向是个冷静、不会感情用事的“大丈夫”，可以说他的成功与他善于控制自己的情绪是分不开的。

情绪是我们内心世界的“窗口”，可以最直观地表现出我们的内心情感，影响到我们的学习、人际关系、工作以及生活。情绪有周期性循环，所以人总有情绪低落的时候，或是为一件事痛苦，或是为一个人悲伤，或是为自己的失败而难过。总之，“人非草木，孰能无情”。这些情绪都是我们无法避免的。无论是喜悦的、忧伤的、苦涩的感受，我们都要学会勇于接受，生活本来就是多滋多味的，我们无法改变环境和存在的规律，那就学会改变自己，调节自己的情绪让我们更好地去适应。

学会调节情绪不仅可以避免一些糟糕的状况出现使我们雪上加霜，更可以完善我们的性格，让我们养成良好的行事为人习惯，还可以保护我们的身心不被疾病所侵蚀。

调节情绪的方法有很多，我们不仅要学会，更要懂得选择最适合自己的一套方法，并学以致用，在关键的时刻，掌控住情绪，成就自己的辉煌命运。

一个懂得调节自己情绪的人会时刻提醒自己，有意识地去掌控情绪的波动并合理地压抑和宣泄自己的不良情绪。

一个能做情绪主人的人会了解自己情绪的“脾气”，即“情绪晴雨表”，并投其所好，让它以最好的方式服务自己。

一个具有良好心态的人，会以一颗平常心品尝生活中的酸甜苦辣，会保持乐观的精神去面对所遇到的重重困难和挫折，会懂得享受每一样情绪的感觉，成功高兴时则好好地犒赏自己，快乐时与心爱的人分享自己的幸福，失败难过时则放开宣泄，然后重振旗鼓，化悲伤为力量，继续自己的目标。

一个懂得表达自己情绪的人会在“天时地利人和”的最好时期坦露出自己的真实内心。正如亚里士多德所说：“你可以有情绪，可以发脾气，但要在适当的场合，向正确的对象，在合适的时机，用恰当的方式，因为公正的理由，少了哪一条，你都要控制自己的情绪。”

一个善于控制自己情绪的人懂得换位思考，懂得尊重别人，懂得“己所不欲，勿施于人”的道理，懂得与人为善，让自己“外圆内方”在交际场合中如鱼得水般的快活，给自己创造更多走向成功的机遇。

一个学会调节自我情绪的人，最高境界莫过于“不以物喜，不以己悲”，在尘世中宠辱不惊、淡泊宁静；在纷扰的俗世中，为自己创造一片心灵的宁静之地，看庭前花开花落，看天边云舒云展。

当然，学会调控自己的情绪并不是说要我们感情淡薄，没有情感的丰富波动，而是既要有放开的心态，又要不错过任何一个良好机会，从而让情绪成为我们获得成功人生的法宝。

3. 学会人际调节情绪

人与动物的区别在于人的社会属性。我们的生活中离不开人际关系，离不开朋友、亲戚，人际与我们的生活各方面都息息相关。人际会给我们带来很多的影响，其中包括正面的作用和负面的作用。正面的作用带给我们好情绪，而负面的作用会造成坏情绪的产生。如亲人的离去会让我们悲哀、痛苦，朋友的背叛和失信会让我们伤心难过，同事之间的勾心斗角、尔虞我诈会让我们感觉很累，深恶痛绝。

生活中有很多时候，我们的坏情绪都是在人际交往中所产生的，有时面对糟糕的人际关系，让我们望而却步。然而，我们无法逃避，因为离开人群我们的生活会很没意义。既然离不开人际，那我们就学会运用人际，学会放大人际的好处，相对应地就缩小了人际的弊端，就如同情绪，让人际服务我们，这一切都在于我们自己。

良好的人际关系可以让我们拥有好的情绪。好的人际，可以带给我们好的心情，好的心态，带给我们积极向上的力量，不管是在生活中还是工作中，都使我们拥有一份轻松愉快的情绪去做事情，去努力奋斗。

因此当我们情绪不好时，学会用人际来调节我们的情绪，学会向周围的人寻求帮助。人都是具有群体生活的特性，只有在社会这个大家庭中生活，才不会走失自己，只有生活在人群中才会体会到人间的幸福与温暖，才会得到大家的关爱和呵护，才会有鼓励和劝慰，哪怕是批评和制约，也会督促人更好地实现自己的生命价值。

小英大学毕业后自己一个人来到北京打拼。来的时候她信心满满、斗志昂扬，可是经过一个月的奔波找工作、找房子，她的自信心受到了严重的打击。在北京这个人才济济的大城市，就业竞争是异常的激烈残酷。由于生计所迫，小英找了个跟专业不对口的小公司开始了自己的“正常生活”。但是她的内心一直都觉得不甘心，理想与现实的差距，让小英一直无法释怀，整天郁郁寡欢，对自己的未来忧心忡忡，身边也没个人倾诉。

远在大连的大学好友担心小英这样下去对身体不好，就介绍给小英几个在北京的老乡认识，让她周末出去玩玩放松一下心情。就这样，独自一人来北京的小英终于有了朋友，认识的新朋友给小英“传授”了许多社会上的处事经验，还安慰小英首先调整好自己的心态，万事开头难，一切慢慢来。最让小英感激不尽的是朋友的朋友给小英介绍了一份渴求已久的工作，小英终于跳出了那个不见天日的小公司，重振雄心，开始了自己的梦想旅途。

人生中难免会遇到各种各样的挫折和困苦致使我们的情绪随之也处于低谷时期，再加上情绪本身具有周期性的特点，因此，坏情绪是我们无法逃离的。一般人在遇到坏情绪的时候会采取两种方式：一种是压抑，想通过自己的努力消化掉，然而这种方式在心理学上是不主张的，因为压抑情绪会给我们的身心健康带来严重损害；一种就是向他人倾诉，而这是我们宣泄情绪的最好的一条捷径。

假如我们拥有良好的人际关系，在工作上遇到困难时就会有贵人相助一把；在生活中遇到不开心的事，朋友会纷纷来安慰和劝导；在爱情婚姻上遭遇不幸，这时有几个知心朋友的鼓励或者宽慰能给我们的心理带来莫大的慰藉，虽然几句话语丝毫不能改变坏事情的状况，哪怕只是对方的默默倾听，让我们的倾诉也有了着落，情绪得到了宣泄；有时上班路上一个陌生朋友的赞美也会让我们拥有一天的好心情，信心满满地开始崭新的一天。

试想，一个没有朋友的人是多么可悲，生活是多么可怕。朋友伴我们走过人生众多坎坷，朋友助我们度过漫长孤独人生路，有了朋友，我们的世界里才充满了阳光和希望。

当然，人际关系与情绪是密切相关，相辅相成的。好情绪又是人际关系的润滑剂，良好的情绪可以帮助我们收获良好的人际关系。而且好情绪是可以传染的，人人都喜欢同一个浑身充满快乐气息的人打交道，这样他们的心情也会受到感染，从而愉快起来。

4. 心理咨询一点都不丢人

随着现代社会压力的加大，很多人在心理上有不同程度的心理疾病，以至于导致一些不良情绪的产生，不良情绪又会严重影响到我们的身体和生活。

有病就要医治，然而很多人却不认为心理疾病是一种正常的病，而是一种畸形的病，让人难以接受的病，更可悲的是很多患心理疾病的人偷偷地把自己的病藏起来，不敢去求医，因为他们觉得心理咨询是一件丢人的事。

然而心理有问题丢人吗？心理咨询真的丢人吗？心理咨询一点都不丢人，就像感冒发烧需要看医生一样普通、正常。

在西方国家，心理健康咨询是一项很吃香的行业，而且拥有个人的心理咨询师已经成为一个人地位的象征，如很多著名运动员和政客配有自己的专门心理咨询师。在我国，自从 2001 年颁布了《心理咨询师国家职业标准》，心理咨询走上正规的职业道路以来，心理健康咨询行业也正慢慢受到人们的重视。2008 年四川汶川大地震后，我国就组建了一支 2000 人的心理咨询服务队，为灾后灾民提供心理辅导，帮助他们化解灾难留在心里的阴影。

然而，由于传统观念仍然严重存在，很多人觉得心理咨询仍然是一件很丢人的事。有些人觉得这是自己的个人隐私，透露出来很尴尬，有些人则是害怕别人笑话自己有心理问题，担心别人用异样的眼光来看待自己。其实心理咨询是绝对保密的，这是作为一名心理咨询师的第一原则，所以，我们根本不用担心。

人的生理和心理是相通的，互相影响，互相牵制。生理上出现了毛病我们懂得去看医生，经过治疗恢复健康；心理上的疾病更应该去治疗，因为往往很多人生理上的疾病是由心理疾病转化而来的。就比如我们恐惧的癌症，很多时候都是由于长时间的心理困扰和痛苦所导致的。而生理和心理上的疾病同时又会给我们带来不良的情绪，这些不良情绪不仅会影响到我们的生活，还通过传染引起一系列更严重的问题。

我们每一个人都希望有健康的身体和快乐的人生，每天都拥有一个快乐的心情。因此，倘若出现心理上的疾病，就勇敢地承认，正确地去面对，并寻求方法治疗，当心理疾病严重到我们自己不能排解时，进行心理咨询是一种最有效的、最好的治疗方法。

作为现代人，去做心理咨询绝不是一件丢人的事，应该是一种向专业人士求助的意识。这种意识让我们成为一个真正身心健康的人。

5. 别让坏情绪留下烙印

我们都知道坏情绪引起的后果会影响到我们的身心健康和生活快乐，也知道坏情绪总有一天会离我们而去。即便坏情绪走了，在很长一段时间里我们仍然会受到糟糕后果的影响，有时是几天，有时是几个月，有的甚至伴随着我们一生。坏情绪就像一把剑在我们的身上划了一刀，留下的伤口愈合后，也会赫然躺着一条疤痕，成为一种无法磨灭的烙印存在于我们的生活中。这种烙印就像一种心理阴影一样，让我们无法忘怀，无法释然。

从前，有个小男孩脾气很坏，经常无缘无故地乱发脾气，因此很多小朋友都不愿意跟他一起玩。一天，小男孩的父亲给了他一小袋钉子，并要求他每发一次脾气，都必须拿铁锤在后院的栅栏上钉一个钉子。

第一天，小男孩发现自己在栅栏上竟然钉了37颗钉子。由于小男孩觉得钉钉子很吃力，后来他就试着控制自己的脾气，尽量减少发火，几个星期过后，小男孩在栅栏上每天钉的钉子数目越来越少，这时的小男孩也发现其实控制脾气比钉钉子容易得多……

最后，小男孩终于变得不爱发脾气了。他把这一消息告诉了他的父亲，父亲又提出了一个建议，如果小男孩能坚持一整天不发脾气，那就从栅栏上拔下一颗钉子。经过一段时间后，栅栏上的钉子越来越少，直到小男孩把钉子全部都拔完了。他又跑过去告诉了父亲。

父亲拉着小男孩的手来到栅栏旁边微笑着说："你做得很好，爸爸很为你骄傲。但是还有点小遗憾的事，你看，你拔完钉子后，栅栏的身上已经是千疮百孔了，再也恢复不成原来光滑的样子。"

这时，小男孩低下了头。父亲又继续说道："其实你对别人发脾气也是这样，你每发一次脾气，你的言语或行动就像钉子，会在别人的心灵上留下一个小孔，留下一个伤痕。无论你对别人说多少次对不起，哪怕别人原谅了你，但是，那些伤口永远存在，阴影永远存在。"

从此以后小男孩再也不乱发脾气了，他终于懂得管理自己的情绪了。

我们每一个人都是由童年逐渐长大的，都会有这样的体验，童年时期发生的事情很难忘怀，不管是喜悦的还是难过的，童年的记忆是最深刻的。倘若一个人在童年时候有一件不好的遭遇，就会在心里留下阴影，成为一块心头烙印伴着我们成长。

据调查发现，很多在单亲家庭或气氛恶劣家庭中成长的孩子，在心理上或多或少存在着心理问题。这种阴影伴随着他们长大，如果控制不好，就会害人害己。比如，如果家里有一个脾气暴躁的亲人，就会让孩子也形成一种暴躁的性格；如果家人经常处在忧郁的气氛中，也会让孩子形成一种孤僻、忧郁的性格。家人的坏情绪会直接影响孩子的情绪，更会潜移默化地造成长期的影响，在孩子幼小的心灵上烙上无法磨灭的阴影。

小军在认识他的女朋友杨琳两年之后，才发现女朋友心中隐藏的秘密。

杨琳从小就失去了父亲，给她带来无法磨灭的阴影。原来，父亲的死都是杨琳母亲一手造成的。杨琳母亲是个脾气暴躁的女人，动不动就会发火，还喜欢唠叨、抱怨，经常埋怨杨琳的父亲没出息。只要父亲稍微还几句嘴，杨琳母亲就会动手，经常搞得家里鸡飞狗跳的。

当杨琳八岁时，在父母结婚十年后的一天，父亲终于忍受不住母亲的“摧残”，在跟母亲的争吵中，想不开跳楼自杀了。躲在门背后的小杨琳清清楚楚地看到了这残忍的一幕。

从此以后，杨琳就恨她的母亲，不管母亲如何关心她，她都对母亲很冷淡，她的心里已经种下了深深的怨恨。少年时，杨琳也叛逆过，堕落过，直到现在遇到了男朋友小军。

小军给了杨琳很多快乐，但是却怎么也无法抹平她心中藏着的深深伤痕。她的快乐背后，一直隐藏着对于母亲的纠结和痛苦。再加上杨琳是个倔犟的女孩，从来不轻易向别人倾诉自己的内心，为此杨琳的母亲也自责了一辈子……

杨琳的母亲受到了教训，但是给大家造成的影响再怎样也无法抹去。她如果可以明智地控制自己的坏情绪，控制自己的坏脾气，也不会造成今天无法挽回的后果。

可见，坏情绪让我们后悔，坏情绪让我们痛恨。但是我们又无法避免坏情绪的缠绕，那么就试着减轻坏情绪给我们带来的影响，通过调节和控制减少坏情绪发生的概率，争取不让坏情绪在我们自己或别人身上留下一块烙印。

6. 不要扣动“情绪机枪”的扳机

每个人都希望天天有个好心情，希望生活中的一切顺顺利利，尽如人意。然而，生活却偏偏要跟我们作对，坏心情一不留神就会靠近我们，不仅赶走我们的好心情，还影响我们生活中的一切，比如快乐、比如成功、比如人际关系。那么，怎样才能避免坏情绪的到来呢？

最重要的是不要扣动“情绪机枪”的扳机，就是把将要产生的坏情绪扼杀在“摇篮”里，让它没有生长作怪的机会。

心情的好坏是由个人需求能否得到满足而决定的，当我们的需求得不到满足时，坏情绪就开始在心底生根发芽，如果我们再有意给它浇灌培养，它就会“茁壮成长”，并且像藤枝一样蔓延到我们全身的每一个细胞。

可是我们想要“培养”的只是需求，怎么会把坏情绪“培养”起来呢？试着回过头来看看是否我们的需求太高或太多，给自己定的目标是否太大？在日常生活中，我们都习惯要求很多，无论是对自己还是他人。岂不知这样经常让我们陷入追求的矛盾中，因为生活中不可能事事如意。因此，对人对己我们都不应有过多、过高的要求，保持一颗平常心是最重要的。

情绪就像上好子弹的枪支，随时都可能射击出来伤到我们，但是扳机掌握在我们自己的手中，只要我们不去扣动，就会平安无事。

在北美洲有位年轻的庄稼汉，每次当他快要与人起争执的时候，他就立刻冲出现场，跑回到自家的田园上，绕着田园开始奔跑，并且每次都左跑三圈右跑三圈。当跑得上气不接下气时，他才气喘吁吁地一屁股坐在家门前沉思。刚开始大家没在意，可是次数多了大家就觉得奇怪。大家想问个清楚，但是庄稼汉都是笑而不答。

随着时间的流逝，年轻的庄稼汉也娶了媳妇生了孩子，并且盖起了一间又一间的房子，田园也随之不断扩大。而且他在村子里人缘也特别好，从来没有跟哪家吵过架或结过怨，因此，样样事情都很顺利。但是人们一直都很奇怪的事还是没有得到解答。转眼庄稼汉到了中年，已成为富甲一方的大亨，但是他那“跑步”的习惯仍然保留着，而且每次都是碰到不愉快的场合之时。

后来年纪越来越大，子孙们看见老人家太过劳累，都纷纷劝说他讲出原因。这时，他终于讲出了只有他自己理解的真相。

原来，他说年轻时候火气大，每次快要发火时，无论谁是谁非，他都会在心里告诫自己快点离开这里，于是快速跑回家，围着田园开始跑步。他边跑边对自己说：“你的房子这么小，田园这么少，还没娶媳妇，努力都来不及，哪有闲余的时间跟别人争吵。”

后来有了成就以后，他就告诉自己："你现在房子这么大了，田园也这么多了，子孙满堂，生活幸福，应该好好把握剩下的时间享受天伦之乐，哪有多余时间去浪费呢?"

庄稼汉是多么地聪明呀，本来很大的怒火都让他化解得无声无息。其实他最明智的就是在自己坏情绪快要爆发之前，就把它掐灭了，他没有扣动自己"情绪机枪"的扳机，这才是最高的智慧。

以下教给大家几招怎样才不会扣动自己的"情绪扳机"。

第一招：事先提醒。

为了避免自己的需求和目标不能实现而导致失望、沮丧、难过、灰心、委屈等坏情绪的产生，事先就提醒自己不要订得过高、过大，或者做好充分的准备应对在追求梦想路途中所遇到的困难和挫折，这样说不定还会达到事半功倍的效果。

第二招：不留机会。

有时候我们坏情绪的导火线是回忆那些不愉快的往事而引起的。因此，告诫自己不要给坏事一次又一次的机会来伤害我们。

第三招：抓住小事。

当我们情绪要变坏的时候，马上转移去想那些高兴的事情，一天中不可能遇到所有的事都是糟糕的，不要放过任何一个让我们高兴的小事情，哪怕是一件普通的事情发挥我们的能力把它想象得美好。

第四招：放松自己。

当我们身体不好或者疲劳的时候很容易产生坏情绪。这时候就尽量放松自己，舒口气，或者听着音乐美美地睡一觉。

第五招：告诫自己。

当与别人快要争吵的时候，告诫自己冲动是魔鬼，争吵的后果即使你胜利了，也会引起坏心情，得不偿失。

第六招：离开现场。

在怒火朝天时，赶快离开现场，并且找到适合自己的宣泄方式，让怒火还没有爆发就像皮球一样泄气。

7. 控制情绪，从改变心态开始

现实生活中，有人每天都乐呵呵的，笑容满面，有人却经常满面愁云，忧心忡忡的样子。这不是因为他们的生活差别太大，也不是他们拥有的金钱数量不相等，而是因为他们的心态不一样。

拥有好心态的人经常会把事情想得很开，他们想到的都是愉快的一刻，哪怕遇到困苦的时候，他们也会用一颗平常心化解；而没有好心态的人经常会把事情想得很糟糕，并且拿着放大镜去看每一个生活细节，在他们的脑海里时刻都觉得世界末日要来临。

可以说心态决定一个人的命运，心态决定一个人的心情。因此，要想拥有好的人生，好的心情，那就从改变心态开始。

亚里士多德说："生命的本质在于追求快乐。"使生命快乐的途径有两条：第一，发现使你快乐的时光，增加它；第二，发现使你不快乐的时光，减少它。情绪有好有坏，情绪好的时候，快乐就多；情绪坏的时候，快乐就少。因此，我们要发挥好情绪，控制坏情绪，趋利避害，首先就要塑造阳光心态，将所有的正面情绪调动起来，使自己充满积极的能量。

第一，用一颗平常心去看待生活中的是是非非

"月有阴晴圆缺，人有旦夕祸福，此事古难全"。生活本来就是这样起起伏伏，悲喜交加。因此，拥有一颗平常心去面对是最高深的智慧。对于名利，我们减少一点欲望；对于金钱，我们手里少抓一点不至于太累；对于得失，我们学会放弃和珍惜；对于痛苦，我们学会慢慢化解，倘若能化悲痛为力量是最好不过；对于人生中难免的悲喜离合，我们淡然面对，在人生的纷纷扰扰中，我们时刻不要忘了给自己寻求一片净地，保持心灵的宁静。

第二，用乐观的心态去创造快乐

生活中，本来就乐趣多多，假如有一颗乐观的心，会在平凡的生活中，活出精彩。哪怕面对种种挫折和困难，也会让自己拥有积极的力量和自信去转危为安，渡过难关。一个人最重要的是保持对生活的激情和热情，“不开心一天会过，开心一天会过”，何不朝气蓬勃地过好每一天呢？为自己创造崭新的生活，为自己创造无穷的快乐，把幸福牢牢地抓在自己的手中。

第三，用细心去发现生活中的每一个美好

生活中处处皆美丽，只是缺少一颗发现美好的心。蓝天白云，阳光明媚就能给予我们一天的好心情；一句早安，一个体贴的拥抱就会让我们开心一整天；一句鼓励、一声赞美就会让我们心里比吃了蜜还甜；生活中的每一个美好细节都是那么微小、平淡，却有着强大的力量，让我们的心情立刻好起来。

第四，包容的心让自己轻松

俗话说：“退一步海阔天空，忍一时风平浪静。”在生活中难免会有争端，会有过错，会有输赢，但我们不要让自己的心输掉。不要给自己的精神套上枷锁，走出忌妒和抱怨的怪圈，放宽心胸，控制情绪，宽容别人就是善待自己，包容让我们身体轻松起来，心灵从容起来，享受生活的点点滴滴。

威廉·丹姆思说过：“人只有改变内在的心态，才能改变外在的世界。”马斯洛又说：“心态若改变，态度跟着改变；态度改变，习惯跟着改变；习惯改变，性格跟着改变；性格改变，人生就跟着改变。”我们改变不了环境就学着去适应环境；我们改变不了过去，却可以改变现在；我们无法预测未来，但可以活在当下；我们改变不了天气，但可以改变自己的心情；我们不能改变出生，却可以改变命运。

“一种积极的心态，比一百种智慧都更有力量”。当我们以一种豁达、乐观、向上的心态去面对现实的时候，眼前就会呈现一片光明。反之，当我们将思维困惑于忧伤的牢笼里，就很难看到未来的曙光。每个人的潜力都是无限的，每个人的机会都是相当的，要想拥有高品质的生命和快乐幸福的生活，完全取决于你的心态。请记住这个公式：同样的遭遇＋不同的心态＝不同的人生。

人生没有笔直路，处境可以不如意，但心态不能屈服；只有拥有好心态，才能获得健康，才能使人的能力增强，好的心态让我们成功快乐，坏的心态会毁灭自己。好心情，从好心态开始，好人生，从好心态开始。

第三章

情绪平衡

——扫除坏情绪，赢回内心的平和

美国著名心理专家麦克斯威尔·马尔茨言：情绪平衡技巧是管理情绪最快见效的方法之一。持续练习情绪平衡技巧，将使你学会以不压抑的方式，辨识、认知、接纳并协调你的情绪，成为情绪的主人。你的生活将变得更加平顺，开始吸引不同类型的人，并创造新的人生情境。

世间万物都需要平衡，只有平衡才会和谐，才会生生不息。我们的情绪也是如此，需要放在平衡的“天秤”上，才可以使我们的身心和谐统一，从而拥有健康的体魄，良好的心态，幸福快乐的人生。

1. 别让“情绪病毒”蔓延

情绪就像感冒一样具有传染性，不管是好情绪还是坏情绪，不管是在生活中还是工作中。情绪会通过一个人的姿态、表情、语言、行动传达给周围人一些信息，不知不觉中大家就会被“感染”，又通过与其他人的接触，传染给他人……最后会引起循环连锁反应，这就是心理学上说的情绪效应。

当然一个人好的情绪能够感染到周围所有人快乐，是一件求之不得的事。但是倘若是坏情绪，躲闪还来不及，因为情绪很多时候都是我们主观地表达出来。有专家认为，负面情绪有时比正面情绪更容易传染，因为人都是有同情心和善心的，在看到别人难过时总会自主地去安抚，这样就使坏情绪更容易蔓延。因此当我们遇到周围的人需要我们抚慰时，首要的原则就是别让他的坏情绪影响你，在你和他之间，挖一条护城河隔离他携带的情绪病毒不要侵害到我们，同时我们也要控制自己的坏情绪不要感染到别人。

第一，不要让情绪病毒在生活中传染

在生活中，坏情绪一旦传染，就会引发意想不到的“蝴蝶效应”。比如在一个家庭中，如果有一个脾气暴躁的人，在他生气的同时就会引起大家的不愉快。在朋友中，如果有一个悲观的人，他的悲伤情绪就会让身边的朋友感受到或体验到，在朋友帮助他排忧解难的同时，就会不自觉地受到影响，最后大家就都沉浸在一种消极悲观的氛围之中。

一名企业家因经营不善导致公司倒闭破产了，他把自己关在屋子里，茶饭不思，寡言少语，终日卧床不起。刚开始，他上初中的儿子极力照顾自己的父亲。没想到过了半个月后，母亲发现儿子没去上课，原来儿子在上课时心不在焉，情绪低落，最终辍学回家。企业家的妻子在费尽心思寻找到一名心理医生时，还没开口，就失声痛哭，边哭边说：自己快要崩溃了……

美国洛杉矶大学医学院的心理学家加利·斯梅尔曾做过一个实验：他让一个心情良好、乐观开朗的人跟一个心情很糟、愁眉苦脸的人住在一起，不到半小时，那个乐观的人也开始变得郁郁寡欢起来。紧接着他又做了一系列的实验，结果证明：一个人被别人的低落情绪所传染只需要 20 分钟，一个人的同情心和敏感性越强烈，就越容易被坏情绪所感染，而且这种传染是在人们浑然不知的状况下就完成的。

第二，不要让情绪病毒在工作中传染

美国汽车大王亨利·福特说："我最喜欢积极工作的员工，因为他们一积极起来，便会调动顾客的积极情绪，生意便做成了。"积极的情绪会让生意做成，那么消极的情绪呢？

其实办公室中员工的情绪更容易互相影响。比如办公室中有一个人因受情绪困扰工作状态不好，其他员工就会照猫画虎，学他的样子，减少了完成工作的积极性。工作中的压力也会传染，当大家一块互诉压力时，就会同时感觉到危机四伏，压力重大；当一个人焦虑工作完成不好受上司批评时，就会在办公室中迅速传播，影响其他人的信心。

因此，在工作中我们应尽可能地避开与坏情绪的人接触和聊天，不要让他的情绪病毒影响到我们一天的好心情，从而引起工作效率的低下。

情绪如同电波，会在空气中形成电磁场，看不见摸不着，但是一旦我们不小心碰触，精神状态就会受影响，严重时，我们也就成了携带病毒的"病人"。

2. 把大脑中的思维转一个角度

我们经常觉得生活不公平，经常不自觉地就把自己困在悲哀情绪的"围城"里，不得解脱。我们就像城堡中的公主，等待王子的到来救出我们，但其实只有自己才能救自己。因为自己的情绪需要自己掌控，自己的命运需要自己把握。

情绪是一种"心病"，解铃还需系铃人。这就要求我们学会平衡大脑中的思维，学会换个角度思考。坏情绪的产生根本上是我们的需求得不到满足，事无完事，既然不可能事事满意，何不换个角度看待？俗话说："塞翁失马，焉知非福。"当上帝为我们关上一扇门时，就会在另一边打开一扇窗，所以不要难过、不要悲伤，相信吧，一切都会过去，快乐的日子将会到来。

第一，从另一方面解读人生中的坎坷

对待生活中的烦恼、挫折、痛苦、忧伤等一切的消极情绪，我们除了以一颗平常心面对，更重要的是看开，从另一个角度发现其存在的好处，哪怕是微小的。这不仅仅是安慰自我的一种方法，更是发现自然规律的一种能力。世界万物中，每一个事物都是有正反面的，只有我们学会让大脑转弯，才能透过现象看到本质，才能透过绝望看到希望。

有一位老奶奶，有两个儿子。大儿子做卖雨伞的生意，二儿子开洗染店。一到下雨天，老奶奶就担心二儿子洗染店的衣服无法晒干；但是一到晴天，老奶奶又开始愁大儿子的雨伞无法卖出去。

一天邻居看见老奶奶愁眉不展的样子，就在她的耳边说了几句话，老奶奶顿时眉开眼笑，她再也不担心两个儿子的生意了。

原来，邻居对老奶奶说："您看，晴天，你家二儿子生意要大好了；雨天，你家大儿子的雨伞就好卖了。您多好的福气呀。"

邻居的话让老奶奶转变了自己的思维，从而改变了自己的情绪，最终才意识到自己原来是这么有福气。

第二，不要只会羡慕别人，想想自己的好

在现实生活中我们往往在羡慕别人的好，站在自己的角度去羡慕别人的东西。岂不知别人也许没有你想象得那么好，你只是看到他们光鲜亮丽的外表，真正的内心又是怎样的呢？况且说不定他们还在羡慕你们的平淡小幸福和小快乐。因此，不要因羡慕和妒忌让我们卷入坏情绪的漩涡，不能自拔，而是在平凡的生活中发现和创造我们自己的好。

一只玻璃杯里有半杯水，有的人看到了会抱怨说"只剩半杯水了"，而有的人会欣喜地说"太好了，还有半杯水"。可见，站在不同角度去看一件事，得出的结论就是不同的，因此，我们要发挥积极的一面，减少坏情绪的滋生。

第三，己所不欲，勿施于人

在人际交往中，我们经常会碰到很多令人不愉快的事或人，影响到我们的心情。比如朋友不能理解我们的心情，送一个生日礼物都不合心意；同事间总是时时猜忌和防备，或者冷漠对待彼此；上司批评我们的工作错误连连，漏洞百出，等等。这些事情随时都发生在我们的日常生活和工作中，让我们感到沮丧。当找不到情绪的出路时，我们就会抱怨、埋怨或生气，这样导致坏情绪肆意生长、蔓延，害人害己。

其实我们不妨换一个角度看待这些事情，或者是朋友工作繁忙没有来得及把礼物准备充足；或者是我们也以同样的态度对待同事，才产生彼此间的不信任；或是我们真的没有把工作做好，毕竟自己经常会认为自己是最好的。这样，站在对方的角度想想或体谅一下，就会觉得其实我们也经常犯这样的错误，我们也经常会把自己的主观思想强加在别人的身上，我们也会让别人去做他们不喜欢做的事情，虽然有时候只是无意间的一种举动。

如果，我们能够经常这样站在他人的角度思考一下，大家互相体谅、互相包容，岂不其乐融融。

在追求美好生活的过程中，我们不仅要换个角度思考，更要学会站在更深、更高、更广、更长远的角度来看待问题，不要只会看到眼前的一点小利益或暂时的快乐，不要为了一些大事就忽略了生活中的小细节。我们要跳出原有思维，对事情做出新解，发现另一方面的美好，这样才能使我们拥有更多的能量、更好的心情，把我们的生活过得更有色彩！

3. 何必跟自己较真

“水至清则无鱼，人至察则无徒”，这句话的意思是告诫我们对人或物不可要求太高、太严格或太认真，否则会让自己堵在死胡同里不得进出，或者让自己失去更多。做人不能太较真，凡事不必太较真，这是我们生活中为人处世的一大学问。

试想，对什么都要求太苛刻，对什么都看不惯，都达不到自己的要求，这样不仅会让自己很累，也会让别人很累。久而久之，谁还敢跟我们打交道？生活中有人活得潇洒自在，正是因为他们不认死理，选择看开的心态。

再洁白的美玉都会有小瑕疵，再完美的人都会有我们看不到的小缺点。如果我们对这一点小瑕疵和小缺点较真或纠结，无疑是给自己带来无穷无尽的烦恼；再光滑的镜子，放在高倍放大镜下，会出现凹凸不平的表面。我们肉眼看上去很干净的东西，在显微镜底下，会有大量的细菌在扭动。如果我们拿着这面放大镜或显微镜去看生活中的所有东西，那我们就会发现这个世界上“脏乱”得无处可逃，更可怕的是，这样无异于自己孤立自己，陷入不能与人相处、与社会格格不入的局面。

有一位智者行走在大街上，听到有人在大声骂他，智者头也不回地继续前进。旁边有好心的人告诉智者后面有人骂他，智者答：“我根本不想知道有谁在骂。”

的确，人生苦短，光阴如金，我们的人生不过短短几十年，要做的事情太多，何必浪费宝贵的时间去计较一些没必要的小事呢？哪怕是影响一生的大事，也不必太较真，因为我们生活的重心不止一个。

《庄子》中有这样一个故事。

有一天，一位贤者慕名来到老子的家中。当他走进老子的家中时，却被眼前的一幕惊呆了：只见老子房屋中凌乱不堪，仆人奔跑过来却没人招呼他。贤者心想，素日里听闻老子德高望重，待人平和，今日一见也不过如此。于是贤者一怒之下破口大骂，之后就扬长而去。

第二天，老子正在屋中读书，昨天那位贤者又前来登门拜访。原来贤者回去思索自己行为也实在不堪，所以前来给老子道歉。老子听罢，很是奇怪，说：“你不必自责，我早已忘记此事，你为何还放在心上？”

贤者又礼貌地再次说明歉意。老子笑笑答道：“你昨天骂我的话对我一点意义都没有，哪怕你说我是马我也承认，既然别人这么认为，那他肯定有自己的想法，我强求不来。假如我为此跟他较真，那只会继续纠缠下去，令双方更加不快，这又是何必呢?”

老子一语道破人生玄机。生活中本来就会有许多的冲突和矛盾，我们每个人都有可能遭到别人的猜忌和误会。如果事事去计较，人人都较真，何谈轻松享受人生?

2006 年的情人节，美国有一对老夫妇被美国有线电视网 CNN 隆重报道，一天之内就成为全美国的新闻人物。因为他们夫妇俩创造出了一项美国最高纪录——婚姻维持了 78 年，这在思想观念开放、离婚率不断飙升的美国简直是一件不可想象的事情。这对老夫妇就是丈夫兰迪斯和妻子格温，而让人惊奇的是他们双双已经年龄过百，丈夫兰迪斯 102 岁，妻子格温 101 岁。很多人羡慕他们长久婚姻的同时更想听听老人的幸福箴言，老人回答：“在家里，没有什么值得较真的事，或者说，家人之间没有道理可讲；该闭嘴的时候就闭嘴，瞧，78 年就这样过来了。”

原来这对老夫妇的幸福秘诀就是如此的简单：闭上嘴巴，不要较真。家庭生活中如此，社会交往中更是如此。因此，无论是对待什么事情、什么人，我们的生活哲理就是：不要较真。

有些事情根本就无法想通、根本就没道理可言；有些事情看穿了反而会觉得太赤裸裸的无法让人接受，还带来一系列的烦恼；有时候更让人出乎意料的是“有心栽花花不开，无心插柳柳成荫”。正当我们苦苦寻求的时候，蓦然回首，才知道很多东西就在我们身边。只是我们在与自己较真的时候根本无法分心去换个角度思考，才会忽略很多的东西。

我们要学会做生活的智者，知道该干什么和不该干什么，知道什么事情应该认真，什么事情可以不屑不顾。这样才不会给自己招来一些莫须有的烦恼和痛苦，在拥有一个好心情的同时，腾出更多的时间和精力，认真地、全力以赴去做该做的事，这样才会顺心如意地达到我们心中的目标，并且，我们的心也会变得宽宏大量，拥有更多的朋友。因此，请记住：事事不必太认真，顺其自然，平衡最好。

4. 把问题简单化

一只新组装好的可爱小钟，被放在两只旧闹钟之间。做了简单的欢迎以后，一只粉色的旧钟语重心长地对小钟说："好了，你也开始工作吧。不过我担心你一年要走三千一百多万次，可以做到吗？"

"上帝，要走那么多次？"小钟先是一惊，接着就开始紧锁眉头，不知所措，"我怕我真的做不到，这是个重任。"

这时，另外一只蓝色的旧钟马上说道："不用担心，其实很简单的，你只要每秒钟滴答响一声就行了。"

"是真的吗？真的这么简单吗？"小钟半信半疑，"如果真的这么简单，那我就试试吧。"于是，小钟学着两只旧钟的模样且抱着试试的态度开始了自己的"旅程"。

随着时间的流逝，不知不觉小钟已经工作一年了。这时的它已经毫不担心自己会出错，相反工作得得心应手。这天，又有一个新组装好的小钟被放在了它的旁边，小钟笑着对它说："不用担心，真的又简单又轻松的，事实上，你把它想得简单它就简单了。"

的确如此，很多事情只要你把它想得简单，它就简单，你把它想得难，它就难。然而生活中很多人遇事只会把事情复杂化，从而让自己一开始就背负着心灵的负担，最终不仅不能很好地完成任务或解决问题，还会让自己身心很累很疲惫，说不定半途而废。本来他们完全可以把事情看得简单些，这样就可以获得心灵的轻松真实，轻装上阵的好处就是，一开始就会让自己信心满满地面对漫长人生，坎坷生活。

当然把问题简单化并不是用简单的头脑、幼稚的想法去解决问题。生活中有很多人以为把问题简单化就是四肢发达，头脑简单，不会动脑的，不会灵活变通，像机械一样运转的表现。其实不然，把问题简单化就是指以"简单"为核心的思维方式，用简单的思维方式让复杂的问题变得简单好处理。

从科学角度来讲，“简单思维”并不是一种低级的思维方式，相反它是一种特殊的思维方式，具有特殊的功效，能够帮助人们在处理事情和解决问题时，御繁就简，化繁为简，这需要足够的智慧和特殊的思维，才能达到。历史上那些诺贝尔获奖者，无论大脑有多聪明，至关重要的一点是他们会把自己的思想建立在简单的基础上，然后延伸和深化，最终彻底攻破一个又一个难题，给人类做出特殊的贡献。

把复杂的问题简单化，其本身就是一种思维转化，一种创新，一种智慧，更是解决问题行之有效的办法。

第一，把问题简单化，让事情达到事半功倍的效果

日本有一家最大的化妆品公司，一天，该公司收到一个客户的投诉信说，香皂盒里面是空的。该公司为了不出差错，就让工程师努力辛苦地发明了一台 X 光监视器，去透视生产线上流过的每一个肥皂盒，从而排掉空的香皂盒。

而同时另一个小公司也面临同样的事情，他们解决问题的办法是，买了一台强力工业用电扇。这样，那些空肥皂盒就都被吹走了。

不得不佩服这家小公司的智慧，他们利用人人都知道空盒子“轻”的特点，从此处入手，顺藤摸瓜地就把问题解决了。同样的问题，大公司复杂的思维会把问题复杂化，而小公司看似简单的思维却把事情轻而易举地解决掉了，达到了事半功倍的效果。

第二，把问题简单化，成功的契机更容易被抓住

一家公司招聘经理，经过重重的考核，最后复试时出了一道让所有人都出乎意料的题：十减一等于几？这是五岁小孩子都能解出来的数学题，却让许多高素质的应聘者绞尽脑汁。有的人说：“肯定不会等于 9，应该寓意着消费、市场中的某个概念。”还有的人说：“我想让它等于几就是几。”总之，答案五花八门。最后只有一个人说：“这本来就是等于 9 呀。”

于是，这个说等于 9 的人最终被公司录取了，原来公司本来就是考核大家处理问题时的方法。凡是那些只会把问题复杂化的人，办事效率肯定就会降低。

生活中有简单的问题，也有复杂的问题，简单的问题是简单的，复杂

的问题只要想得简单也是简单的。把问题简单化，让成功的契机更容易被抓住，岂不更好。

第三，把问题简单化，说不定会让你功德无量

20世纪初，美国的高速公路上交通事故频频发生，让美国政府头痛不已。一位名叫琼的医生经过观察发现，人们都有一个习惯就是偏好在公路的中间部分行驶，这就加大了车辆相撞的概率。

琼想，若是在公路中间画一个醒目的线条，说不定能给人们起到警惕的效果。经试验后统计数据表明：一条线真的让高速公路上的车祸发生率减低不少。不久后，许多国家纷纷效仿，也采取了画线的方法。

这位医生真的是功德无量啊。他的这一举动可谓贡献社会，造福人类。可见任何问题只要从简单而入，就会迎刃而解。

5. 学会平衡自己的心态

生活中，我们经常会面对很多很多让我们心理不平衡的事情。比如我们会把许多事情想象得很美好，结果却是希望越大，失望越大；我们特别努力认真地做了，但却是付出没有回报；我们用一颗真心去交朋友，然而得到的却是背叛、谎言……

马德在《平衡》一文中说：整个世界是平衡的，整个世界又是不平衡。不平衡，是浮于表面的现象；平衡，是沉在内部的局部。因此，我们在世界上看到的更多的是不平衡，现实中遇到的总是这样那样的不公平，让我们心里觉得很不平衡，这是人之常情。有一句话说：“心态决定一切。”学会平衡心态在这个越来越复杂的社会是至关重要的，但如何平衡心态是我们面临的最大问题。

从前，有个国王是一个秃子。但是实际上这个国王还不是太老，所以他总感觉自己的秃头在众人面前很难堪，尤其是在大臣的面前总感觉很丢脸，怕他们背后笑话他。

为此，国王整日愁云满面，不知如何是好。最后，王后终于想出了一

个办法，就是让大臣们把自己的头发都剃光。这样大家都没有头发，国王就不会感到不自在了。

这位国王做出这么愚蠢的举动就是严重的心态不平衡所致。可见，心态不平衡的人会导致自己的行为处事也失去平衡。有时候只会让世人贻笑大方，有时候更会造成不可想象的后果。

现今社会，很多人在追求名利钱财的时候就会迷失自己。岂不知欲望越大，就更不懂得知足，还容易产生频繁的攀比心理，自然而然又会产生不满的心理，于是更加拼命地追求。这样就形成一个恶性循环链，陷入欲望的漩涡，让自己的心态越来越失去平衡，最终有可能彻底崩落。

那么，如何保持自己的心态平衡?

第一，不去攀比，懂得知足

《伊索寓言》里有这样一个小故事。矮矮的山羊羡慕高高的长颈鹿可以吃得到高高树枝上的鲜嫩叶子。一天，却发现自己可以轻而易举地走进矮小的门，而长颈鹿由于个子太高无法进入。

世间万物都是遵循着平衡的规律，才会和谐繁荣，生生不息。《红楼梦》中有一句话说：“大有大的难处，小有小的难处。”的确如此，任何事情都是具有两面性的。因此，我们不必去攀比，而是要懂得知足，懂得珍惜已经拥有的东西，这才是最明智的做法。

第二，既要学会付出，又要学会索取

对个人，对社会，我们都要学会付出，学会奉献，这样我们才会活得有意义，有价值，同时，也会让我们的生活充满快乐和幸福。但是同时我们也要学会索取，索取自己该得到的，俗话说：来而不往非礼也。当回报到来时，我们就要毫不谦虚地接受，因为只有这样才会符合逻辑，我们的心理才会得到平衡。

第三，提高自我修养和素质

心态平衡更是一种修养和素质。古人提出“修身齐家治国平天下”，其中把“修身”放在首位，可见修身的重要性。一个人具有良好的修养和素质是事业成功的基础，是幸福快乐的源泉。

一个具有亲和力、慈祥仁爱、待人诚恳的人走到哪里肯定人人欢迎；

一个心胸豁达的人必定懂得利欲熏心、急功近利的下场；一个具有良好的修养的人面对纷繁的尘世，不会心浮气躁、不会好高骛远，而是心平气和、从长计议。因此，学会提升我们的修养和素质，我们的生活就会充满阳光，精神就会更加充实，心境就会更加坦荡。

心态平衡，是一种积极向上的心态，是一种和谐平稳的心态。心态平衡，生活中会多一些喜悦、愉快等正面的情绪；心态失衡，则会出现敏感多疑、抱怨不满等负面的情绪。当然，人非圣贤，不可能所有的人经历所有的事，心态都会平衡，但在紧要关头，心态的平衡肯定是救命的稻草。因此，学会平衡自己的心态，让身心统一和谐。

6. 你哭泣自己没鞋穿，却发现别人没脚

有个少妇常为自己的经济状况捉襟见肘而牢骚满腹。她觉得命运不公平，为什么自己要忍受贫穷和困苦呢？

有一天，她听说有一座寺庙，里面的菩萨很灵验。于是她专程赶了过去，并带了精心准备的香火。少妇想，自己一定要去求求，好让自己的命运有所转折。

她虔诚地跪在菩萨面前，把积攒在心里的牢骚全部抖落出来，希望菩萨能帮她。这时，一位大师正好经过此地，听到少妇的话，便走上前去，对少妇说：

“你具有如此丰富的财富，为什么还发牢骚呢？”

“它到底在哪里？”少妇急切地问。

“你的一双眼睛，只要能给我你的一双眼睛，我就可以把你想得到的东西都给你。”

“不，我不能失去眼睛！”少妇回答。

“好，那么，让我要你的一双手吧！对此，我用一袋黄金作补偿。”大师又说。

“不，我也不能失去双手。”

“既然有一双眼睛，你就可以学习；既然有一双手，你就可以劳动。现在，你自己看到了吧，你有多么丰富的财富啊！”大师微笑着说道。

听完大师的话，少妇顿时脸红起来，再看身边的大师，双眼失明，一只袖管空空……

“你哭泣自己没鞋穿，却发现别人没有脚”，这句话是出自“美国十大英雄之一”海伦·凯勒最具有代表性的散文《假如给我三天光明》。在书中海伦·凯勒以一个身残志坚的柔弱女子的视角，呼吁身体健全的人们应该懂得知足，懂得珍惜生命，懂得感恩造物主赐予的一切。

海伦·凯勒在婴幼儿时期，一场猩红热夺去了她的视力和听力，不久，说话能力也丧失掉了。在海伦的世界里，不仅黑暗而且寂寞，但是，她一直凭着自己的坚强意志力和不屈服的伟大信念成为一个学识渊博的人，而且掌握英、法、德、拉丁、希腊五种文字。她环游全世界，把自己的一生献给了盲人福利和教育事业，让全世界的人看到了生的价值和伟大。马克·吐温说：“19 世纪出了两个了不起的人，一个是拿破仑，一个是海伦·凯勒。”

当我们因生活的不如意，愿望的不满意而抱怨或低头哭泣时，不妨抬起头来看看周围的人们，你会发现有的人根本不如我们自己。世界上有那么多的弱势群体仍然坚强地活着，相比之下我们已经很幸福了，碰到一点小挫折和苦难就没有勇气挑战，这才是人生的悲哀。

因此，当我们处于困境时，一方面是给自己战胜困难的勇气和力量，一方面不妨自我安慰一句：比上不足，比下有余呢。可不是，现实生活中人与人之间的差距无处不在。单就最基本的衣食住行而言，有人锦衣玉食，有人却衣不遮体。然而，人与人之间又是无法比较的，俗话说：人比人，气死人。我们何必自寻烦恼呢？

没有美丽的身材，但我们拥有健康的身体；哪怕没有拥有健康的身体，但我们要拥有健康的心灵。

唐代一位通俗诗人写了这样一首五言绝句：他人骑大马，我独跨驴子。回顾担柴汉，心下较些子。仅从字面上我们就可以理解诗的意思，此诗虽然简单，但是却把比上不足比下有余的人生寓意表达得淋漓至尽。

生活本身就是千差万别的，人生本来就不是一帆风顺的。我们可以比较，比较能让我们寻求到心理上的平衡，从而从某种消极的情绪中自拔出来；比较能让我们学会自我激励、更加奋发向上，超越别人。但是记住千万不要盲目比较，死死较真，比较只是一种学会生活的借鉴，只是具有一种促进的作用，而不是成为生活的主流。在比较后我们要给自己一个明确的定位，以一种更加良好的心态努力实现自己的人生。

第四章

情绪转移

——换一个视角，获一片崭新的心灵圣地

俗话说：境由心生。事实上我们负面情绪的产生并不由周遭的环境、物体所主导，而是由我们自己的内心所把控。心里悲伤，晴空万里也觉阳光刺眼；心里快乐，濛濛细雨也感浪漫缠绵；心里痛苦，花香鸟语都觉烦躁。烦恼，痛苦，快乐，都是我们自己创造的，一切唯心所造，因心转而转。

现实环境可以影响我们心情的好坏是毋庸置疑的。因此，当遇到消极的情绪，糟糕的心情时，不妨学会转移“阵地”，转移视线，转移目标；学会利用美妙的环境陶冶我们的心情，学会转移自己的注意力，尽量避免不良情绪的强烈撞击，以减少心理创伤。学会“情绪转移大法”，转移掉“垃圾”情绪，给自己的内心留一方“圣地”。

1. 积极地自我转移情绪

转移注意力是一种简单易行，效果很好的情绪调节方法。这一方法的妙处就是减少刺激情绪爆发的那个点，或较少情绪负面影响。

比如当我们遇到无法避免的困难和痛苦时，长期沉浸在其中既于事无补，还会影响到自己生活的其他方面，影响到我们的身心健康，这样，岂不是“赔了夫人又折兵”。因此，尽快地转移自己的注意力是最好的选择。

第一，强迫自己不去想，暂且放下

当我们心情出现郁闷、不爽、悲观、烦恼或者遇到一件棘手的问题百思不得其解时，首先要学会不去想，不去想并不是让大脑停止工作，而是转换大脑中的思维。不去想这件事情，而是想另外一件事情，不是去想眼前的让心情不好的东西，而是去想一些令人愉快和高兴的东西。

尤其是一些对情绪产生强烈刺激的事情，我们要将它遗忘是很难的。这时，只能选择先不要去想，然后慢慢地努力使自己忘记。这样，思维就会开阔起来。否则一味想着它，反而陷得更深，难以自拔，徒增烦恼。很多想不开的人不是把事情想得太糟，就是想得太多。有时候冥思苦想不会大彻大悟，只会陷入“剪不断，理还乱”的窘况，有时候想法倾向于坏的一面太多，只会压住本来所存在的好的方面，从而失去解决的良机。

因此，慢慢等自己的心静下来，再去想，理清头绪，更容易找到解决问题的办法。

第二，让自己忙碌起来

人常说：闲下来的时候就会胡思乱想。因为一般在闲的时候，我们的注意力就会分散，所以会去想一些。很多人在失恋或者难过时会让自己忙碌起来以缓解痛苦或忘掉悲伤。这既是一种转移，也是一种宣泄，因为让自己忙碌起来，就会使注意力集中，让自己的心思有了寄托，就没有多余的时间去想其他事情或者使自己处于精神空虚、心理空旷的状态。

但这样只是治标不治本，而且往往在我们情绪消极的情况下，做事情时行为思想不够协调，效率会很低，只会是事倍功半。

第三，转移到自己感兴趣或有意义的事情上

转移注意力最有效的方法无疑是让自己去做一些有意义的事情，或自己感兴趣的事。当我们在这件事情上感到很挫败，但是当做了一件很有意义的事情后，就会弥补刚才的不良情绪，让心理得到平衡感，甚至骄傲感。比如，当我们在公司里受到老板的批评，心里难免会愤怒或不快，有一个新来的同事请教我们一些问题，这时，千万不要将怒气撒在请教的新同事身上或者不予理睬。只要我们帮他解决了问题，肯定会得到新同事的崇拜或感谢，当听到这些话后，自然就会平衡了刚才消极的情绪，取而代之的是愉悦和自豪。

至于去做自己感兴趣的事情，更是行之有效。因为喜欢才会热爱，因为热爱才会有激情和动力。当我们做自己喜欢做的事情时，就会自信满满或者精神百倍，比如看自己喜欢的电影，读一本渴望已久的书，做自己喜欢的运动，这样会在不知不觉中淡忘烦人的事情，改善不良情绪，还会让所做的事情事半功倍。

心理学家认为：人们在自我转移情绪时，有两种途径。一种是“消极转移”，比如将自己内心的不良情绪通过某种偏激的方式转嫁到别人身上，或者从这个人身上转移到另外一个人身上，这样虽然让自己的坏情绪得到宣泄，但是却给别人带来了一定的伤害；另外一种就是“积极转移”，即当遇到不良情绪时，运用比较理智或不会伤害到别人的方式去排解，比如当受到委屈或想发火时，挖个洞或者对着没有思想的木桩发泄出来，它们既听不懂也不会受到伤害。

因此，自我转移情绪并不是逃避或对自己的情绪不负责任，而是一种积极的顺其自然，需求一种积极正确的解决办法。这样才会真正使自己的情绪得到释放和解脱，才会让自己的全身心达到自由的状态，才会不自觉地抛弃折磨我们的不良情绪，让自己的心灵真正得到清净或者充满积极正面的情绪。

2. 灵活变通——遇事不钻牛角尖

我们经常说，做人处事要学会变通，其实对于我们的情绪，也要学会变通。学会变通，不仅是做人之诀窍，更是我们做快乐自己的秘诀。

章鱼是海洋生物中一种极为聪明厉害的动物，它们有相当发达的头脑，科学家曾经做过实验，它们可以走出科学家设计的迷宫，吃到迷宫中的螃蟹；它们会喷出黑色的墨汁迷惑敌人或帮助自己逃跑；另外它们还有一个强大的优势，就是柔软的身躯，再加上章鱼没有脊椎，因此章鱼可以随心所欲地把自己塞进任何一个想塞进去的地方，包括钻过一个银币大小的洞。

聪明的章鱼充分利用自己的这些优势，它们会躲进一个极小的海螺壳里或钻进极细的岩石缝，等到那些小鱼虾靠近时，就突然攻击，在小鱼虾的身体内注入毒液，直到麻痹至死，然后美餐一顿。章鱼的伪装本领让很多海洋内的生物望而却步。

但是，也正是章鱼的优势变成了自己的致命处。聪明的人类则利用章鱼的“柔弱性”，通过在海里面扔进去用绳子串起来的小瓶子，而轻松捕捉到章鱼。因为章鱼看到狭小的瓶子后，就争先恐后地钻进去躲起来，瓶子越窄，它们把自己的身体缩得越小。结果却掉进人类的陷阱，让渔民来了个“瓮中捉鳖，手到擒来”，就这样战无不胜的章鱼乖乖地成了人们餐桌上的美餐。

其实，并不是渔民害了章鱼，也并不是瓶子害了章鱼，而是章鱼自己害了自己，是它们的那种固定的狭窄的思维模式让自己进入了“瓶子”的死胡同。我们人类有比章鱼更加发达聪明的头脑，然而却有很多人跟章鱼一样犯同样的错误。把自己的思维固定在狭窄的空间中，最终也同样在憋闷的“瓶子”里不能逃脱。

在漫长的人生经历中，我们会面对许多变化，会面临许多困难，这些都是我们无法改变和逃避的，但至少我们可以掌握自己的人生方向和遇事的心情。比如当我们失去某些珍贵的东西时，我们可以选择悲伤，也可以选择看开的心态；当我们遇到一些尴尬的场面时，我们可以选择逃离，也可以选择用一句幽默的话语去化解；当我们面对恋人的背叛时，我们可以选择恼怒放弃，也可以选择原谅，继续拥有。除了这两个相对的方面，也许可以寻求到其他的途径解决。这就是变通，不是在一条路上堵死，也不是在一棵树上吊死，不是用“钻牛角尖”的愚蠢思想，而是抱着“车到山前必有路”的淡然心态去面对人生路途中的“柳暗花明”。

遇事钻牛角尖的人，不仅不会变通，还会拿着“放大镜”把事态放大。他们遇到糟糕的事情就会习惯性地放入思想，越想越糟，甚至潜意识中不知不觉就想到了不好的结果。事态的放大只会让已经糟糕的情绪演变成一个巨大的“顽石”堵住了人们的心口，堵塞住人们大脑中的思维，然后心境就会变得越来越小，小到只能钻到牛角尖里。

肖伯纳说：“明智的人使自己适应世界，而不明智的人只会坚持要世界适应自己。”其实，我们心里清楚，世界不会为谁改变，而且常常以我们无法预知的情形千变万化着。因此，我们只能去改变自己以适应世界，同时也要不断变化着自己的思维去寻求多种方式去应对突发的事情。

美国威克教授曾经做过一个有趣的实验：他把一些苍蝇和蜜蜂同时放进一只细口瓶颈的瓶子，并且把瓶子在桌面平放着。同时，他把一盏灯放在瓶底的这边，使瓶口对着暗处。结果那些蜂蜜拼命地朝着有着亮光的瓶底撞过去，一次又一次，最后让自己筋疲力尽而死。而那些四处胡乱寻找出口的苍蝇竟从细细的瓶颈口溜出去了。

实验告诉我们，有时候在充满不确定的环境里，我们不能只会按平时的习惯思维定好一个方向就盲目执着，而是要学会灵活地变换着思维和方向，去寻找求生的出口。

俗话说：“变则通，通则久。”很多时候，只要我们学会变通，许多坏事会变成好事，坏心情就会变成好心情。

遇事不钻牛角尖，学会随机应变，学会灵活变通，是一种智慧，是一门人生学问，是让情绪变好的良方，是“排毒养心”的妙药。如果你平时喜欢钻牛角尖，不妨试着改变一下思维和心态，肯定会让自己拥有一片艳阳天。

3. 美妙的环境，愉悦的心情

有一个成语叫“触景生情”，顾名思义，就是人们通过眼前景物的触动，引起联想，产生某种感情。杜甫在《春望》这首诗中写道：国破山河在，城春草木深。感时花溅泪，恨别鸟惊心。作者看到破败萧条的山河景象，眼泪洒到花儿上，看到鸟儿飞离产生怨恨之情。《红楼梦》中，林黛玉看到斑驳竹影、潇潇细雨、花儿凋落，就联想到自己的悲苦命运而哭得伤心。这些心情都是受到环境和气氛的感染，在心底产生的。其实，“景色”本无高尚、低俗、欢喜、悲伤之说，只是我们赋予了环境感情色彩，“境由心生”说的就是这个道理。

因此，虽然环境对人的情绪、情感起着重要的影响和制约作用。但是，心情好坏的主动权还是掌握在我们的手里，我们不想要悲伤、难过，就换一个环境，我们想回忆一些美好的往事，那就处身于熟悉的环境里尽情畅享。

恶劣的环境会刺激我们不良情绪的产生。比如，在吵闹的人流中，就会让我们产生烦躁的情绪，在狭窄的空间中，心中就会感到压抑憋闷；在一条臭水沟旁边，胃里会翻腾恶心；在伤心之地就很容易让人想起难过往事，等等。因此，当我们发现陷入环境的“诱惑”时，赶快逃离，置身于一种截然不同的环境气氛当中。俗语说：“眼不见，心不烦。”当我们看不到，听不到时，自然就不会刻意地去想了。而且新环境的刺激会分散原先的注意点，暂时忘了刚才的不快、烦恼和痛苦。比如在快要“勃然大怒”时，尽快离开现场，在气氛让你“闷闷不乐”时，走出去呼吸新鲜空气等。

美妙舒服的环境，则让我们驱走坏情绪，产生好心情。有时会在好心情上加上更加强烈的积极情绪，如激发我们的热情、信心和勇气，从而达到“锦上添花”的美妙。比如素雅整洁的房间，光线明亮、颜色柔和的环境，使人产生恬静、舒畅的心情；敞亮的空间中则会让人视野明朗起来，心胸开阔起来；可以去曾经开心过的地方，记忆会促使我们想起愉快的事情；尤其是优美的环境，比如新鲜的空气，清晨的阳光，鸣叫的鸟儿，芬芳的花香，这些美丽的大自然是最美妙的圣地。法国著名作家莫阿罗认为：“最广阔最仁慈的避难所是大自然。森林、高山、大海之苍茫伟大，和我们个人的狭隘渺小对照之下，把我们的心灵创伤抚慰平复。”大自然具有神奇的力量，投入大自然的怀抱，我们的一切烦恼都会随风而散，心情也会随之归于平静，心灵得到放松，走近并欣赏大自然，是自我陶冶、自我舒展的最佳疗法。

美国作家欧·亨利在他的小说《最后一片叶子》里讲了个故事。患了肺炎的琼珊躺在沉闷的病房里，望着病床外面空荡荡、阴沉沉的院子，枯萎的常春藤，光秃秃的藤枝依附在那堵松动残缺的砖墙上，萧瑟的秋风几乎吹落了上面的全部叶子。病房里的气氛更是让人压抑和沉闷。这一切萧条的环境让躺在病床上虚弱的琼珊心里越来越消沉，她数着窗外的叶子，对生命越来越没希望。

当老画家贝尔曼知道了琼珊的情况后，就在窗外的常春藤上用彩笔画了最后一片“不落”的绿色叶子，使琼珊重新燃起了对生活的热情和希望，有了活下去的信念，最终度过了生命的危险期，健康地活下来。

虽然琼珊没有离开病房这个环境，但是老画家贝尔曼给她创造了另外一个琼珊用心关注的环境。一片绿叶犹如一片森林，犹如一个春天，通过这一片绿叶让琼珊联想到春天生机勃勃的景象，联想到生命的美好，从而由消极悲观的情绪中转移出来，进入憧憬的美好景象里，凭着信念，创造了生命的奇迹。

情随境迁，在美妙的环境中，人也舒坦，心也舒坦，自然一切都会好起来。当恶劣的环境无法改变或很难改变时，我们不妨换个美好的环境，起到调节情绪的作用。不管是生活中还是工作中感到不良情绪压抑时，“景”是“导火索”，“情”才是“炸药”，但是我们也可以让“景”变为“处方”，“情”变为“妙药”。

4. 换个方式活，便是晴天

大千世界，我们每个人都有自己的生活方式，按着自己的生活规律完成人生的旅途。生活是美好的，然而生活又是残酷的。现实中，很多人活得很累很辛苦，虽然生活本身就不会一帆风顺，本来就需要努力奋斗。但有时候我们可以问问自己的心，这样的生活是不是我想要的？是不是自己的生活方式或工作方式不符合心中的“规律”，才会导致一些不良情绪的产生？因为人的喜怒哀乐最主要的是看需求满意的程度。当目前的生活方式不能让我们满意时，就会影响到心情的好坏。因此，也许换个方式生活会有一个新的活法；换个方式活，或许，下一个明天便是晴天呢。

柏拉图曾说过这样一段话：“我以为小鸟飞不过沧海，是因为没有飞过沧海的勇气，十年以后我才发现，不是小鸟飞不过去，而是沧海的那一头早已没有了等待。”有时候，当我们的坚持和执着没有收获或让自己很疲惫时，那就放手，换种思维方式，去开拓另一片天地。人生，本来就是一个短暂的体验过程，趁自己生命尚存，趁自己还年轻，寻找属于自己、适合自己的生活方式，岂不更好？换种方式活着，让自己活出另一番滋味。

曾经有个人喂了一头母猪，母猪怀胎三个月后，生了十来只小猪仔。刚生出来的小猪看起来都是小小的，但是仔细看还是会有大小的差别。最大的一只体质很好，特别有力量，而最小的一只柔柔弱弱的，总是被其他小猪仔欺负。

尤其是当母猪妈妈给孩子们喂奶时，那只个头最大的猪仔总是第一个扑到母猪的肚子底下，一边吃一边还排挤旁边的兄弟姐妹。而且每次大猪仔都是吃得最快、最多、最饱；而那只最小的猪仔是最可怜的，因为它最受排挤，每次不仅排不上队，还要等到其他的猪仔吃完才慢慢地爬过去捞上几口，因此每次都吃不饱肚子。这时，小猪仔就只好跑到母猪的猪槽中吃剩下的饲料。

时间久了，小猪仔们都长大了些。这只最小的猪仔就干脆不去跟其他猪仔抢奶吃了。等母猪喂奶时，它就自动跑到猪槽边上去吃饲料，每次都吃得肚子饱饱的，圆圆的。逐渐地它的个头大起来，柔弱的身体也强壮起来。

到了一定的时间，母猪开始不喂孩子们奶了，因为母猪的奶渐渐地少了，于是母猪开始“断奶”。这些小猪仔们光靠吃奶已经吃不饱了，于是纷纷转向猪槽吃食。这时，那只最小的猪仔已经轻车熟路，很快就会找到猪槽，并且习惯吃猪食，因此此时它成了领头军。而原先那只最大的猪仔还在留恋母猪的奶，不能习惯吃猪食，渐渐地身体开始消瘦下来，个头变得越来越小，因为其他猪仔个头变得越来越大。

最富有戏剧性的是，等到小猪仔都长大足以出栏时，大家看到了这样一幕，原先那只最小的猪仔摇摇摆摆地第一个走出来，因为它是猪仔里个头最大、身体最壮的一个，其他小猪都要让它三分；而那只刚生出来时个头最大的小猪此刻唯唯诺诺地被排在了最后，因为它看起来是小猪群里面最小、最瘦弱的一只。

生活中我们很多人会像小猪仔一样，刚来到这个世界上很弱、很小，比如家庭条件不好，没有人疼爱，自身存在缺陷，在人生路上会碰到各种各样的磨难，等等。这时，我们要懂得不去抱怨，不要轻易就放弃了自己，不要把自己陷在悲伤的思维里，而是像小猪仔一样积极寻求另外一种活法，让自己变得强大起来。

当生活累了，我们可以换个生活方式；当工作没意义了，我们就换个有激情的工作；当爱错了，我们就及时放手或者换个方式去爱。不要压抑自己，不要保残守缺，而是给自己重新找个出口，今天的乌云密布就会变化成明天的大晴天。

5. 偶尔让自己停下来

行走在人生这条漫长又崎岖的路上，我们每一个人都是行色匆匆。因为前方有太多的诱惑，有梦想、有成功、有财富、有等待。于是我们不肯停下自己的脚步，不敢放松一下自己，尤其是在这竞争激烈的现代社会中，我们怕一不小心就会被挤出轨道，稍微懈怠就会前功尽弃。那么，既然不能时常地停下来，那就让自己偶尔停一下吧，我们会发现偶尔停下来的美妙。

第一，当生活乏味时，让自己停下来

生活是柴米油盐，生活是鸡毛蒜皮，生活好似运转的机械，不会改变自己的规律。因此，一成不变的生活难免有时候会让人乏味。这时候何不让自己停下来休息一下，放松一下自己疲倦的身心。比如完成了一天的家务活，给自己沏杯清茶享受一下夜晚的静谧，或者窝在沙发上看一部肥皂剧，或者只是静静地躺着休息，听听自己的心跳。

在生活中，我们就像登山者，往往都是匆匆地不顾一切地往上爬，想让自己尽早登上山顶，眺望美丽的风景，殊不知我们却错过了沿途的美丽风景，而这些错过了就会永远错过，因为人生没有下山路。因此，让自己偶尔停下来，“贪恋”一会儿路边的风景，你会发现，原来生活的色彩是多种多样的，蓝天白云是奥妙无穷的。

我们经常苦苦追求自己想要的最好生活，却不知“众里寻她千百度，蓦然回首，那人却在灯火阑珊处”。更多时候只需要我们转个身，便会发现原来我们想要的一直都在身边，只是我们被自己的思维瓶颈所困住，不能让自己停下来。

第二，当学习疲劳时，让自己停下来

俗话说“活到老，学到老”，因此我们一生都在学习，都在给自己

“充电”，让自己充满能量地面对快速变化的社会。我们就像紧绷的弓箭，时刻准备奋发一搏，射中自己的目标。而总有一天，绷紧的神经会疲劳，运转的大脑会疲劳。

开学了，一个学子进入了自己梦想的高中，于是更加努力地学习，因为他要考上自己梦想的大学。

学子每天除了睡觉，其余的时间都在学习，连学校里课间休息时间都不放过，回到家里匆匆吃完饭就做大量的试卷一直熬到深夜，甚至上厕所的时间都拿来背英语单词。

可是期中考试成绩下来后，学子的成绩不是很理想。他想是自己还不够努力，于是更加不放过一分一秒地学习，题海中苦战的他身体逐渐地感到疲劳虚弱。期末成绩下来后，学子的成绩不仅没有上升，反而退步了。他的自信心受到了严重的打击。

不久，老师找这位学子谈心。老师给了他一杯水，问他：“你能端多久?”

“一小时没问题。”他答道。

“再久一点呢?”老师又问。

学子摇摇头，眼神里出现迷茫。

“其实学习就像这杯水，端久了自然会累的，你时刻让自己绷紧神经地学习，大脑用脑过度，还让自己的身体处于疲惫的状态，这样不仅会事倍功半，还会让自己很累。这样，只会让你自己退步，而不是进步。”

学子恍然大悟，此后便调整自己的学习方式，学习一下，休息一下，最终他得到了一个满意的成绩。

的确如此，学习就应该张弛有度，该休息时休息，该努力时努力。偶尔停一下，不是停滞不前，不是逃避放弃，而是利用休息时间让自己的大脑静下来总结一下，反思一下，或者积蓄一下能力，拥有一个好心情轻装上阵，这样我们会发现学习效率不仅会提高，而且会事半功倍。

第三，当工作劳累时，让自己停下来

工作是我们除生活之外最重要的一部分，让我们充实，让我们实现自我价值，让我们的生活更有意义。然而工作又让我们劳累，尤其是面对工作的压力；在追求事业成功的路上困难重重，让我们感到迷茫、痛苦、孤独；有时候还需要平衡工作与生活的重心更会让我们感到力不从心。此时，如果让自己一直处于高负荷的状态之中，就会疲惫至极。

俗话说：磨刀不误砍柴功。意思是把条件准备充分，会取得更大的成效。偶尔停一下，放松自己，去做自己喜欢的娱乐，去旅行，去找朋友玩，去郊外呼吸新鲜空气，给自己减减压，打打气，然后再进入工作状态，意气风发地继续前进。

达尔文在写《物种起源》时，会有小睡的习惯，但是这一点也不影响他的著作进程；“原子弹之父”奥本·海玛在紧张的实验之后，用锄地拔草来放松自己；著名作家海明威最喜欢用打猎钓鱼来让自己体验美好大自然。可见，“偶尔停一下”的人，才更有创造力，富有想象力，才会走向成功之路。

偶尔让自己停下来，是一种生活情调；偶尔让自己停下来，是一种富有哲理的人生态度；偶尔让自己停下来，是一种智慧。让自己停下来调整心情，整顿一切，然后开创光辉的未来！

6. 让好心情“天使”来守护你

一个小女孩趴在窗台上，看到窗外的仆人正在花园里埋葬自己心爱的小狗，伤心地哭泣起来。正当她悲伤不已的时候，一只有力的大手放在她小小的肩膀上。原来是爷爷，爷爷牵着小女孩的手，把她领到另一个窗口。小女孩看到路边有一棵小树，小树的枝头栖息着一只百灵鸟，正在“唱歌”。小树底下是绽放的花儿，两只蝴蝶正在上面翩翩起舞。小女孩看到这样美丽的景象，脸上顿时露出了微笑，心情豁然开朗。爷爷擦掉小女孩脸上的泪珠，对她说："孩子，你只不过是开错了窗户。"

生活中，我们很多成人在成熟坚强的外表下其实包裹着一颗孩童般脆弱易受伤的心，有时候我们会失去理智或者会放任感情，像小女孩一样，开错面前的窗户，看不到"洁白的天使"，而是听到魔鬼的笑声一直在耳旁萦绕。但是我们多么希望打开窗户看到的是美丽的"天使"呀。其实"天使"一直在我们身边，只是我们的眼睛被泪水蒙蔽，没有看到罢了。那么就让我们擦干眼泪，喜笑颜开地迎接好心情"天使"来守护我们，这是多么美好的事情。

商场里有两个售货员，都是二十来岁的年轻姑娘，都长得挺漂亮。不同的是一个经常拉长着脸，一副心不在焉的样子，而另外一个则是脸上时刻挂着浅浅的微笑，让人如沐春风。

两位姑娘同站一个柜台，只是轮流着倒班，上班时候算下来是一样的。虽然"亮相"的时间相当，但是微笑的姑娘给人留下的印象比较深刻，很多顾客会挑选在她值班的时间过来买东西，因此，她卖出去的东西比拉长脸的姑娘卖出去的要多得多，经常得到经理的表扬。

一天，一位顾客买完东西情不自禁地说道："姑娘，你这人真好，上次我来是另外一个姑娘，板着一副脸，很难看。"

姑娘听了笑着答："她上班不到一年，估计还不太适应，而我已经适应了。干我们这一行的，时间长了就会感到乏味，但是永远不能忘了对顾客态度要好，因为让顾客满意了，顾客心情好，这样我们自己的心情不就好起来了？"

的确如此，好心情存在一个良性循环。自己的心情好了，就会对顾客态度好，这样顾客满意了心情就会好，就会回报我们微笑，这样又刺激我们的好心情更好，于是对下一个顾客态度更好……

心情就像一面镜子，你对它哭，它就哭；你对它笑，它就笑。我们何不学学微笑姑娘的态度，选择让好心情"天使"来守护我们。哪怕生活中有太多的遗憾、悲伤和困苦，我们也要学着用爱和希望化解它们，笑着面对一切，让好心情“天使”多给我们洒点阳光，洒点快乐，洒点欢笑。这样，我们的人生才会春光明媚，才会甜蜜无比。

与好心情“天使”待在一起的时间久了，我们也会变成善良美丽的天使。

第五章

情绪释放

——给负面情绪一个合理的出口

当坏情绪像气球一样膨胀起来时，我们的胸口就如燃着“一团火”或压着一块“大石头”一样煎熬难受。这时，就要学会松开手，打开自己的心门，把“胀气”释放出去，即把情绪释放出去，还自己一个舒心。

当负面情绪长期积压在心中时，就会禁锢和伤害我们的身心；心灵的“垃圾”情绪得不到及时清除，就会囤积成灾。不良的情绪不仅增大我们的压力，甚至有可能扭曲我们的心灵，乃至毁灭我们的人生。因此，当负面情绪困扰我们时，赶紧给其找一个出口，不要强烈压制，找一个适合自己的方式适度宣泄，对身心有百利而无一害。

1. 找到适合自己的宣泄方式

我们知道发泄情绪有很多种方法，宣泄，就是其中一种行之有效的方式。宣泄是一种正常的心理现象，宣泄是我们日常生活中保持良好心境的重要方法之一，尤其是在工作节奏加快和生活压力加大的现代社会中，更需要时时宣泄自己的负面情绪，来排解自己的坏心情。然而，宣泄不是胡乱发泄，不是随时随地就可以爆发，我们必须要找到适合自己的宣泄方式，这才是王道。

第一，不合理的宣泄方式会害人害己

曾经在《东莞时报》上看到这样一篇报道。23岁的陈某是来自农村的一位小伙。眼看着来到东莞已经一年了，他却没有挣到什么钱。陈某感到沮丧的同时心里很不平衡，怒火让他失去了理智，便跑到银行，拿起一块砖头把自动取款机砸了个粉碎。最终东莞市第一人民法院依法以故意毁坏财物罪判处陈某有期徒刑三年。

陈某是可怜的又是可悲的。他想要宣泄自己的情绪，却没有找到合适的方式去发泄，不仅破坏了公共财产，还让自己锒铛入狱，受到了法律的制裁。

现代社会，每一个人都是有压力的，每个人都需要给自己减压。但是一定要找到正确的、适合的方式来发泄，不然就会适得其反。

青青是一名初三学生，从初一开始她的成绩在班里一直都是名列前茅。可是这几次考试却连连失利，让青青感到很郁闷。再加上到了初中升高中的关键时刻，家里的父母和学校的老师都给予她很大的希望。在这些双重的压力之下，青青感到自己快要窒息得喘不过气来，她想让自己表现得好，却没想到越来越糟糕。为了排解自己心中的不良情绪，青青就开始寻找一些宣泄的方式。她在家里动不动就摔东西、对着父母大喊大叫，可是过后自己又一个人躲在角落里哭泣。同班的一位男同学一直对青青有好感，发现她心情不好后，就来安慰青青，每天给青青买早餐、下了晚自习陪她聊天。本来这是好事，没想到，青青却又陷入了“早恋”的漩涡，最后成绩越来越下滑，中考失利后，和“男友”也分道扬镳……

青青从头到尾，都没有找到自己情绪的出口，最后让自己走上了极端，不得不让人唏嘘。可见不良情绪就像一把杀人不见血的刀，给我们带来的负面影响是很可怕的。正因为如此，我们更要发现和找到适合自己的宣泄方式，让不良情绪尽快排解出去。

第二，合理的宣泄才会真正舒缓情绪

宣泄方式本身并没有正确与错误之说，只有合理与不合理之分，而这也是针对个人来说的。每个人喜欢的宣泄方式都不同，比如有的人喜欢听音乐，有的人喜欢找人倾诉，有的人喜欢大哭一场，有的人甚至选择争吵、喊叫，而这也能在一定程度上起到发泄愤怒的作用。

据说“香港乐坛天后”容祖儿的减压方式也很有自己的个性。当她自己感到很有压力很累时，就会对着家里的马桶大喊：“我好累呀，我想休息，能不能给我几天假呀，我好想好想休息。”

喊完之后，她就把马桶里的水冲下去，再把马桶盖子盖得严严实实。容祖儿觉得自己的这种减压方式很适合自己，在娱乐圈，稍微有点小举动就会成为众矢之的，而她这样既不会让人看到、听到，也不会伤害到他人。

一个名叫孙晓的高级白领，选择疯狂购物作为她排解压力的方式，因为这些奢侈品让她的虚荣心得到了最大的满足，从而压力就有了最大的减轻；而另一位名叫白灵的女孩同样也有着令人羡慕的工作岗位，却在无尽的加班和上司的压力之下感到自己的身心疲累，她选择了辞职，重新找了份稍轻松的工作，并借此开始了自己的恋爱，让自己的生活来个大转弯。

以上这些宣泄方式，我们不能说哪个对哪个错，哪个合情哪个不合情。这个不重要，只要当事人自己感到心里舒坦就行了。况且她们的宣泄方式并没有伤害到任何人，并且让自己的坏情绪得到了最好的发泄。

一位心理学家指出：借助于一些工具和场所甚至人，虽然能让坏情绪得到暂时的释放，减轻自己的压力，但是，过后如果再经过刺激又会“旧病”复发，并且强化不满情绪。因此，无论是哪种宣泄方式，其实只不过是“断箭疗法”而已。要想让自己的坏情绪真正得到释放，必须要找到症结，对症下药；找到根源，连根拔起，然后加上这些宣泄方式作为辅助治疗。

2. 用哭泣打开“心门”

有些心理类的老师们会给学生们上这样一堂课：他们在课堂上，播放悲伤的音乐，在旁边“添油加醋”地劝说，再加上对环境的把控和气氛的制造，来诱发学生悲伤的情感，从而大声地哭出来。学生们哭过之后，浑身上下就感到无比的轻松，心情也随之好起来。

哭和笑一样，都是人类的一种本能，是人情绪的直接外在流露，都是我们必须经历的情感体验，都自有它们的奥妙所在。哭泣，无论是身体上还是心灵上，都是一种最好的释放。哭泣是造物者赐予我们的天生本领，我们要好好利用。

长期以来，我们的心里存在一种根深蒂固的观念就是：哭泣是软弱的表现，尤其是当男人哭泣时。这无疑就像一把枷锁桎梏了人们哭泣的本能。同时，让我们主动或被动地拒绝了一种健康的宣泄模式。

其实哭泣是一种排泄，排泄眼睛里和身体内的一些毒素。在现实生活中，女性比较容易哭泣，让体内毒素很快、很好地排泄出来，从而减少疾病。这就是为什么女人相比于男人的寿命较长。

美国明尼苏达州的生化学家佛瑞，做过一项有趣的实验，他先让一批人自愿去看情感电影，等到他们感动得哭了，就将眼泪装进试管；然后他又让一批人用切洋葱的方法流下眼泪收集起来。结果试验显示：因看电影而流的“情绪眼泪”和被洋葱刺激出的“化学眼泪”成分大不相同，“情绪眼泪”里含有儿茶酚胺，而“化学眼泪”中却没有。儿茶酚胺是一种大脑在情绪压力下会释放出的化学物质，如果人体中含有过量的儿茶酚胺，就会引发心脑血管疾病，甚至还会导致心肌梗塞。因此及时将儿茶酚胺排除掉，可能排出的是致命的“毒”。

美国生物化学家费雷认为：人在悲伤时不哭是有害于人体健康的，等于是慢性自杀。他做过有关调查发现长期不流泪的人，患病率要比流泪的人高一倍。所以，在需要哭泣的时候，不妨痛痛快快地哭一场，哭泣之后，对身体健康是有利无害的。

短时间内的痛哭是释放不良情绪的最好办法，是心理保健的有效措施。哭泣可以打开我们的心门，让储存在内心的“毒素”和“垃圾”比较容易地排解出来。

美国学者研究后发现：人们在情绪压抑时，会产生某些对人体有害的生物活性成分，而哭泣后，情绪强度一般可减低40%，因为哭泣使不良情绪很快发泄出来，让紧张情绪及时得到释放。

日本主妇良友总研究中心以477名《主妇良友》杂志读者为对象，进行了一项关于女性释放情绪的调查。结果显示，有58%的女性（平均年龄30.3岁）表示，每个月必哭一回，还有7%的女性表示“几乎从不掉眼泪”。可见当悲伤情绪来临时，日本女性大多都会选择“释放式”的哭来进行缓解。

哭泣是一种很正常的生理现象和心理现象。因此，我们不应该压抑或强迫，而是顺其自然。该哭时就哭，不要强忍着。研究证明：那些强忍着哭的人，很容易得抑郁症。美国圣保罗—雷姆塞医学中心精神病实验室专家也研究发现：眼泪可以缓解人的压抑感，因为可以把体内积蓄的导致忧郁的化学物质清除掉，从而减轻心理压力。

当然，哭泣时不能像洪水一样泛滥，毫无节制，哭泣需要适度地哭泣。有关专家指出：“哭泣最好掌控在15分钟之内，当心情随着哭泣由阴转晴之后，就需要停止，不然反而会伤害身体。”

哭泣还是一种情感沟通方式，哭泣时更容易打开我们的心门，把所有的感情和不满都发泄出来，表现出自己最真的一面。因此，当我们真的累了、真的苦了、真的太压抑了、真的太疲惫了，就好好地大哭一场，好好地发泄一下。有的人只是喜欢在深夜偷偷地躲在角落里默默地哭泣，有的人喜欢大声痛哭，无论是哪种方式，哭过之后，便会雨过天晴，让自己怀着好心情再次踏上人生征途。

3. 吐出心中的“垃圾情绪”

倾诉是人类所特有的释放负面情绪的手段，它可以让我们把体内的那些“垃圾”通过语言的形式宣泄释放出来，从而让内心的黑暗一扫而光，取而代之的是光明与希望。因此，当我们内心产生各种各样的情绪时，应该及时释放，尤其是那些不良情绪，不要压抑在内心，而应该学会倾诉，学会吐出，倾诉是众多宣泄情绪中最好的一种方式，而倾听的人是我们最好的心理医生。

第一，倾听的人可以给我们积极的反馈

有些人觉得找人倾诉是一种无能的表现，有些人觉得说出自己心中的糗事会很没面子，很尴尬，有些人觉得自己这是在抱怨和唠叨，尤其是男性觉得这只是女性的“权利”。其实这种观点是相当错误的，找人倾诉是一种很好的减压方式，是调节身心健康的一种很良好的方法。

找人倾诉可以打开自己的心扉，让自己在一种无压力的状态之下与人交流，沟通。而且当向别人倾诉的时候，对方都会积极地回应我们，比如安慰、鼓励、同情的眼神，温暖的怀抱等，都让我们产生共鸣的心理，觉得自己不是孤单一个人。倾听的人做出这些举动相当于在无形中就给我们分担了一些不良情绪。正如培根所言：“如果你把快乐告诉一个人，将有两个人分享快乐；你把忧愁向朋友倾诉，你将被分掉一半忧愁。”而且同时，倾诉的对象可以积极地给我们提供一些良好的建议和经验等，因为有时难免是“当局者迷，旁观者清”，一个能够提供新观点的人，会启发倾诉者换一个新的角度来看待痛苦的经历，从中得到成长和超越。有时倾诉的对象只是静静地倾听，也是对倾诉者最好的安慰，交流沟通的大师卡耐基也说过“倾听就是说服的开始”，可见我们一定不要小看倾听的力量。

第二，倾诉要挑选好对象

小军和女友分手后，心里觉得很痛苦。但是碍于面子他又不想找朋友倾诉，于是天天下班后借酒消愁。一次，在喝醉酒后，小军酒后失言，竟然把自己内心的痛苦一股脑地向陪同来的一个同事倾吐出来。不料，第二天公司里关于小军失恋的事传得纷纷扬扬，小军听到同事都在背后窃窃私语，说："一个男子汉，为了一个女人，那么没出息。"小军知道是那个同事散布的谣言，于是找他理论。结果两人打了一架，小军在怒火之下把那位同事打成重伤，最后公司借此把小军开除了……

小军的心情，估计在生活中我们很多人都有体会过，只是经历的事情不同而已。很多时候我们会被人出卖、背叛，这时候我们就会后悔万分。因此，如果想要自己不受到伤害，不会后悔，那就找对倾诉的对象。最好的选择自然是我们的亲人、朋友，起码是值得信赖的人。倾诉对象需要能够为我们保密、分担、建议，这样倾诉才有效果。还有就是倾诉的对象不做任何评价，能够给我们一个包容的环境，不论我们说出怎样的想法，他都是可以接受和理解的，并且站在我们这边，给我们一种安全感，让我们可以自由地表达内心的想法，这样不仅使我们把心中的压抑一吐为快，还有利于我们重新审视事情。另外，选择倾诉的对象最好不要跟我们有同样的困扰，心情是乐观的，并且有能力给我们提供一些有建议性的意见，从而有利于我们用积极的办法或者换个思维方式去解决问题，使自己尽快从不良情绪中走出来。

第三，自言自语也是一种倾诉

自言自语并不是"神经病"。自言自语也是一种有效的倾诉方式，只不过倾诉的对象是我们自己。当然自言自语的内容必须是有意识的正常表述，是我们可控制的，这才是正常的现象。

当我们找不到倾诉的对象或者实在难以启齿时，自言自语是最好的解决方式，属于一种勇敢的"自救"。心理学家认为，"自言自语"，是恢复心理平衡的一种有效方式。德国的心理学家也经过研究认为："自言自语"是消除紧张的有效方法，有利身心健康，是一种简单易行的自我保健方式。

当我们心事重重，内心之门无人帮我们打开时，那就静下心来，给自己一个机会听听自己的"心声"，跟自己谈话，边问边答的方式最好，比如：我这样做究竟对吗？与其在这里痛苦还不如让自己开心起来等。这样自问自答的方式，就会改变我们的思维方式，跳出原来的思维怪圈，不至于钻牛角尖，换个角度看问题，从而让自己尽快恢复心理平衡。

4. 让音乐为你疗伤

音乐疗法作为艺术疗法的一种，其在心理治疗上的作用已毋庸置疑。音乐具有神奇的力量，从古至今，很多音乐“高手”，就把音乐的神效发挥得淋漓尽致。如宫商角徵羽，五音调和搭配，就可以修炼成一套养身大典，用音乐舒神静性、颐养身心。

两千多年前，我们的祖先就在中医的经典著作《黄帝内经》内，提出了“五音疗疾”的理论，在后来的《左传》中更是说：音乐像药物一样有味道，可以使人百病不生，健康长寿。中医心理学认为，宫、商、角、徵、羽五种民族调式音乐的特性可以调理人的五脏五行，而五脏五行的健康又与情绪的好坏有着密切的联系。由此可以推知，音乐通过调理五脏五行来调节人的悲伤、愤怒、绝望、暴躁等不良情绪。

现代社会，欣赏音乐已是最普遍的排泄压力的方法之一。美妙的音乐深入人心，使人进入轻快、飘渺的幻境，从而身心得到最大的放松，并激发起美好、向上的情绪，让人积极地去理解和肯定人生，让生活更加充实，身心更健康。

音乐疗伤治病已是众所周知。据说在古代，真正好的中医不用针灸或中药，而是用音乐。一曲终了，病退人安。

曾经有位研究者做过这样一个实验，他把60名病人随机分成三组。所有的病人都必须接受传统的医药治疗。只是不同的是，第一组会听由研究者给他们选择的音乐，而第二组由患者自己选择音乐来听，第三组则不需要听音乐。一个礼拜之后，研究者根据实验结果显示发现：听音乐的两个病人组感觉到的疼痛水平降低了20%，而那组没有听音乐的病人组疼痛感则是提升了2%。研究者还表示：虽然音乐治疗不能取代传统治疗，但是能够起到良好的辅助治疗作用，可以使病人的身体得到放松，情绪得到排解，从而注意力从疼痛上转移。尤其是音乐对患有背部、颈部和关节疼痛的病人有良好的消痛作用。

更神奇的是，音乐甚至可以“救命”。

法国作曲家乔治·比才的一曲《卡门》曾经治好了德国著名哲学家尼采的一场病。尼采病痊愈后兴奋地给朋友写信，信中说道：“这些天来，我患病在床。虽然找了好多方法医治，但是都不见效果，让我心里更加着急。不料，昨晚听了音乐《卡门》，可谓是天籁之音，最神奇的是治好了我的顽疾。我的感激之情真的不知道向谁诉说。”

有时候我们不仅听音乐，也可以唱音乐，边听边哼唱，具有另一神奇功效。

世界知名的音乐与治疗教育家唐·坎贝尔曾经就用歌唱挽救了自己的生命。那是在他47岁的时候，头部受到重创，大脑右侧出现一个长达三厘米的血块，医生告诉他随时可能会因为脑血管堵塞而死去，而且手术治疗也未必有效。

他回到家后，就开始听音乐，并且跟着哼唱，哼唱时他将注意力集中在大脑右侧。几天后，他感到大脑右侧疼痛减少了一些。于是就去请教一位大师，如何利用音乐治病。三个星期以后，医生惊讶地发现，他脑中的血块只剩下几微米了。

音乐是释放怒火、缓解紧张气氛的有效手段。

德国音乐家梅亚贝尔有一次和妻子吵架了，两人都是怒火朝天。为了让自己的怒火之情不爆发在妻子身上，梅亚贝尔当即演奏了肖邦的《夜曲》，悦耳的音乐旋律不仅使他的怒气得到释放，还感染到他的妻子。两人最终怒气全消，言归于好。

用音乐治疗，也有正治、反治。比如，如果情绪太兴奋和高昂，可以听听舒缓、平和的音乐使情绪稳定下来；如果心情感到低落或压抑，则选择听积极向上、节奏感强或轻松愉快的乐曲来唤醒正面的情绪，从而挤掉不良的情绪；还有一种方法是使乐曲与情绪同步，可谓“以毒攻毒”，例如以如泣如诉的乐曲带走悲伤，以快节奏的音乐发泄过度兴奋的情绪。

其实，大自然更是一个巨大、美妙的音乐宝库。人类所创作的音乐只是从大自然音乐元素中提炼出一些所制而成。美丽的大自然不仅让我们“一饱眼福”，也让我们“一饱耳福”。耳边的风儿细语，树枝上的鸟儿鸣唱，有节奏的雨落拍打声，溪流潺潺，泉水叮咚，踏上秋叶沙沙的响声，静谧夜晚下的虫鸣……还有，我们仅用耳朵听不到的音乐，而是需要用心听的音乐，比如小草生根发芽的声音，花儿之间的窃窃私语，白云蓝天的对话……这一切都是如此的美妙和动听。大自然的奥妙是无穷无尽，带给我们的好心情也是连绵不绝。

不管是天然的音乐，还是人类所创作的美妙音乐，都有异曲同工之妙。可以平复我们的情绪，带给我们好心情，因此，让音乐成为我们日常生活中不可缺少的一部分吧，带上音乐，哼哼唱唱，让我们更加轻松地进行人生之途。

5. 给心灵放假

现代社会的高节奏和高压力，不仅让我们的周围充满压力，还让我们身心很累。短暂的休息也许让我们疲惫的身体恢复活力，但是精神上的压力却不能有效地释放出来。那么，就不妨来一场长时间的旅行，让自己的心灵彻底得到解脱，只有心灵上的真正美好，才会让我们发自内心地有一份好心情。

第一，旅行减轻身心压力

今年小雪找到了给自己减压的最好方式就是旅行。小雪的工作是一家房地产公司的置业顾问，一直以来销售业绩都很好，但是同时她也感到自己的压力好大好大。

以前，小雪都是把压力憋在心里，一直告诫自己，加油，加油。可是逐渐地小雪感到这种方式不仅不起作用，而且简直快让自己崩溃。小雪记得去年夏季，南方正好是梅雨季节，一个多月的连绵阴雨，让小雪的心都要发霉，情绪低落到极点。

最后朋友劝她把工作放一放，去旅行吧，给自己的心灵放个假。正好朋友也是个爱旅行的人，所以两个人就一拍即合，旅行的目的地是北方的西安。北方温暖的阳光温暖了小雪的心，古城的历史文化更是吸引了小雪。旅行回来后，她觉得自己不仅开阔了视野，压力也得到了大大的排解，更加积极地展开了工作。

小雪说：心灵就是“软件”，软件功能减退，硬件再怎么努力，也将会事倍功半，而且旅行也是一种“充电”，是给自己的内心充电，然后充满能量地继续上路。

因此，在疲劳时，在内心充满压力时，不妨像小雪一样选择旅行，亲近大自然、健身锻炼，在旅行中寻求温暖和阳光，刺激我们正面的情绪能量。

第二，旅行中的慢生活放松身心

现代人还有一个压力来源就是生活节奏太快了，快让我们呼吸急促，快会使我们心烦气躁，快使我们心跳加速。选择旅行是一种很好的放松方式，但一定要记得慢下来，“赶鸭子式”的旅行不仅不会让人放松，回来以后身心会更累。

让旅行慢下来的方式有：不要每到一个旅行地，就忙着拍照，吃美食，买纪念品，走马观花，而是静下心来，用心感受大自然的美妙或者领略历史文化的悠久和气息，再者可以在旅行的地方小住上几天。

一位事业很成功的女士，说自己去过三次巴厘岛：第一次去的时候，是跟着团去的，匆匆忙忙，玩得很快，到处看了风景，也没留下什么记忆，回到家后感觉很累。后两次是她自己去的，并且在巴厘岛找了个喜欢的地方住了一个礼拜，抛开工作中的各种繁琐事，每天安静地早起早睡，穿上当地人的衣服，过当地人的简朴生活，感觉才称得上真正的让自己身心放松。

第三，旅行中吸收自然能量，唤醒心灵的愉悦

旅行分很多种，有浪漫的、神奇的、古老的、惊险的。不论是哪一种，我们都离不开大自然的怀抱，沿途的风景要不是风景秀丽，要不就是文化底蕴很浓，要不就是一些民俗风情会给我们从未体验过的感觉。

自然界是充满生命能量的，如美丽的风景会让我们赏心悦目；大自然

中小清新的空气中含有大量负氧离子，对人的健康大有益处；去泡泡温泉，不仅会让我们身心愉快，还可以洗掉浑身的疲惫；历史文化让我们大开眼界，增长知识。

大自然的能量是看不见、摸不着的，但是却在无形中给予我们正面的、积极向上的能量，让我们的呼吸畅通，浑身充满力量地动起来。

其实，人生本来就是一场旅行。路途布满荆棘和坎坷，但是沿途也有许多美丽的风景。因此，我们在朝着目标努力前进的时候，也不要忘记偶尔停下来，感受一下美妙的风景，给自己的心灵放个假，找回原来的平静、激情和信心，然后轻装上阵。

6. 运动后身心舒畅

有的人喜欢用运动来舒缓紧张，有的人喜欢用运动来发泄怒火，有的人喜欢挥汗如雨的感觉，觉得把身心的“毒”都随着汗水排解出去了。运动是释放不良情绪的一剂良方，运动使我们身心舒畅。

现代社会的高压力之下，人们经常会满肚子的抱怨和怒火，得不到宣泄。尤其是在职场的压力，更是敢怒不敢言。

在日本有一些公司，为了缓解公司员工与高层领导的矛盾，更为了让员工释放出内心的消极情绪从而提高工作效率，专门设有一间“出气室”，里面摆放着根据公司高层领导的模样制作的假人，专供那些在领导面前受气、对他们不满从而内心产生了怨气和怒火的员工来打骂。事实上，员工在一番对高层领导强烈的“羞辱”后，一肚子的坏情绪都得到了很好的释放，第二天，继续认真地上班，并且对高层领导尊敬服从。另外在有些地方专门出售一些“出气产品”，比如价格低廉的可以摔打的东西，瓶子、碗等。

当然，在日常生活中，我们尽可能通过“正常”的运动来缓解自己的压力和情绪。一位名叫阿伦森的作者在其所著的《社会心理学入门》一书中提出：运动是释放心理能量、宣泄不良情绪的一种有效方法，但普遍最有效的是游泳、跑步、拳击等。

如今有些大城市，出现了一种“消气健身房”。这里可并不是简单地陈列一些器材工具，有专门的称号为“运动消气中心”，在这里会有专门的“消气运动器材”，专业的“消气教练”指导我们如何根据各种环境或选取各种器材来进行运动释放不良情绪。

比如如果只是碰到一些郁闷的事情心中感到不快，那就只可以参加初级的运动课程，和教练一起打羽毛球，叫喊，或唱歌来缓解情绪。如果心中的苦闷已经郁结很久，那教练就会建议我们参加“拧毛巾、撕枕头”的运动，并且需要练习一套运动量颇大的“减压消气操”。如果是心中怒火和怨气很厚，那就参加拳击、搏击等剧烈运动，在大汗淋漓以后就会瞬间使这些情绪烟消云散。

而且，我们根本不需要担心会受伤，因为“消气健身房”里面的地板上都铺着厚厚的海绵，所以无论怎样摸爬滚打都十分安全。

当然，如果我们不想在类似“消气健身房”这样有所管制和拥挤的情况下进行运动，觉得身心会更加得到束缚。那就选择在宽敞的“外面”的世界里运动，让自己随心所欲地释放情绪。但是最好选择自己喜欢的或有针对性的运动，因为针对不同的情绪选择不同的运动可以让我们的不良情绪得到更好的释放。

如压力过大产生紧张焦虑的情绪，这时，只需要进行一些运动量不是太大的休闲运动，比如骑着单车去郊外散心，独自一个人钓鱼，或者练瑜伽、游泳等，在美丽的自然和安静的环境中让心情得以缓解，以更好的心态来面对种种压力。

在心中压抑很久的情绪，比如当我们因为遇到挫折和困难产生痛苦、悲伤的情绪，又压在自己的心里不肯跟别人倾诉出来，时间久了就会更加的抑郁和压抑。对于这样的消极情绪，最主要的是给情绪找一个出口和宣泄的渠道。这个时候，就找一些较为剧烈的运动，如打各种球类、跑步等，在满身大汗后，就可以很好地把心中的压抑情绪发泄出来。

对于一些悲伤失落的情绪，这时候我们的精神状态是萎靡不振，身体也会感到很虚弱，那就去参加一些动脑较多、带有娱乐游戏性质的运动，最好是集体的一种趣味运动。这样在集团的团结力量和欢乐环境中，传递给我们一些积极向上的力量，从而改善自己的悲伤情绪。

对于急需爆发的愤怒情绪，最直接，最好的方式就是剧烈的运动。调查显示："激烈"的发泄方法通常最奏效。无论是高强度的锻炼还是大喊大叫一通，都能在30分钟内起到平复心情的作用，还能将轻松的状态再接着保持90分钟，比如拳击、有氧搏击等。拳击针对那些心中充满怒火的情绪是最佳的运动，每次用力出拳时的呐喊声，能够很好地宣泄情绪、减轻压力。

根据以上的运动发泄情绪良方，当我们在生活中遇到消极情绪时，就针对不同的情绪选择适合自己的运动良方。切记，一定不要想着做的运动越多排掉的情绪会越多，过量的运动只会让我们的身体受伤。比如当我们心情不好或压力过大时，就会出现心跳加快、血压上升等身体状况，如果此时过大的运动量就会透支体能，会有引起心脑血管疾病的危险；还有当心情不好运动时，注意力不是很集中，会造成肌肉拉伤等，这样我们就属于得不偿失了。

7. 吃出好心情来

我们都会有一种体验：当心情不好时，就想吃，并且吃大量的零食，有时候吃饱了还是想吃。其实，这一点都不奇怪。据有关医学专家证明：情绪跟饮食有很大的关系，饮食有影响情绪好坏的作用。也就是说我们吃也可以吃出好心情来，不过要"会吃"。

据研究发现，食用碳水化合物可以使人精力充沛，心情舒畅。这是因为碳水化合物在进入我们体内消化分解时，会使大脑产生一种叫羟色胺的化学物品，会促使人的心情变得舒畅，愉快，甚至还有减轻疼痛的妙处；如果大脑中缺少羟色胺就会出现狂躁、忧郁的负面情绪；英国医学专家证明，水果、蔬菜、黑面粉及糖类，对心情焦虑、压抑有良好的治疗效果。比如喜欢吃马铃薯、水果、蔬菜、燕麦的人心情会经常保持舒畅、恬静，据有的研究者证明，英国人之所以比较幽默和安静，与他们喜欢吃燕麦有很大的关系。

饮食虽然不能让我们立刻心情就会好起来，但是确实有助于改善低落的情绪。以下是医学专家为调整情绪而开出的饮食“处方”，不妨一试。

1. 压力很大，时常感到压抑——食用富含镁和维生素C的水果和蔬菜

如花菜、芝麻、苹果、菠菜等。首选食品是菠菜，营养学家帕特里克·霍尔福特说：“菠菜含有丰富的镁，镁是一种能使人头脑和身体放松的矿物质。菠菜中富含丰富的镁元素和维生素C，维生素C具有平衡心理压力的作用，当我们承受强大心理压力时，身体会消耗比平时多八倍的维生素C。因此，食用富含镁和维生素C的水果和蔬菜会达到理想的减压效果。

2. 容易愤怒、脾气暴躁的人——食用补充钙质食品

钙具有安定情绪的效果，如海带、贝、虾、蟹、豆类及牛奶、乳酸、奶酪等乳制品中含有大量丰富的钙质，有助于消除火气。此外，还要多吃桂圆、干核桃仁、蘑菇等，补充维生素B_1、B_2，让血糖平稳，有助于我们心情平静；啤酒能顺气开胃，改变恼怒情绪，适量喝点儿会有益处。

3. 委屈、悲伤、消沉的情绪——少摄取糖分，多食含有色胺酸的食品

帕特里克说：“沮丧、疲劳、焦虑和经前综合症等众多问题都与糖分有关。”当我们的身体糖分摄取过量时，就会使糖分在血液中转换成能量之时，消耗大量的矿物质。此时血液就会呈酸性状态，个性就会变得消极，做什么事情都提不起劲。如果我们心情本来就已经低落，千万不要吃甜食，以至于吃进去大量的糖分，导致心情越来越糟糕。

另外，可多吃一些香蕉，据研究意志消沉都会与5－羟色胺水平低有关，5－羟色胺是一种来源于色胺酸的有机物，而香蕉内含有大量的色胺酸，所以，吃几根香蕉有助于我们排解悲伤情绪。

4. 神经敏感、容易焦虑的人——食用富含维生素B的食物

首选食品是燕麦，燕麦富含维生素B，而维生素B有助于平衡中枢神经系统，使人安静下来，早上一杯燕麦粥，可以使我们平和地迎接新的一天；另外减少食用刺激神经系统的食物，如咖啡等，多食用绿叶蔬菜，也

可起到一定作用，因为蔬菜有安定神经的作用。

5. 容易疲劳、反应迟钝的状况——多食用一些含有蛋白质的食物

如花生、杏仁、腰果、胡桃等干果，含有大量丰富的蛋白质、B族维生素、钙和铁，以及植物性脂肪，却不含胆固醇，对恢复体能有神奇的功效，并且可以健脑、增强记忆力；另外当大脑反应迟钝，注意力不集中时，吃几个鸡蛋，因为鸡蛋内除了含有大量的蛋白质，还富含胆碱，有助于提高记忆力，使注意力更加集中。

“民以食为天”。吃，不仅可以让我们生存，更能让我们生活得更好，因此，让我们学会吃，吃出我们的好心情。

第六章

情绪选择

——运用生活智慧，让积极常驻心底

我们无法选择自己的出生，无法选择自己的条件，无法选择自己的命运，但是我们可以选择自己的情绪状态，选择自己的人生态度。犹太心理学专家佛兰克说：“在任何极端恶劣的环境里，人们都会有一种最后的自由，那就是选择自己态度的自由。”也就是说，当环境和物质不以我们的意志所转变时，我们唯一的选择就是改变自己的心态，调整自己的情绪。

面对无法避免的苦难，我们可以选择坚强；面对不得已的悲伤，我们可以选择乐观；面对令人愤怒的事情，我们可以选择冷静。总之，当觉得一切不如意时，我们完全可以选择用自己良好积极的心态坦然对之。这样我们的情绪就会获得自由，心灵获得自由，而不是被坏情绪牵着鼻子走。我们要勇于做情绪的主人，赶走坏情绪，把快乐留在心房。

1. 用理智指导情绪

曾仕强教授曾说过：要用理智来指导你的感情，不要让情绪来左右你的理性。人是有感情的动物，生活中我们经常会说一句：感情用事。的确，很多时候我们在处理事情时都会带上感情的色彩。对于情绪也是如此，因此，那些不良情绪才会时不时地跳出来困扰我们。有些情绪我们是难以避免的，但是对于不良情绪，我们可以用理智来减少发生或不发生的机会。

不良情绪包括两种情形：一种是过于强烈的消极情绪反应；一种是持续时间长的消极情绪。两者虽然带来的负面影响程度不同，但是对于自我身心健康都有伤害，也有可能伤及别人和社会。因此，我们一定要学会控制自己的情绪，学会选择宣泄自己的情绪，用理智驾驭情绪，而不做情绪的俘虏。

当情绪强烈发生时，就会影响到大脑皮层的高级心智活动，如使人的认识减弱，辨别和推理能力受到抑制，从而不能正确评价自己和支配自己的行动，引起反常的行为或导致学习效率降低等。

国外曾经有人做过这样一个实验：他让几个大学生进入一个他们从来没进过的实验室。但事先告诉他们有几个出口，几个门。事实上，这里有四个门，有三个是被锁住的，有一个可以打开。哪怕是不熟悉的人只要依次把四个门锁试打一下，也可以很快知道哪个门可以打开。

但是当实验者开始用冷水、强光、电击、强音等强烈刺激这几个大学生时，他们顿时乱成一团，到处胡乱奔跑，那三个被锁的门，被他们重复试了几次，但是他们就是不知道试一下旁边的那扇门。显然在这种强烈的刺激之下，他们已经失去理智来判断事物。

在日常生活中，我们也会看到很多这种因情绪激动失去理智的现象：如有的运动员平时发挥水平很好，但是一到上场就会因为心情紧张而失利；有些好学生平常测试成绩很好，但当面临重大的考试，成绩就会不理想；好多囚犯都是因为在盛怒之下失去理智而去伤害别人等。

曾经有人就因为自己的坏情绪差点使另一个人与诺贝尔奖擦肩而过，从而失去了改变自己命运的机会。有一天，德国著名的化学家奥斯特瓦尔的情绪很坏，因为他的牙痛折磨得他生不如死。当他来到书房，顺手拿起一个不知名的青年寄来的稿件阅读时，觉得满纸的奇谈怪论，就毫不犹豫地扔进了旁边的纸篓。

几天后，奥斯特瓦尔的牙痛好点了，他的心情也变好了。当他坐在办公室开始工作时，脑海里突然又浮现出那篇奇谈怪论的稿件，于是他从纸篓里重新翻出来认真看了一遍。看完以后他拍案叫绝，赶紧给科学杂志写了一封推荐信，说这篇论文很有科学价值。论文发表出去以后，轰动了学术界，而撰写论文的这位无名青年也因此获得了诺贝尔奖而驰名中外。

可见一个人的情绪有多重要，坏情绪有多“可恶”。它会扭曲我们的判断力，让我们的智力下降到“零点”。那么，怎样理智地消解不良情绪呢？

首先就是承认消极情绪的存在；其次就是追根究底消极情绪的来源，分析其产生的原因，如为什么会感到悲伤？是什么惹恼了我们？什么使我们忧愁？这样理智地分析一番后，就会“柳暗花明”。最后，就是在正确判断后，发挥我们的聪明头脑找到解决事情的办法和途径。比如当你感到自己对这次考试没有把握，有点焦虑时，那就积极地调整情绪，运用适合自己的办法消除掉坏情绪，比如深呼吸放松、听音乐等，或者干脆把精力转移到充分准备考试上来，这样就会调动起自己的积极情绪来应对自己的害怕和忧虑。

有人曾把人分成情绪型和理智型，情绪型的人是指重感情但情绪波动大，言行举止往往带有浓厚的情绪色彩，不善于控制自己的情绪；而理智型常以理智衡量一切并支配自己的行为，遇事沉着冷静、深思熟虑、慎重稳健，善于控制自己，不易为情绪所动，但是比较喜欢压抑自己的情感，我们都知道压抑自己的内心其实也会助长负面情绪的发生。

其实，人既是理智动物又是情感动物，偏离任何一方，都会产生不良情绪，因此，我们要做既理智又情绪的平衡型的人，即学会理智地控制自己的情感和宣泄自己的情绪，二者兼顾。

2. 学会遗忘

有人说：做一条鱼吧，鱼最快乐。因为鱼的记忆只有七秒钟，七秒钟后鱼就会忘记以前所有的一切，重新开始自己的快乐生活。我们是人类，做不成鱼，但是我们可以把自己想象成一条鱼，和鱼一样，在很短的时间内忘掉一切不快，重新开始崭新快乐的一天。

一个小和尚与一个老和尚一起去化缘。一路上，老和尚给小和尚说了许多道理，小和尚觉得师傅说的句句都是对的，句句都很有理，内心无比的敬仰和崇拜。

两人下山以后来到一条小河旁边，这时，看到一个女子站在河边，面露焦色。看到老和尚和小和尚过来之后，女子赶忙跑过来请求两位师傅帮她过河。老和尚一句话也没说，就背着女子过河了。跟在后面的小和尚看得瞠目结舌，他觉得师傅是一个和尚怎么能背一个年轻女子过河呢？这样做实在太不合适了，但是他又不敢说出口。再看师傅把女子放下来之后，面无表情地继续前进，好像什么事情也没发生。一路上小和尚心里一直在想这件事情，嘀咕了有十里地，还是不敢问师傅。走了20里地时，他实在忍不住了，就问师傅："师傅，我怎么也想不明白，你是一个和尚，怎么可以背一个年轻女子过河呢？"

老和尚听了，微微一笑说："我把她背过河就放下了，可是，你看，你把她背了20里地，到现在还不放下。"

老和尚的话其实道出了一个人生道理：人的一生会经过许多的地方，遇到许多的事，有的人经历过了就会很快放下，而有的人却一直念念不忘，无法释怀。就像那个小和尚一直对师傅背女子过河的事耿耿于怀，无法看开。而他的师傅则心胸豁达宽广，拿得起放得下。

人的一生就像是一次长途跋涉。在途中，我们会面临坎坎坷坷，也会一路顺畅，路边的风景也是在不断变化着。如果走过去，那么多的东西我们都要牢记在心上，无疑是给自己的心灵堆积很多的包袱。因此，我们要学会边走边丢，边走边忘，尤其是忘记那些让我们痛苦的、悲伤的事情，时光不可能倒流，我们不可能改变过去，但我们可以选择遗忘，这样，才会永远保持一份快乐的心情，愉快地走下去。

春有百花秋有月，夏有凉风冬有雪。若无闲事挂心头，便是人间好时节。字面意义是说每个季节都有它独特的美，但是纵是这些美景，也比不上我们的好心情。只要我们记住该记住的，忘记该忘记的，不为世俗的烦恼琐事所牵绊，就会拥有好的心境，拥有美好、洒脱的人生。

第一，学会忘记过去的痛楚

我们经常会说一句话：时间是最好的疗伤药。这就是指随着时间的流逝，我们就会逐渐地淡忘一些事。然而有些记忆却像烙印一样刻在心上，无法忘怀。这时，就要我们有意识地去忘记，努力地去遗忘。如果生命之中注定会有痛楚，那么，学会遗忘是最好的治疗，给我们减轻疼痛。假如一直沉迷于痛苦的往事，只会给我们添上另一份痛楚。因此，不管经历怎样的风雨和疼痛，对自己说：忘记吧，一切都会过去。

第二，学会不去强求

生活中有些东西是必须放弃的，一个原因是因为它们根本不属于我们，一个原因就是我们不需要它们。对于注定不属于我们的，就不要去强求，不要痴痴等待或者死死抓住不放。俗话说："强扭的瓜不甜。"我们霸道地据为己有，它也不会真正给我们带来幸福快乐。对于我们不需要的东西，我们则要学会果断放手和遗忘，而去追求我们真正想要的、值得付出的东西。行在红尘中，我们难免会因一时的糊涂在名利面前迷失自己，这时，只要学会拿得起放得下，就会让自己的心灵获得自由，然后重振旗鼓，重新开始。

第三，学会向前看

人生总是在不断前进着，这就要求我们总是要向前看。有些记忆只会增加我们的包袱和负担，因此，我们就必须毫不留情地扔掉。只需要记住那些快乐的和美好的，珍藏在生命里，当我们再次遇到处在困窘的现实里时，就拿出来让我们再次感动或再次帮助我们做出明智的选择；当然对于那些荣誉，我们只需要记在心里就行了，俗话说："好汉不提当年勇。"不需要经常拿出来炫耀，而是要明白活在当下，才是向前看的动力。

遗忘是一种美丽，一种智慧，一种人生哲理。学会遗忘，学会把握美好，学会心静如水，让欢乐愉悦的心境陪伴着我们，轻松灵活的思维改变着我们，每一次的遗忘都是一个全新的开始。

3. 学会假装开心

有一位哲人说过：如果你假装开心，自己就会真的开心起来。俗话说，开心一天也是一天，不开心一天也是一天，那么为何不让自己开心起来呢？哪怕真的遇到一些事让我们不开心，也要笑着对自己说："不开心有什么用呀？还不如开心起来呢。"

小舞是一个快乐漂亮的女孩，浑身充满了青春活力。走到哪里，都像一道明亮的风景线吸引着别人的眼球。在同学的眼里，小舞就是一个开心果，她们羡慕小舞的无忧无虑、没有烦恼，没心没肺的笑声，也给她们带来了欢乐。

其实只有小舞的同窗好友小芳知道，并不是小舞没有烦恼，没有忧愁。其实小舞经历的事是有些同龄人根本不能想象得到的。小舞每天放学回家面对的就是瘫痪在床的父亲和有些痴痴呆呆的母亲，可这跟一年前的情景根本是大相径庭的。

一年前，小舞每天放学回来都是爸爸的笑容满面和妈妈的可口饭菜，一家人其乐融融地围着饭桌吃饭，小舞唧唧喳喳地讲着学校里发生的有趣的事情，父亲平和地带着笑容倾听，不时地附和一声，而母亲这时就装着拉下脸，生气地说："热饭都塞不住你们父女俩的嘴。"小舞就咯咯地笑个不停……

而如今的家里，再也没有了往昔的欢声笑语，取而代之的是静谧诡异的气氛，父亲低低的哀叹声和母亲痴呆的眼神。父亲是在到另外一个城市出差的路上出了车祸造成了大半身瘫痪，而母亲则受不了这个打击在嚎啕大哭之后竟然变得神经有点不正常。家里突如其来的变故让年轻的小舞一夜间就长大了，她再也不是以前那个在父母呵护之下，无忧无虑的小女孩了。小舞是个坚强的姑娘，把一切痛苦藏在自己的心里，实在难过的时候她就一个人躲在黑暗的角落里痛哭流涕。后来小舞的恩师过来看望她，语重心长地对小舞说："孩子，事情发生了，谁也不能改变。这时候你的父母亲都需要你来照顾，千万不要让自己垮掉。你要试着适应这些，试着去微笑，哪怕不开心也要在他们面前开心，这样你的父亲才会放心，你的母亲也会好起来的。"

从此以后，小舞把恩师的话记在心里。在学校里，她照样跟同学们打成一片，说说笑笑。每天放学回去，帮母亲做好饭，小舞就把桌椅搬到床边，一家人一起吃饭。这时，小舞一边喂父亲吃饭，一边像以前一样眉飞色舞地讲学校里有趣的事情，有的实在没发生的事也会让小舞编得津津有味。刚开始，父母亲都没有回应，父亲苦着一张脸，母亲则是面无表情，小舞就一个人在那里自言自语。逐渐地父亲听着听着脸上露出了笑容，旁边的母亲也跟着"傻笑"起来……小舞心里更有了信心，每天放学回家走进门的一瞬间她都会在心里对自己说：努力开心起来，这样父母才会开心，加油！

功夫不负有心人，在小舞的坚持不懈下，母亲逐渐地好转起来，开始照顾父亲。父亲的脸上再也不是阴云满布，在一如既往的饭桌上，还没等小舞开始，父亲就迫不及待地问："丫头，今天学校里有什么好玩的事呀?"小舞就开始滔滔不绝，讲到兴奋处就大笑起来，而这时小舞的笑是发自内心真正的开心，因为有父母陪着她笑。

小舞应该感谢她的恩师，更应该感谢自己的"假开心"，是"假开心"挽回了他们一家人的美好日子。命运就是如此的反复无常，谁也不知道下一秒会发生什么，而发生了的事有时又是我们无论如何也改变不了的，但是我们可以学着去适应，学着去处理。刚开始我们需要像小舞一样强迫自己去微笑，慢慢地，我们就会不由自主地笑起来；刚开始是在假装开心，慢慢地，我们也许会真正开心起来，因为此时我们已经弄假成真，让"假开心"呼唤"真开心"的到来。

假装开心是乐观开朗的一种心态，是努力减少不开心的一种方法；假装开心是自我调节情绪的一种良方，既然我们无法避免坏事情的发生，但是我们可以选择好心情的继续；假装开心是一种善意的谎言，人生有时候就需要这些谎言，才不至于赤裸裸地难过；假装开心一点也不可怜，而是自我解救的方式，是勇敢的体现。当我们用“假开心”战胜了那些烦恼痛苦之后，我们会为自己的成就感而自豪，而在这过程中，我们也会学到人生的很多经验，领悟到人生的许多真谛。

4. 自嘲——妙处无穷

在我们的生活中，几乎每个人都会遇到一些尴尬的场面或者痛苦的窘境。这时，不妨学会自嘲，自嘲是一种沉着冷静的处事本领，一种调节情绪的方式，一剂平衡自我心理的良药。

有一句名言这么说：“笑的金科玉律是，不论你笑别人怎样，先笑你自己。”自嘲让我们离开窘迫的境地，适当的“自嘲”方法，不仅可以使我们受伤的心理得到安慰，也会让别人对我们“刮目相看”，获得自尊。

传说，古代有一个姓石的秀才，一次骑着毛驴去镇上赶集。路过一个地方时，驴子受到惊吓，把秀才从背上重重地摔下来。路边的人看到了，都大笑起来。有的姑娘看到了，羞得满面通红。这时石秀才不慌不忙地站起来，抖了抖身上的尘土，拍了拍驴背说：“你看你这个家伙，幸亏你家主人是石秀才，要是瓦秀才，瓷秀才，肯定被你摔个粉碎。”此话一出，在场的人又哈哈大笑起来，不过此时的笑声再也听不出味道了。聪明的石秀才在一片笑声中化解了自己的难堪，继续得意扬扬地赶路了。

还有这样一个故事，在一次舞会上，有个个头偏矮的男士来到一位身材高挑的女士旁，邀请她跳舞。没想到，这名女士抬起傲慢的下巴说：“我从来不和个头比我矮的男人跳舞。”此时，周围听到的人开始窃窃私语，而男士则淡淡地有礼貌地说："对不起，打扰了。我这是武大郎开店找错了帮手呀。"随后转身而去，留下满面通红的女士。

这位男士同样也是用自嘲的方式给自己很好地解了围，扭转了对自己不利的局面。平常生活中，我们时不时地就会碰上一些人的嘲笑，心里肯定会不好受或怒火燃烧。这时，如果我们辩解或发怒，只会引来更大更深的嘲笑。最明智的方式就是自己嘲笑一下自己，也许会平息风波或让嘲笑我们的人感到自行惭愧。

自嘲，是一种智慧，更是一种高超的语言艺术。

古希腊著名哲学家苏格拉底，有一次正在家里会见客人。这时，脾气暴躁的妻子又在为一件小事开始大吵大闹。苏格拉底好言相劝，妻子不但不听，还当着客人的面，把半盆凉水劈头盖脸地泼下来。坐在旁边的客人以为苏格拉底要大发雷霆了，没想到他却说："我就知道，雷声过后肯定就是大雨。"

自嘲也是一种自我激励，自我鞭策的方式，成为我们走向成功的铺垫石。

古时候，有一个文人名叫梁灏，少年时就立下誓言：不考中状元誓不为人。结果正好碰上时运不济，屡考屡败，随着年龄的增大，他还在拼命赶考，熟悉他的人见了都讥笑不已。

每次梁灏听到别人的讥笑声，不但不放在心上，还笑着自嘲道：考一次就离状元近了一步了。就这样在别人的讥笑和自己的自嘲之下，直到宋太宗雍熙二年梁灏才考中状元。他回过头来算算自己走过的时间，从后晋天福三年开始应试，历经后汉、后周，直到宋太宗雍熙二年，已经换了几个朝代了。梁灏感慨万分，又写了一首自嘲诗：天福三年来应试，雍熙二年始成名。饶他白发头中满，且喜青云足下生，观榜更元朋侪辈，到家唯有子孙迎。也知少年登科好，怎奈龙头属老成。

不管怎样，梁灏最终成功实现了自己的梦想，而这跟他的习惯自嘲是分不开的。自嘲使梁灏走过千辛万苦，自嘲使他一步步走向成功。更难得的是自嘲还让他拥有健康的身心，活过了九旬高龄，而这在古代是很多人难以逾越的。

自嘲也是一种学问，一种技术，我们一定要掌握并运用好。自嘲不等于自轻自贱，也不等于灰心丧气。自嘲首先要懂得自谦和自信，自谦使我们看清自己，自信使我们充满力量，经受住一次又一次的打击；其次自嘲要学会自尊自爱，只有自尊的人才会赢得别人的尊重，只有学会爱自己的人才会学会爱别人，才会得到别人的爱；另外，自嘲要灵活运用幽默的语言，幽默的力量是巨大的，可以变严肃为诙谐，化沉重为轻松，在幽默的氛围中，人人都会情不自禁地把坏心情转化成好心情。

学会自嘲，宣泄掉心中的垃圾情绪，把快乐装在心房。学会自嘲拥有一个平稳和健康的心理，以一种平和恬静的心态去品味、感悟生活中的苦辣酸甜。

5. 学点阿 Q 精神

阿 Q 精神是在鲁迅的笔下诞生的，作为一种精神胜利法，主要包括自欺欺人、自宽自慰和善于健忘等。其实自从人类诞生以来，一直存在着这种精神胜利法，我们在日常生活中随处可见。

从心理学的角度来看，阿 Q 的精神胜利法实际上是一种“心理自我调整”，可以良好地调节和释放我们的情绪，从而使自己保持良好的心态。

一本名叫《提高笑对人生的能力》的书中提到：有人说，“阿 Q 精神是戴着镣铐跳舞”。而我认为戴着镣铐跳舞显然比戴着镣铐哭泣更有利于自己的健康。……面对不幸，哭只能失去得更多，笑则至少能抑制不幸的增加，还可能减轻损失，使不幸减半。

生活中难免会遇到一些不开心的事影响到我们心情的好坏。如果这些令人烦恼和不如意的事可以改变，我们应当努力改变，但是如果已成定局，无法挽回。那么不妨来点阿 Q 精神，在阿 Q 精神胜利法中取其“精华”，来自我安慰，从而排解心中的困惑和苦痛。这也是勇敢承认现实，摆脱心理困境的一种良方，这样总比沉浸在其中不能自拔、痛不欲生、灰心丧气要明智得多。

当阿 Q 精神胜利法运用恰当，就是一种正常的精神安慰，对我们的身心都是有益的，有时候还会让我们改变一些糟糕的状况，比如在失落中慢慢走出来，在名利的斤斤计较中释放出来，在失败挫折中重拾信心，有时候还会让我们不会因小失大，甚至一时糊涂伤害到自己的生命。阿 Q 与人家打架吃亏时，心里就想道：“我总算被儿子打了，现在世界真不像样，儿子居然打起老子来了。”于是他也心满意足俨如得胜地回去了。当在现实生活中我们果真碰到强硬的对手，也可以像阿 Q 一样让自己暂且吃一点小亏，这时候真的是吃亏是福了。

美国总统林肯，有一次被一位议员当众羞辱，林肯气得要死，但是又不敢回骂。他回到家后，气得食不知味，夜不能寐。于是就在半夜起来打开信纸，给那位议员写了一封长信，信中用尖酸刻薄的话语把那位议员骂得狗血喷头，然后觉得心里舒坦了好多，就美滋滋地上床睡觉了。第二天，林肯的部下整理信件，看到这封信打算要寄出去，林肯看到后就拿过信撕成碎片。部下感到迷惑，林肯就笑着说：“我在写信过程中已经出了气，何必把它寄出去?”

一个总统有时候也难免向现实低头，何况是我们一个普通人？因此，我们大胆地让自己学一些阿 Q 精神胜利法吧。当我们外貌上有缺点时，我们可以说“这是我的与众不同之处”；当我们事业失败时，我们可以说“胜败乃兵家常事”或“失败是成功之母”；当我们受到别人欺辱时，可以说“君子报仇十年不晚”或“大人不记小人过”；当我们失恋时，可以说“天涯何处无芳草”，等等，总之只要我们的阿 Q 精神胜利法运用得当，说不定就会给自己带来好心情，拓宽心境，从而让阳光照进来，以良好的心态去面对现实，赢得最后的成功。

6. 做点“白日梦”

小孩子做点白日梦我们觉得很正常，成年人做白日梦，就觉得是一种“病”。但是，研究发现：白日梦是人的本能的休息和放松机制，是一种很正常的心理现象。因此，白日梦是健康的、安全的，不需要担忧，更不必有意抑制，尤其是良性的白日梦。

美国哈佛大学研究人员曾做过一个调查研究发现：人除了睡觉，大脑有一半时间是处于做白日梦的状态。有些人觉得不可信，但事实证明此说法并不夸张。生活中，我们经常会发现很多人在读书或工作时会走神、发呆、一副痴迷的样子；我们自己也会有这种体会，比如做事情精神不能集中，明明坐在办公室里，却幻想出去玩等。这些都是在做白日梦。白日梦的专业解释是：人在非睡眠状态下的一种自主迷幻与妄想状态。但是白日梦跟幻想又是有区别的，幻想的时候我们的意识是清醒的，可以说是故意去想的；但做白日梦时，我们的意识是不可控制的，是介于清醒与迷糊的中间，相当于一种神游的状态。而这种“神游”的状态也是对自我精神的一种放松，是一种轻松的沉思冥想。美国哈佛大学医学家赫伯特·本林说：“一个人身心过分紧张，会削弱体内免疫系统的机能。沉思冥想带来的完全松弛，会减缓身体的紧张，也是防治许多疾病的有效方法。”

1. 人为什么会做白日梦

对于白日梦目前尚未有明确的解释其产生的原因。人们普遍认为的观点就是：白日梦是人在一种特定情绪状态下的一种心理活动。据美国学者研究表明，人的大脑如同电脑一样，里面也有一种控制思想活动的“暂停装置”，如果停止思考时就会像电脑一样处于“待机”状态，大脑就进入“神游”状态，就开始做白日梦。

2. 偶尔做点白日梦是大有好处的

不管是哪个年龄阶段的人，做点白日梦是大有好处的。小孩子做白日梦有助于激发他们的想象力；青年男女做白日梦有助于他们认识自己，了解自己；而成人做白日梦则有利于释放自己的情绪，给自己减压。成人由于经历的世事比较多，思想也比较复杂，因此背负的东西也比较多。有时候想多了还会让自己处于疲劳和紧绷的精神状态，经常感到身心很累，此时做点白日梦能使内心获得片刻的平静，让自己放松一下，无疑是有益于身心健康；而且做白日梦大多时候是想象自己心里想要的东西或想去的地方，心里获得满足后就会感到快乐。

3. 做白日梦是与自己的心灵进行交流

在现实生活中，我们由于种种原因经常压抑自己的感情或不敢跟自己的心灵进行真正交流沟通，也就是不敢去正视自己真正想要的，不敢追求自己的梦想。美国明尼苏达大学心理学教授克林格认为，白日梦和自身的目标有关。正是因为人的某种欲望和目标不能满足和实现，才会潜意识地去做白日梦来填充自己的内心渴望。因此，我们要留意自己的白日梦，从白日梦中挖掘出所传递的信息，由此激发自己的正面力量，从而让自己热情饱满，信心大增，勇敢地去实现自己的理想。

有时候，我们面对压力和挫折时，会让自己的情绪变得消极，采取一些逃避的方法，然而一味地沉浸于此不仅不能解决问题，还会引起负面情绪的传染，导致更大的负面情绪产生。此时，适当地做一点白日梦，让自己转向另外一个世界和环境，这样也可以转移自己的情绪，从而跳出负面情绪的包围，从另外一个角度看待问题，调整自己，不仅解决问题，还会激发更大的创造力。

刘嵩从小就是喜欢做白日梦的孩子，经常一个人坐在那里想事情想得发出笑声。父母刚开始以为刘嵩大脑有点问题，老是喜欢傻笑，带他到医院检查后，医生说一切正常。

于是母亲再次看到他笑时，就询问有什么事这么好笑呀？刘嵩就兴奋地把自己的白日梦告诉母亲。原来，他想象自己成为各种角色，有时是将军，有时是国王，有时是科学家，有时是英雄。母亲听了，这才放心了，觉得儿子这是想象力丰富的表现。

长大后的刘嵩因为自己丰富的想象力和天马行空的思维，任职于一家广告公司，经常加班，熬夜，身心很累。有时候，刘嵩难免会发牢骚，抱怨，觉得自己是不是应该换一种生活方式？但是他热爱广告，梦想做一个很棒的广告人，怎么可以轻易放弃呢？

于是，刘嵩就利用自己爱做白日梦的习惯，在办公室短暂的午休时间想象自己去海边，去森林，融入大自然呼吸新鲜空气，欣赏美景而获得身心放松；有时会想象自己变成像奥格威那样伟大的广告人，拥有自己的广告公司。每次“冥想”之后，刘嵩就以更加轻松的状态和积极的热情投身于事业当中。五年以后，刘嵩果真拥有了自己的广告公司，并参加了很多广告大赛，获得许多令人羡慕的国际广告大奖。

可见，适当地做白日梦根本不是病，也不是在浪费时间，更不是愚蠢的想法。而是充分地利用大脑的神奇，来调整自己的思维，调节自己的情绪，调控自己的心态，让自己拥有成功快乐的人生。

中篇

修炼高情商，做成功的自己

什么是情商？情商就是情绪智商，简称EQ，指人在情绪、情感、意志、耐受挫折等方面的品质。情商不是天生的，更多的是靠后天的培养和磨炼所得。1995年，美国人丹尼尔·戈尔曼写出《情商：为什么情商比智商更重要》一书，才引起全球性的EQ研究与讨论。

而现今随着社会观念和文化的进步和转变，更多的人认为，在现代社会中，一个人的成功更多的是取决于情商(EQ)，而不仅仅是智商(IQ)，甚至EQ比IQ更重要。心理学家霍华·嘉纳曾说："一个人最后在社会上占据什么位置，绝大部分取决于情商因素。"可见一个人情商的重要性。每一个人都想成功，都想取得辉煌成就，从而实现自我的人生价值，那就必须修炼出高情商，认识、分析、掌握好自己的情绪及别人的情绪，面对自己的七情六欲自由调控，从而提高自己处理与人、与社会关系的能力，从而不管是在生活还是工作中游刃有余，逐渐走向自己的成功。

第七章

控制愤怒

——不要因一时的冲动毁灭自己

有一句名言：生气是拿别人的错误来惩罚自己。《不气歌》中也有这样一句：他人犯我我不气，一旦生气中他计，气出病来身无力，气出病来实可惧，及时反省可弥补，心平气和则益体。可见愤怒、生气是有百害而无一利的，不仅损害身体，还影响心理健康。

愤怒是与生俱来的一种强烈情绪，虽然可以宣泄内在的积郁，引发人们实践的行动，但是也会成为毁灭性的力量。因此，我们必须要小心，理智控制，千万不要因一时的冲动，反而被愤怒这个“魔鬼”所控制和摆布，毁灭自己的成功乃至人生。

1. 冲动是魔鬼

冲动是一种最具破坏性的情绪，是人类情绪中的顽疾，它给人带来的负面影响可能远远大于我们的想象。俗话说“冲动是魔鬼”，很多时候，击垮我们的并不是大的灾难，而是我们不能很好地控制自我的情绪。因此，我们要想战胜情绪“魔鬼”，首先要战胜自己。

西方有一句古老的谚语：“上帝欲毁灭一个人，必先使其疯狂。”冲动就会使一个人疯狂，做出疯狂的事情来。因为人在冲动的时候，很难做出正确的抉择，从而失去理智，一念之间就会犯下不可挽回的大错。因此，一个人若想成就一番事业，若想让自己的人生不是太失败，首先就要想办法战胜自己的情绪，尤其是冲动的情绪。

第一，做事要量力而行，千万不要一时冲动

相信自己的能力是好事，但是千万不要高估自己的能力。这就要求我们做事要学会量力而行，不要逞强，不要冲动，而是一步一步，踏踏实实地根据自己的计划和目标走向成功。

一只老鹰从一个峰顶上突然冲下来，伸出利爪将一只小羊抓走了。这时，在树枝上栖息的一只乌鸦看到了，非常羡慕，心想：我要是有老鹰的本领该多好呀。

于是，这只乌鸦就开始模仿老鹰的俯冲姿势，每天拼命地练习。终于有一天，乌鸦觉得自己练习得很棒了，就准备露一手。它站在高高的树枝上，哇哇哇地冲向一只山羊，扑在山羊的身上，想把它抓走。可想而知，乌鸦身子那么轻，怎么可能抓住一只大山羊。而且，乌鸦的爪子被羊毛缠住了，怎么拍打翅膀都飞不起来了，就让牧羊人过来逮了个正着。

乌鸦是愚笨的，因为一时冲动去做自己力所不及的事情，竟然断送了自己的“未来”。而有一位运动员却是明智的。

这位运动员是一名登山运动员，有一次去攀爬珠穆朗玛峰，当爬到6400米的高度时，他感到自己的体力不支。于是，他停下来，跟队员们打了声招呼就下山了。很多人觉得太可惜了，马上都要爬到山顶了，这样下山不是前功尽弃吗？然而运动员却说："我知道自己登山生涯的最高点就是6400的海拔，我认为我成功了。"

的确如此，倘若这位运动员跨过6400米的高度，说不定就是跨过自己的生死线了，使自己的生命走向死亡，哪怕得到"登山英雄"的称号又有什么意义？

有些人是真的不清楚自己的能力，有些人虽然了解自己的能力，但是因为一时冲动做出武断的决定，最终得到让自己后悔的结果。因此，请记住：量力而行，不要冲动。

第二，不要因冲动犯下大错

一时的冲动会让我们付出惨重的代价，有时甚至是生命的代价。每个人的生命只有一次，我们不仅要珍惜自己的生命更要懂得看重他人的生命。

曾在报纸上看到这样一篇报道。一名平日里老实巴交的农民竟为了一尺多的田边地角与邻居发生了争执，最后一怒之下将对方活活打死。

事后警察调查发现：这位农民其实平日里人很好，从来不惹是生非。但是这一次却因为一时的冲动，犯下了让自己终生后悔的罪。据说这位农民家里本来就不富裕，老婆孩子一直都依靠着他生活，假如失去他，日子真的不知道该怎么过。当记者采访时，农民痛哭流涕说道："我就是为了给自己出一口气呀，可是现在我却要为自己的冲动付出代价呀。"最后，该县检察院以涉嫌故意杀人罪依法批准逮捕了这位农民。

该报道被发到网络上后，许多人唏嘘一片，为这位农民不值的同时同情他的家人，并且，纷纷称他为"冲动哥"，有的人甚至留言道：以后做事千万不要冲动，冲动会使人糊涂，看看"冲动哥"的代价，我们应该接受教训。

现实生活中，因冲动犯下的大罪比比皆是。可见冲动的负面力量是极为强大的，然而世上没有后悔药，一旦做出了伤害的事情，就会像烙印一样无法磨灭。

第三，及早地浇灭冲动的"火苗"

在现实的生活中，难免会发生一些让人失去理智的事情。这时，我们一定要记住保持清醒的头脑，不要感情用事，更不要一时冲动，做出愚蠢的事情，而是学会冷静、理性、客观地思考问题；当觉得自己的情绪快要爆发时赶快转移，或是离开现场，或是转移思维，比如想想冲动后的后果等；最后，应该懂得和平解决事情才是王道，学会通过一些正规的渠道维护自己的权益。

不管在什么时候，不管遇到什么事，我们都要告诫自己“冲动是魔鬼”，记住做事情要“三思而后行”，千万不要因一时冲动酿成大错或让自己终生后悔。

2. 坏脾气影响人际关系

在生活中，我们离不开朋友，离不开社交，人际关系是一个人成功的必备条件。曾任美国总统的西奥多·罗斯福曾说：“成功的第一要素是懂得如何搞好人际关系。”戴尔·卡耐基先生也曾说：“一个人事业上的成功，只有15%是由于他的专业技术，另外的85%要依赖人际关系、处世技巧。”可见，人际关系对我们的重要性，要想拥有良好的人际关系，除了需要我们会为人处世之外，还有一点是最重要的——良好的修养，一个有着良好修养的人肯定不会随便乱发脾气，因为坏脾气的人恐怕没有几个人会喜欢。

脾气暴躁的人常常说话以及为人处世会带有强烈的进攻性，这样就很容易给别人留下不好的印象，更不要说有进一步交往的欲望。现代人由于面临着各方面的压力，极易形成坏脾气，而坏脾气又会成为我们成功路上的绊脚石。因此，一定要学会控制坏脾气，争取改掉坏脾气。

从前，在一个水池里，住着一个老乌龟，但是脾气有点坏。因为一只大雁经常来这里喝水，所以跟老乌龟成了朋友。后来，有一年干旱，池水都干涸了，老乌龟打算搬家。

老乌龟想着可以跟大雁去水多的南方生存，但是它不会飞，就向大雁求助。大雁爽快地答应了。于是，大雁又邀请了另外一只伙伴，分别衔住一根树枝的两头，让乌龟咬在中间，并且吩咐乌龟不要开口说话，就开始起程了。它们飞过巍峨的高山，飞过茂密的森林，飞过蔚蓝的大海，飞过翠绿的田野。这时，地面上玩耍的孩子抬头看到这个有趣的组合，开始哈哈大笑起来。一边笑还一边拍着手叫道："快看呀，看那只乌龟的样子有多滑稽呀。"

乌龟本来得意扬扬的，突然听到孩子们的嘲笑声，就恼羞成怒，想开口责骂他们。不料，一开口，就从高高的空中摔下来，摔死了。大雁看见此情此景，叹着气说："唉，坏脾气多么不好啊。"

乌龟因为脾气不好，给自己带来了丧命之祸。而另外一只脾气不好的大熊因为改掉自己的坏脾气从而获得朋友，改变了自己的生活。

一本名叫《坏脾气的格拉夫》的童话书中，写了这样一个故事。

格拉夫是一只大熊，一只郁郁寡欢、脾气又暴躁的大棕熊。它独自住在一个黑黑的洞穴中，由于格拉夫是个不爱打扫的家伙，所以洞穴里面又脏又臭。所有的伙伴都不愿意到它的"屋子"来看望它，森林中的小动物们都不喜欢它，见到它就躲起来，还叫它"坏脾气的格拉夫"。每当这个时候，格拉夫总是重重地"哼"一声，表示自己的满不在乎，但是它总是孤零零地漫步在森林里，内心觉得好孤单。

直到它救了一只倒挂在树枝上的小兔子后，在小白兔的帮助下逐渐改变了自己的坏脾气，改变了自己的生活，让它感到了真正的快乐。

坏脾气的人不仅伤害别人，更伤害自身。坏脾气的人，就像手里拿着一把无形的刀子，走到哪里，哪里的人就感到害怕，只得纷纷躲避。俗话说："种瓜得瓜，种豆得豆。"一个坏脾气的人，最终会因不会控制自己的情绪，放纵自己的坏脾气失去朋友，失去自己本该拥有的东西。

那么，如何改掉坏脾气，让更多的人喜欢，从而有着良好的人际关系，助自己走向成功之门呢？

1. 主动地认识坏脾气所带来的危害

我们生存在社会中，总是要同别人接触和打交道。同时，希望得到别人的称赞、好感、友情和合作。如果没有这些，我们就会感到自己被隔离在另外一个世界，孤独、寂寞、寸步难行、生命没有生机。我们的行为和行动都是受自我的意识控制和调节的，认识了坏脾气的存在和危害，便能很好地从内心开始改正坏脾气。

2. 加强自我的思想修养

很多人都说脾气是一个人性格中的一部分，没办法改掉。但是其实性格跟后天环境的影响有重大的关系，脾气也是。后天的因素中最重要的就是人所接受的思想教育和道德修养。只有有着良好思想修养的人才不会自私自利、不会意气用事、不会暴躁易怒，而是懂得尊重别人，理解别人，关爱别人，遇事心平气和，三思而行。

3. 改掉坏脾气一定要有恒心和毅力

做任何事情都不能“三天打鱼，两天晒网”，改正坏脾气也不例外。不能说这次很好地控制了自己的脾气，下次就掉以轻心了，而是要时刻地提醒自己，警告自己。这样才不会半途而废，久而久之，就会形成不发脾气的良好习惯。

4. 掌握一定的改正坏脾气的技巧

最有效技巧之一是“3＋10”制怒法。当感觉自己的坏脾气快要爆发的时候，先做三次深呼吸，然后在心里默数十下，从 1 数到 10，如果不能平静，就开始重新数。做法虽简单，但是效果很明显。

3. 别拿他人的错误惩罚自己

生活中，我们经常会因为自己犯下很多的错误而跟自己生气，惩罚自己。如果我们再对别人的错误生气，无疑更是雪上加霜，使自己的心情越来越坏。这样正应了那句话“拿别人的错误惩罚自己”。而一个聪明的人一定不会拿别人的错误来惩罚自己。

胡玫接到远在另外一个城市女友的电话后，就专门请了假过来探望她。原来，女友的老公有了外遇并且让她在家里逮了个正着。

胡玫一进门的时候，吓了一大跳。只见屋子里凌乱不堪，衣服、书、家具散了一地，还有很多砸碎的东西。女友见了胡玫就失声痛哭，一边哭一边还拿出来手机给胡玫看她当场抓住丈夫偷情的证据。胡玫惊讶女友在那样的场合之下还有心情去拍这种照片，但嘴里不好说出来，只是一个劲地安慰。

等平静下来，胡玫再看女友，双眼红肿，面容憔悴，蓬头垢面，由于是夏天，身上的衣服隐隐地散发出汗水的酸味。胡玫问女友，这几天一直都在哭吗？女友咬牙切齿地答：他让我哭，我也不会让他好过！原来，自从那天女友把老公和情人打跑以后，就在屋子里边哭边摔东西。几天以来，丈夫也一直没回家。女友不收拾屋子，也不忙着解决事情，只是给众多朋友、亲戚一个又一个地打电话。等他们过来以后，就一阵痛哭，开始喋喋不休地诉说，还拿出手机让大家看她的"证据"。

胡玫禁不住诧异地问，你让大家都知道这件事干嘛？女友答：让他们知道我丈夫是个什么东西，我要搞臭他的名誉。

胡玫听了女友的话，心想：女人真的是天生傻，遇到这种情况总是不懂得解决，不是选择去折磨自己，就是折磨对方。其实，不管哪一种，都是拿丈夫的错误在惩罚自己。女友把老公外遇的事情传得沸沸扬扬，最终别人也会笑话她，俗话说"家丑不可外扬"，女友这不是往自己脸上抹黑吗？

的确如此，这位女友的表现分明是在虐待自己。正像胡玫所言，不仅不能解决问题，还会给自己带来另外一些毁灭性的东西：自己的好心情，将来的好婚姻，自己的好未来。这样岂不是赔了夫人又折兵？因此，我们一定要学会控制自己的情绪，不拿别人的错误来惩罚自己，学会原谅、宽恕。

第一，坚持原则，分清是非

如果有些人所犯的错误，明显是针对我们，或者损害到大家的利益，这时，我们也要懂得坚持自己的原则，学会捍卫大家的权益。

小吴住在一个环境很好的小区里。可是近来她发现楼梯口总是放着几袋垃圾。由于天气炎热，所以几个小时之后就会臭气冲天。那天，小吴正好路过，看到一对小夫妻把手里的垃圾放下后，就准备走人。小吴走上前，客客气气地劝那对小夫妻不要把垃圾放在电梯里，影响大家的环境卫生。可是没想到，那对小夫妻不仅不听劝，还给小吴翻了个白眼，嘴里嘀咕道：关你什么事？又准备走。

小吴不屈不挠，义正辞严地说让那对小夫妻把垃圾拿走。结果，妻子就走过来一把把小吴推倒在地，还没等小吴反应过来，就关上电梯门跑了。小吴克制住自己的怒气，找来小区管理人员评理，最后在大家的压力之下，那对夫妻才勉强给小吴道歉认错。

生活中我们会碰到很多类似的不文明行为，甚至可恶的行径。我们要想不受到伤害就要客观地对待问题，分清是非，一定要记得冷静地处理问题，这样是最好的维护我们权益的方法。

第二，原谅、宽恕别人

要想不让别人的错误影响到我们，最好的方法就是学会原谅和宽恕。人无完人，人生在世谁都会犯错误，都会犯糊涂。宽容别人就是善待自己。学会宽容首先要懂得以客观的心态面对这个世界，不愤世嫉俗、不感情用事；其次要懂得对别人不苛刻，做到“得饶人处且饶人”；最后，宽恕别人的最高境界莫过于能原谅别人的过错，宽恕别人对自己的伤害，甚至去帮助别人走出困境。莎士比亚忠告人们说：“不要因为你的敌人而燃起一把怒火，灼热地燃伤你自己。”当别人伤害你时，如果你以牙还牙，或者怒气漫天，这样最终伤害到的是你自己。

当别人错了的时候，自己也跟着犯同样的错误，这样只会变本加厉。因此记住，永远别拿别人的错误和自己的错误惩罚自己，也别惩罚别人，因为谁也不会得到好结果。让自己心胸宽广一点，快乐就会多一点；此时，我们原谅了别人，说不定下一刻他因为感激会回报我们，这样我们就会有意想不到的收获。

4. 别为小事生气

有时候我们经常发现自己会为一点小事就生气，我们惊讶自己的“心胸狭窄”或者问“我什么时候变成这样了？”其实不是我们心胸狭窄也不是我们变了，而是我们在不知不觉中已经养成了生气的习惯，“习惯成自然”，如果没人指出，我们说不定会认为这是合情合理的。如果说生气是一种习惯，那我们也可以养成不生气的习惯，尤其是不为小事而生气。

第一，不要因为小事争论不休

为小事争论不休是最愚蠢的，尤其是一些无谓的争论。圣经上说：“纷争的起头如水放开，所以在争闹之先，必当止息争竞。”因此，不要为了一些小事喋喋不休或与别人发生冲突争论。因为争论的结果只会让自己的情绪更加激动，只会将小事演变成大事。与陌生人争论只会引发“战争”；与熟悉的人争论，只会伤感情。尤其是恋人之间、夫妻之间的争论，久而久之，就会在彼此的心里种下不满意的情绪，这种情绪会潜意识地表现在其他一些无关的事情之中。比如夫妻之间争吵后，有些父母就会把气撒在孩子身上，造成孩子的伤害。

喜欢争论的人一般都比较敏感多疑，经常对别人一句不经意的话就耿耿于怀，而且越想越坏，越想越气，一不小心点燃导火线就会爆发更大的怒火；喜欢为了一些鸡毛蒜皮或者不重要的小事争论不休的人，无疑是浪费自己有限的生命，既浪费精力又毫无意义。何不把这些时间运用在一些有意义的事情上呢？

第二，不要因为小事生气让别人有机可趁

三国时期，一次，诸葛亮亲自率领大军征讨曹魏，魏国也派出大将军司马懿应战。但是，司马懿是个很有计策的人，他采取了闭城休战的战术对付诸葛亮。司马懿不理睬的态度绝不是轻敌，也不是怕敌。而是他认为，蜀军千里迢迢而来，粮草等后援肯定不足，只要拖他几月，必定会消耗蜀军的实力。等到此时，他再出击，就可以轻松一举拿下。

诸葛亮看穿了司马懿的诡计，就采取了“骂阵”战术，想把司马懿引出来作战，但是司马懿一直按兵不动。诸葛亮又想出了一计，他派人给司马懿送去了一件女人的衣服，并附上一封信说：你这个缩头乌龟不出来迎战，跟女人有什么两样。你若是不敢出来作战，就把这件女人的衣服穿上，我便退兵。

司马懿受到如此羞辱虽然很生气，但是很清楚这是诸葛亮的激将法，不能上他的当。于是强忍住自己内心的怒火，仍然按兵不动，耐心等待。

僵持了数月后，诸葛亮因病不幸逝世，蜀军只好悄悄退兵而回，司马懿不战而胜。

试想倘若司马懿因为诸葛亮侮辱这件小事而一时冲动，出兵迎战，自然是正中下怀，让诸葛亮趁机而入，那么，曹魏也不会最终一统天下。

第三，不要因为小事而折磨自己

曾在某媒体上看到过这样一个报道：一个老头因为500元钱竟然把自己活活气死。60岁的马老头因为旧病复发，被送进了医院，经过抢救以后才脱离了生命危险。谁知，马老头醒来以后，看到自己的衣服被换掉，就急忙问自己的裤子去哪里了，说是裤子里有500元钱。儿子告诉马老头，因为他在昏迷中大小便失禁就把裤子换掉了，随手扔到了角落里。马老头听罢赶快让儿子去找，但是儿子在病房里到处找了，没有找到裤子，心想估计是护士小姐在打扫房间时，当成垃圾扔掉了。于是儿子又查看了医院的好几个垃圾桶，才发现父亲的脏裤子，可里面没有钱。

马老头知道裤子里没有钱后，就质问护士小姐有没有拿他的钱，护士小姐说没有。马老头当着面不好发作，但是憋了一肚子气。儿子劝父亲想开点，不就500块钱嘛。谁知，马老头不仅不听劝，还一气之下拔掉针头，跑回到家里。

回到家里，马老头就拒绝进食，把自己关在屋子里不出来。每天仅靠一杯水维持生命，第三天，儿子又给父亲送饭，听到房子里没有声音，就破门而入，结果发现父亲直挺挺地躺在床上，已经没了呼吸。

经过医院证实，马老头本来大病刚过，身体很虚弱，再加上不进食营养跟不上，最重要的是满肚子气又引发了他的旧病，抢救不及时才……

马老头因为500元钱，就把自己活活折磨死了，简直让人不可思议。

艾皮克蒂特斯曾言：计算一下你有多少天不曾生气。在从前，我每天生气；有时每隔一天生气一次；后来每隔三四天生气一次。如果你一连30天没有生气，就应该向上帝献祭表示感谢。喜欢为小事生气、抓狂的人，不妨训练一下自己的忍耐力，减少自己对外界环境的过度反应，努力克制和调节自己的情绪。让自己拥有好心态，高情商，俗话说：思想决定行为，行为决定习惯，习惯决定性格，性格决定命运。因此，要想自己有好的命运，成功的人生，那就培养自己不为小事生气的良好习惯，从小事做起，从而成就大事。

5. 愤怒时，不要做决定

我们人类是感性动物，具有七情六欲，生活在爱恨情仇的交织中。我们的人生又是处在不断判定和抉择的境况中，有的选择不会有太大的影响，而有的选择则是关乎生命的大事；有的失误我们也许可以通过其他事情弥补，但有些却无力回天。尤其是我们在生气、愤怒时做出的决定和选择十之八九是错误的，造成的损失也是我们无法想象的，经常让我们后悔莫及，可惜世上没有后悔药。因此，想让自己少点后悔，多点欣慰，想让自己的人生偏离轨道的次数减少，就请记住这句忠告——愤怒时，不要做任何决定。

据验证：人在愤怒尤其是暴怒的情况下，考虑问题易走极端，充满偏见，做出的决定和行为，一般都是不由自我意识所控制的，是处在不理智、疯狂、轻率的精神状态之下做出的决策，而这些决策造成的后果往往又极其糟糕。根据心理学家的测算，人在愤怒的时候，智商是最低的。在愤怒的关头，人们经常会自以为是并且做出非常武断和愚蠢的决定，也会做出非常危险的举动，而这些90%以上都是极端的错误。因为强烈的愤怒冲溃了理智的头脑，甚至做出最基本的判断和计划都很难，如果是至关重要的事情，后果可想而知了。

曾经听过这样一个寓言故事。一个男人，老婆因为难产死了，但孩子保住了。可男人需要工作赚钱，这样就没人照顾婴儿了。幸好，他家有个绝顶聪明的老狗，负担起了照顾婴儿的重任。

这天，男人又出去上班了，老狗在家看着小孩。男人下班回家后，老狗又像往常一样摇着尾巴跑过来热烈欢迎主人。这时，男人看见狗嘴上满是血，顿时一愣，心里有股不祥之感，心想：这条该死的狗，肯定是趁我出去上班，兽性大发把孩子吃掉了。男人赶忙跑到床边一看，没有婴儿，旁边还有一大摊血迹。男人当下怒火朝天，抓起一根木棍抡向老狗，老狗在乱棍之下被活活打死。

男人喘着粗气，眼睛瞪得大大的。这时，他听见有婴儿的哭声，只见孩子边哭边从床底下爬出来。男人的怒火瞬间被浇灭了，意识到自己错怪了老狗。这时，他在屋子里四处查看，才发现在厨房里躺着一条狼，从脖子上的伤口来看，是被活活咬死的。男人返身来到老狗身旁，发现狗的后腿上也有一个很大的伤口，还在流着鲜血。

真相已经大白，男人知道自己大错特错了，悔恨不已，开始嚎啕大哭，可是他的这条衷心又聪明的狗再也不会站起来了。

虽然是一则寓言故事但发人深思，在现实生活中也发生过类似的悲剧。

在美国加洲有一个男人，拥有一辆卡车，这个男人是爱车如命的人，他非常喜欢自己的这台卡车，为了保持卡车的崭新和美观，他不仅每天都洗车而且经常给卡车做全套的保养。这个男人还是一位父亲，因为他有一个大约四岁的可爱小女儿。

一天，小女孩在车子旁边玩耍，不知觉地就拿着一块石头在卡车上学习写字画画，并且划出了长长的道痕。他的父亲回来之后，看到心爱的卡车被划得面目全非，一气之下就拿出来一根铁丝把小女孩的双手绑起来，吊在车库里，让她在车库罚站。接着这位父亲在烦恼之下就开着卡车去兜风……

等到他回来后，才发现，自己的女儿仍然在车库罚站，而那已是四个小时以后了。此时，这位父亲才着急了，把女儿赶忙放下来后，发现女儿的双手已经不能动弹，因为双手已经被铁丝勒得血液不通了。

当父亲把女儿送到医院后，医生告诉他必须要截去女儿的双手，因为手掌上大部分已经坏死，不截掉可能会很危险，危及到生命。就这样小女孩就失去了自己的双手，可是她却不明白到底什么事发生在她的身上……而她的父亲心里只能是深深的愧疚和难过。

半年后，这个男人把他的卡车送进修理厂重新进行烤漆，于是，卡车又变成全新的了。当小女孩看到父亲开着崭新的卡车回来后，赞叹道："爸爸，你的卡车好漂亮啊，简直跟新的一样。"接着，小女孩伸出截掉双手的胳膊，用天真无邪的目光看着自己的父亲又说道："可是您什么时候把我的双手还给我呢?"

你知道这位父亲听到小女孩的问话时有什么样的反应吗？他举起手枪在女儿的面前自杀了……

故事让人震惊、伤感，但在悲伤之余不得不说这一切都是这位父亲造成的，是愤怒让这位父亲失去了理智，冲昏了头脑，从而做出了匪夷所思的举动。故事告诫我们一定不要在愤怒时做决定，这样的决定是多么的可怕呀。

古人言：人之初，性本善。事实上，每个人都是善良的，但是每个人的善良旁边又住着一个邪恶的魔鬼。平常在我们理智之下，邪恶的魔鬼都是被紧紧关在里面的。但是一旦愤怒降临，就像一把钥匙打开了这扇门，让邪恶之魔跑出来为所欲为，悲剧就会在一瞬间发生。因此，我们时刻要警惕，学会克制自己的愤怒情绪，这样就会减少悲剧的发生。

6. 易怒者遵循原则：发怒之前考虑后果

每个人都是有脾气的，人常说：老虎不发威，你当我是病猫？说明发怒的时候会让人害怕，会对人造成伤害。其实发怒最大的受害者是我们自身，比如经常发怒会产生许多疾病，发脾气会影响我们的人际关系，发怒会使我们的成功道路上涌来不可预料的坎坷。总之，发怒造成的后果经常让我们追悔莫及。既然不想发怒的后果变成现实，那就学会在发怒之前先想想后果吧。

《论语·季氏》中记载着这样一段话："君子有九思：视思明、听思聪、色思温、貌思恭、言思忠、事思敬、疑思问、忿思难、见得思义。"其中第八思"忿思难"就是指发怒时要考虑会产生什么不良后果，可见，发怒时考虑一下后果也是一个人修养中必须具备的。

西方有这样一个故事。

一位妻子向丈夫抱怨道："亨利，我需要一把新剪刀。"

丈夫难为情地说："可是我们买不起呀。"

妻子坚持道："可是我真的需要一把新剪刀啊。"

丈夫态度硬了点说："我说了没有，不行。"

妻子也坚持道："亨利我才不管你说行不行。因为我真的需要一把剪刀。"

这时的丈夫心中升起一丝怒火："你如果再提剪刀的事情，我就把你拖出去扔进井里面。"

妻子不可置信，故意大声说道："剪刀！"

这时，丈夫终于被彻底激怒了，一把抓起妻子，边拖边叫道："你还敢不敢提剪刀两个字了？"

妻子嘴里仍然一个劲地叫道："剪刀，剪刀……"同时拿脚疯狂地踢着丈夫。

"好吧，这是你自己自讨苦吃。"丈夫毫不犹豫地把妻子拖到水井旁边，拿过绳子套在妻子的身上，打了个结，把妻子吊进了水井里。

吊到一半的时候，丈夫问妻子："如果你答应不再提剪刀的事，我就把你拉上来。"但是井里仍然传来剪刀两字。

"那就没办法了。"丈夫边说边加快了速度，把妻子完全放进了水井里。

丈夫伸进头去，看到妻子已经被井水完全淹没了，但是水面上伸出两个手指头，形成剪刀的样子在使劲挥舞着。

过了十分钟后，丈夫再次伸进头去，发现水面已经"风平浪静"……

这是唠叨又抱怨的妻子惹的祸？还是贫穷又自尊的丈夫引发的冲突？反正结局就是悲剧，愤怒与争吵是无济于事的，往往因为怒气，会引发激烈的冲突，最终导致悲剧的发生。

发怒是性之所起、情之所致。虽然说“一个巴掌拍不响”，但怒火是我们自身的一部分，是可自我控制的，而怒火后的结果却是我们无法控制和改变的。

有人曾研究得出，发怒所带来的后果，是有好有坏的，比如人们发怒有时会带来了关注、服从、钦佩、积极力量等一些好的东西。但是这也是他们能很好地驾驭愤怒，就比如驾驭一匹烈马，如果会驯的人就可以使烈马成为千里马，但一不小心就会被烈马翻下来摔伤，甚至乱蹄踩死。纵观人类历史长河中由愤怒产生的结果得知，愤怒的不幸后果，无疑大大高于有益的结果。因此，这更要求我们在发怒之前想想后果，考虑负面的影响大一点，还是正面的影响多一点，这样更有利于我们驾驭自我的情绪，还会避免没必要的损失。

我们不妨简单罗列出在日常生活中愤怒有可能给我们造成的影响。

1. 身体上的疾病：高血压、心脏病和中风；
2. 酗酒、抽烟和药物滥用；
3. 不规范的驾驶习惯、易出车祸；
4. 养成遇到小困难就会攻击的习惯；
5. 注意力无法集中、效率降低，因而学习和工作都效率低下；
6. 人际关系矛盾和家庭冲突；
7. 决策失误，风险增加，使得生意失败、个人失利；
8. 名声狼藉，声望差。

英国哲学家培根曾说过这样一句话：易怒是一种卑贱素质，受它摆布的往往是生活中的弱者。我们若不想做生活的弱者和失败者，就遵循这条原则：在发怒之前，先考虑后果。

7. 20个“灭火器”浇灭怒火

从前，有一位禅师，人称盘圭禅师。他说法时不仅浅显易懂，而且还会在结束说法后让信徒们提出各种各样的问题，他都会耐心认真地解答。因此，很多信徒都不远千里慕名而来，一是想瞻仰大师风采，二是想学点智慧。

有一天，一位信徒对盘圭禅师说：“大师，我天生脾气暴躁，很容易发怒，我不知该如何改正。”

禅师答：“怎么一个天生法？你把它拿出来，我帮你改正。”

信徒说：“现在没有，但是一旦遇到某些事情，它就会不请自来。”

禅师又说：“那就对了，按你的说法它只是在某些情况下才发生的，这就证明它是受你的影响才会出来的，就比如你跟别人发生争执时。可你现在竟然说它是天生的，这不是将过错都推给了父母，这不是太不公平了？”

信徒听了，惭愧地点点头。经禅师指点后，从此他再也不乱发脾气了。

其实，人的脾气和怒火本来就不是天生的。以下拿出20个“灭火器”助我们浇灭怒火。

1. 我们之所以会愤怒，其背后往往藏着某些欲望没有得到满足，因此问问自己：我想要什么？我想要他人做什么？也就是说了解自己的愤怒之源。

2. 然后看看自己发怒的原因值不值得或者怒火有没有伤到别人？也许这不是我们想要的结果，我们不想把谁当做替罪羊。其实更多时候，我们会在愤怒的情绪之下变成迷途羔羊。

3. 发现自己的爱和快乐，因为爱和快乐是扑灭怒火的最有效方法。但首先你要去学会关心别人和关爱别人，你才会找到属于自己的爱和快乐。

4. 有时候我们的愤怒是为了可笑的面子和尊严，或者为了掩饰自己的受伤。但是往往愤怒的情绪会让我们更加受到伤害，而堆积在心中，会产生更多的负面情绪。

5. 如果我们自己成了别人愤怒的目标和牺牲品，也不要同他一样愚蠢发怒，拿别人的错误惩罚自己，而是尽可能避开，如果实在躲不过，那就冷静地处理事情，真正打赢这场战斗。

6. 很多时候愤怒来自我们的不自信和不安全感，要想减少自己的愤怒，那就要增加自己的自信心和安全感。

7. 人常说：爱得越深，恨得越深。有时候我们的愤怒来源于爱，愤怒成了表达爱的一种方式。可是这种方法只会产生更多的误解，甚至恨，因此不妨试着改掉这种表达爱的方式。

8. 如果有些愤怒是控制不住的，那就要学会对自己的愤怒后果负责，不要寻找任何假、大、空的理由，获得空洞的胜利就像泡沫一瞬间就会消失得无影无踪。

9. 学会给自己的愤怒“记笔记”，记下每次愤怒的程度，每次愤怒的持续时间，每次愤怒后造成的后果以及自己愤怒的种类。这样有助于我们很好地控制自己的愤怒，如什么时候表达什么样的愤怒，如何表达。

10. 不要因为害怕愤怒，就选择逃离和回避，要明白愤怒是人的正常情绪，如果我们正确表达，说不定会有利无弊。

11. 不要压抑自己的正常愤怒，这样只会造成身心的疾病。只需正确表达自己的愤怒就行了。

12. 俗话说“君子动口不动手”，切记不要用暴力表达我们的愤怒，暴力除了造成更大伤害不会有任何好处。

13. 我们知道愤怒会影响人际关系，这时，克制自己的一个好方法就是对事不对人。比如这件事真让我恼火，而不是说这个人做的这件事让人想生气。

14. 为自己的愤怒找个出口，找到适合自己的宣泄方法，比如体育锻炼、大喊大叫、哭泣、写信大骂但是不寄出去。

15. 学会一些简单的制怒方法，如愤怒的时候从 1 数到 10，或数绵羊等。

16. 愤怒之后，了解自己的愤怒原因，如果找不到原因，就向人求救，也就是倾诉，让倾听的人帮我们理清头绪，认清目标。

17. 当感觉自己快要愤怒的时候，在心里叫停，想一想，是避免怒火中烧的最好方法。

18. 在愤怒时先用理智控制，再用智慧处理。比如转移注意力，离开现场等。

19. 哪怕愤怒是在适当的时机，有正当的理由，也不要让愤怒持续的时间超过一分钟，不然就会适得其反。

20. 愤怒也是一次学习的机会，我们可以化愤怒为力量，成为建设和前进的动力。

第八章

释放悲伤

——学会释怀，坦然心境

俗话说：人非草木，孰能无情。当遇到坎坷和挫折，当面对一切的不如意，我们难免会产生悲伤的情绪，沉浸在悲伤的痛苦中无法自拔。然而，任何事情都会随着时间的流逝成为过去，正如伟大诗人普希金所说：一切都是瞬息，一切都将会过去。不管是悲伤痛苦，还是忧郁难过，都会随风飘逝。

因此，当悲伤袭来时，不要放任自流，不让其占据我们的心灵，影响我们的生活，而是要懂得及时释放，让心灵恢复平静，从而以冷静的头脑、乐观的心态，化悲痛为力量战胜困苦，解决问题。倘若我们实在无能为力时，要懂得顺其自然，以一颗平常心面对，相信吧，一切都会过去，快乐的日子将会到来。

1. 释放心灵的悲伤

悲伤这个字眼是任何人都不想看到的，但是又可以触碰我们柔软的内心。悲伤是我们人人都想甩掉的，但是又在生活中与我们形影不离。看一场电影会感到悲伤，听到一句话会心生伤感，一个景物都会勾起我们的悲痛记忆，甚至有时候只是莫名地涌起悲伤。悲伤是我们无法避免的一种情绪反应，凡是有感情的动物都会有此反应，人类最为显著。

人的一生不可能一帆风顺，每个人都会有大大小小的悲伤萦绕心头，俗话说：哀莫大于心死。因此，我们可以有悲伤的念头，有悲伤的瞬间，但千万不要让悲伤时刻弥漫在心里。释放心灵上的悲伤，才是真正的解脱，正如卡耐基先生所言："我们也可以从关注自己的心灵做起。"让心头的悲伤烟消云散，我们才会真正地快乐。

第一，勇敢地直面悲伤

鲁迅先生曾言：真正的勇士敢于直面惨淡的人生，真正的"勇士"也会直面悲伤，不管是多大的悲伤。

悲伤是非常令人难受的情绪，我们都很抵触，想要逃避，想要摆脱，却从不想去面对。但是再怎么躲闪，悲伤也不会无故消失，而是钻入我们的潜意识，躲到我们的心灵深处，在阴暗的角落里无时无刻地折磨我们，这恐怕是最痛苦的事情。

因此，对于悲伤，我们千万不要压抑或者躲避。俗话说：既来之，则安之。既然无法避免，何不勇敢地面对它，接纳它，最终才有可能驯服它。曾有人说过：悲伤是最有深度的，它会带我们走到灵魂深处，若能驾驭，我们就会对自己的未来有新的认识。因此当我们抵触悲伤，不敢面对悲伤时，就是不敢与自己的灵魂对话，我们的心也远离了直面自己的人生。只有敢于直面自己悲伤的人才敢直面自己的人生，才会让自己的心灵接受真正的洗礼，才会获得巨大的能量。曾经有位著名咨询师感叹说："悲伤，是完结的力量！"这里的完结所指的是对人生真相进行赤裸裸的坦白和面对，就比如有些人得了绝症有一天会死，平常也许很恐惧，但是真正到了死的那天相反心里会很平静。虽然死的真相不会改变，但他的心灵会在悲剧中获得了解放。我们所面临的悲伤，也正是如此，当真正看到了悲伤的真面目，就会坦然面对，就会“大彻大悟”，这时是心灵的真正释放。

第二，用泪水冲垮高厚的“心墙”

当陷入无尽的悲痛时，眼泪是最好的释放器。泪水就宛如心灵的洪水，会冲垮我们在自己的心中建立的各种各样的“心墙”，最终让我们的内心成为一个和谐圆满的整体。有人说：上帝在创造人的时候不小心流了滴眼泪，因此人有了悲伤。因果循环，那么就让眼泪再把悲伤还回去吧。

24 岁的成都女孩小 Y 在两三岁时，父母离婚了，爸爸是花花公子，不管女儿的死活。妈妈在离婚后就远嫁他乡。小 Y 由爷爷奶奶抚养，但是还没等她长大成人，爷爷奶奶就相继去世。小小年纪的小 Y 在亲人的帮扶下才可以去上学。但是在学校里，同龄的孩子都讥笑她是没人要的孤儿，经常欺负她，没人跟她做朋友，说她穿得难看。

即使这样，性格倔犟的小 Y 从来不会掉一滴眼泪。直到小学四年级时，同学们需要交钱换新桌椅。小 Y 没有钱，于是只能继续用旧桌椅，同学们奚落她，老师也把她调在教室里的最后一个角落。这时的小 Y 终于承受不住了，想到了自杀。

远在广东的姑姑听说了后，跑到成都来探望小 Y。姑姑是一名人民教师，她拿出一张纸让小 Y 写下“活下去的理由”和“死去的理由”，活得这边寥寥无几，而死去的这边却是一长串。

小 Y 看着这边长长一列的死去理由，觉得无比悲伤，于是一滴一滴的眼泪终于落下来，一会儿她开始啜泣，逐渐地开始嚎啕大哭。她哭了好久好久，哭得昏天黑地，仿佛没有了时间概念，哭到最后，小 Y 的内心深处突然蹦出一个念头：我一定要活下去，活下去。

小 Y 这次彻底的哭泣终于冲破了长久以来堆积在内心深处的高墙，让她获得了自由，尤其是心灵的自由，并且化悲痛为力量。

第三，让心灵专注起来

这里的专注不是指专注我们的悲伤，而是去专注某一事情或周围的一切。专注是指集中精神，用感官去体验当下的状态。弗吉尼亚联邦大学博士生劳拉·吉肯曾经做过一个有趣的“挑豆子”的测试。通过实验发现，专注有着很神奇的力量，专注让我们变得积极乐观，哪怕是一颗普通甚至是有瑕疵的豆子放在面前，也会被认为这是一颗好豆子。也就是说：在专注状态下，人们会提升对于事物的正面评价。

在悲伤的时候，我们往往一不小心就沉迷于此或习惯把悲伤放大化。这时，如果专注某一件事情，或留心周围每时每刻发生的一切，不仅可以转移我们的注意力，还会使一颗心充满刺激，从而减少悲伤的影响；而且专注给予我们更多的注意力，去关心平时甚至毫不在意的信息，并且集中在那些积极的事情上面。

2. 别让悲伤“逆流成河”

面对现实生活中的各种压力和困难，有些人容易产生悲伤的负面情绪，尤其是处于青春期的少男少女，是人生发展的关键时期，还承受着来自升学、就业、情感、人际交往等各方面的考验，内心稍微脆弱的就会让悲伤泛滥。人生是短暂的，青春期更是短暂的，我们根本没有太多的时间去伤春悲秋，因此切记不要让自己的悲伤“逆流成河”。

我们总是习惯将悲伤放大，有的人悲伤过度，得了某些疾病，更有的人亲手结束自己的生命。这些人是可怜的，同时也是可悲的，有些人说那是事情没有发生在你们身上。的确如此，人生有太多不同，太多不公平，但有一点毋庸置疑，容易悲伤的人，心是脆弱的。

俗话说“家家都有本难念的经”，有时候只是我们没有发现，没有看到。每个人的人生都不会毫无涟漪，每个人都会面对不同的打击和挫折。可以说在人生中，悲观的情绪笼罩着生命中的各个阶段，年少有之，年长有之，这是人生中的“必需品”。我们不能丢掉，但我们可以选择不让悲伤跟时间的长河轨道相吻合，形成长长的河流。

莫娜现在已经是一个面目憔悴的老妇人了。每天陪伴她的只有那只全身黑毛的肥猫，在午后懒懒的夕阳里，睁着一副眯眯眼，连它都懒得跟莫娜谈谈心了。

其实莫娜在三年前还是一个很漂亮快乐的女人，有一个美满的家庭。丈夫有着稳定的工作和丰厚的收入，孩子们也长大成人，有了自己的事业。后来，两个孩子分别成家搬出去住了，莫娜就跟老伴相依为命。然而不幸的是，一年后，莫娜的丈夫在一次车祸中永远离开了她。

“他走了，我的心也死了。每天晚上我都想他想得难以入睡，以前，都是枕着他的胳膊入睡的，现在叫我如何适应。”莫娜悲痛欲绝地对好友丽娜哭诉道。

“亲爱的，不要悲伤，你还有孩子，还有朋友，你应该坚强，重新开始生活。”丽娜安慰她。

“不，没人能够代替他，哎，想象一下要我一个人度过余生，我真想去死。”莫娜眼睛里露出绝望的目光。

孩子们回来安慰自己的母亲，母亲却像个赌气的孩子一样把自己关在房子里，不想见面。莫娜说怕看见孩子，想起自己的丈夫，因为她的儿子跟丈夫长得特别相像。

就这样一天又一天过去了，莫娜不但没有让自己的日子正常起来，反而变得神经质起来，她甚至得了忧郁症，除了取牛奶和报纸，她很少出门，见了邻居也不会主动去打招呼。

孩子们由于工作忙，很少过来看她。只有她的好友丽娜会时不时地过来安慰她：“亲爱的，你不能再这样下去了，你必须重新振作起来，找个人重新过吧。”

“你在开什么玩笑，除了我的丈夫，我不会再跟第二个男人结婚的。”莫娜惊讶地看着丽娜，斩钉截铁地说。

“可是你这样一直悲伤下去，身体会垮掉的。”

后来丽娜通过跟莫娜的孩子们协商，让她轮流住在他们的家，这样就不会留莫娜一个人在房子里独自悲伤。

可是，两个月后，莫娜的女儿给丽娜打电话说："我简直受不了我的妈妈了，她怎么会变成这样。不是成天不理人，就是见了人喋喋不休地哭诉。"

后来，莫娜又住进了她儿子的家，可是儿媳妇更不能忍受这样的婆婆，她的儿子夹在中间很是痛苦。在大闹了一次后，莫娜甚至跟孩子们反目成仇了。

没有办法，莫娜又重新住进了自己的公寓，可是一个人的日子更增加了她的孤独，尤其是年龄的逐渐增大，况且，莫娜从来不会想着主动跟别人交往。

"他们都把我抛弃了，我的丈夫，我的孩子，我现在就是一个多余的老废物了。"每次丽娜来看她，她都会重复着同样的话。

莫娜的确一直没有再享受快乐幸福的日子了，如果她继续这样，她的后半生一定会在孤独悲伤中慢慢老死去……

丧夫之痛的确是令人悲痛的，可是"死者已矣，生者如斯"。失去的人无法再回来了，但活着的还是要继续自己的生活。莫娜最应该做的不是一直沉浸在悲痛之中无法自拔，而是要勇敢地面对，乐观地生活下去。但是她选择了让悲伤陪伴自己一辈子，无形中的沉重不仅把自己压得承受不起，连子女都无法忍受。

其实，悲伤没有我们想象得那么大，只是我们赋予它太多色调。对于悲伤要学会很快忘记，而不是慢慢咀嚼它的味道，让悲伤深入骨髓，直至心灵，这样要想忘却是难上加难。人生没有过不去的坎，不要让悲伤"逆流成河"是最关键的一步。

最后送给大家一首耳熟能详的诗：

假如生活欺骗了你，
不要悲伤，不要心急！
忧郁的日子需要镇静。
相信吧！
快乐的日子将会来临。
心永远向往着未来，
现在却常是忧郁。

一切都是瞬息，

一切都将会过去。

而那过去了的，

就会成为亲切的怀念！

俄国伟大诗人普希金的这首诗激励了多少沉浸在悲伤中的人走出困境，走向光明。诗歌很直白地告诉我们在逆境中不要沉迷于悲伤，应该持有正确的态度和信念；也不要急躁，应该保持乐观向上的精神。悲伤是难免的，但我们要相信只有经历风雨，才会见彩虹，今天的磨难就会变成明天的财富，过去的一切也会成为今后美好的回忆。让我们始终相信快乐的日子将会来临。

3. 事情永远没有想象得那么糟

很多时候，我们习惯很多事还没开始，就一味地否定自己；很多时候，我们习惯把想象坏事情的能力放大，比如我们经常挂在嘴边的一句话：我有一种不祥的预感、我觉得这不是什么好事等。其实，事情并没有我们想象得那么难，情况并没有我们想象得那么糟糕，困难并没有我们想象得那么大，这只是我们的一种坏习惯或一种不自信的表现。

我国台湾著名漫画家朱德庸曾经有这样一个漫画故事名叫《跳楼》。

一个漂亮的女孩子失恋后，觉得自己过得很不幸，终于有一天她真的决定从11楼上跳下去，当她的身体在慢慢往下坠的过程中，从每层楼窗户中看到了以下的场景。

10楼以恩爱著称的夫妇正在互殴。

9楼平常坚强的Peter正在偷偷哭泣。

8楼的阿妹发现未婚夫跟最好的朋友在床上。

7楼的佳佳在吃她的抗抑郁症药。

6楼失业的阿喜还是每天买七份报纸找工作。

5楼受人尊敬的王老师正在偷穿老婆的内衣。

4 楼的 Rose 又要和男友闹分手。

3 楼的阿伯每天盼望有人拜访他。

2 楼的莉莉还在看她那结婚半年就失踪的老公照片。

这位姑娘在跳楼之前，本来以为自己是世上最倒霉的人。

现在才知道每个人都有不为人知的困境。

她觉得自己其实还没有那么糟，但是已经为时已晚……

刚刚她看到的所有人现在都在窗子上看着她。

于是她想，也许看她的这些人会认为其实自己过得也不错……

生活中每个人都会有自己的苦衷，如学生需要面对无止境的考试，担忧自己的考试成绩；毕业后的学子要面临社会的挑战和压力，开始为自己的前程奔波；工作中的人又整天面对着让人焦头烂额的工作压力和交际问题。似乎每个人都在为自己的人生担忧，所有人都觉得生活无时无刻都充满着无尽的苦涩与难言的苦痛。而且这时，悲伤、难过、绝望都不起任何作用，那么唯一的办法就是解决，让自己行动起来，即使在行动期间也会遇到重重困难，不妨学会对自己说：其实没有那么糟糕。

两年前，小宋是一名大二学生。一直以来他的英语成绩都很差，但是大学里规定英语必须通过四级才能拿到毕业证和学位证，小宋觉得自己的“末日”快要到了。他给所有的哥们儿打电话诉苦、求救，但是朋友最终来一句安慰：兄弟靠自己吧。

小宋在悲观了一个礼拜后，眼看着又一期的英语四级考试就要来临了，他打算采取点措施。他给自己规定每天早上起床后上网听 VOA，然后去吃早饭，然后上课；如果没有课他就去图书馆做英语测试题，做题做累了，他就跑去阅览室读读关于英语四级考试的技巧或者英语报纸；到了晚上的时候，他继续上网听 VOA；而且他给自己下达任务，每天不管什么时候必须要背诵一些单词。每天都保持这样，一直到了四级考试那天，小宋心无杂念地去考试，他没有给自己下命令说，必须要考试过关，也没有害怕觉得自己不行。就这样成绩出来以后，小宋以 450 的成绩顺利过关。

从此小宋明白，任何事情都是急不来的，也不能过早地悲观，否定自己。其实任何人只要认真努力了，付出总会有回报的。

在大四毕业时，小宋早就耳闻他们这个专业是冷门的，出来就业形势不太好，班里很多同学急得像热锅上的蚂蚁。小宋不急也不躁，他没有把自己的前程想象得那么渺茫，而是认真冷静地分析了一下自己对专业的态度，觉得很漠然、没有太多热情，然后他就开始转向自己的特长和优势——文笔。一直喜欢文学的小宋从初中时就开始阅读国外各大名著，并尝试着自己写一些东西，已经在学校报纸和社会上一些杂志如萌芽、意林等发表过一些文章，可谓是已经积累下来丰富的写作经验。

因此，小宋就打定主意毕业后往编辑这方面发展。凭借自己的实力，小宋在毕业之前顺利找到了自己的第一份正式工作，在一家杂志社担任编辑助理。同学们惊讶称小宋是幸运儿，但是用小宋的一句话说就是：你们都想多了，其实事情根本没有你们想象得那么糟糕。

生活中有许多决定我们命运的大事，也有很多看起来不痛不痒，其实关乎着我们一切的琐事。而每件事情我们都想做好，都想让自己满意，但事情不可能样样完美或者有时候我们会越做越糟。这就要我们寻找自身的问题，有没有认真地梳理好事情的进程，或者以良好的心态去面对遇到的问题。往往有些人容易心急气躁，有些人容易被小困难吓倒，有些人又喜欢抱怨，其实这些都是变相地把事情想象得很糟。一开始就让自己认输，怎么可能以决胜的心理一步步走向成功呢？因此，无论什么时候都要记得提醒自己，一切远没有自己想象得那样糟。

4. 用乐观战胜一切悲伤

有人说乐观是一种生活态度，有人说乐观是一种积极心态，有人说乐观是人生难得的财富，有人说乐观是一个天使。其实，乐观是战胜一切悲伤的最好武器，扬起乐观的胜利旗帜，对自己说：一切皆有可能！

同样是一串葡萄，有的人会先拣最好的吃，而有的人会先拣最坏的吃。一般认为，前一种人是乐观的，因为他们每吃一颗都是最好的。生活中我们也会面对许多类似选择吃葡萄的事情，每一种选择反映出我们的生活态度，也会看出我们是一个乐观的人还是悲观的人。

毋庸置疑，乐观的人处处看到的都是美丽的风景，而悲观的人看天地一片茫茫。我们每一个人都希望自己的人生是多姿多彩的，而不是只有单调的黑白之分，而悲伤只会让我们陷入无尽的黑暗中，因此，若想逃离悲伤，那就学会乐观吧，让乐观战胜悲伤，救出我们，还我们一片自由明亮的天地。

心理学家认为一个人是悲观还是乐观，取决于他平时所养成的看待事物的方式、归因的习惯。如果从小就养成消极看待事物的人们也不要担心，因为习惯在后天的环境中是可以慢慢改变的。那么怎样让自己变成一个乐观、积极向上的人呢？

第一，调整和改变自己的认知习惯

我们经常会看到同样的世界，却有着不同的人生。有的人拥有快乐幸福的人生，有的人却时常悲伤忧愁，为何呢？恐怕最重要的是这两种人的心态不同。心态不同，对事物的认知和理解就不同。悲观的人经常会以消极的态度去看待每一件事情，他们不仅是对自己，对任何事情都会持有扭曲、错误、不客观的认知。比如他们经常会单方面想着我这样做可能大家不会喜欢我；对自己做过的事情一概否定，没有自信；甚至面对自己的辉煌也觉得只是一时的，想着会很快过去就产生悲伤的情绪。他们这些认知久而久之就会形成习惯，真正变成一个悲观的人。

要想摆脱悲观，首先就要改变和调整自己的这些错误思想认知，学会正确面对自己，接受自己，全面地看待自己的优点和缺点。对于缺点，努力地改正和避免；对于优点，大胆地让它“发光发热”。没有十全十美的人，也没有一无是处的人，每个人都有自己的独特优势，要善于发现自己的闪光点。

第二，要正确面对原因和结果

有的人经常把自己的成功和辉煌归结为幸运或命运，而认为失败是自己的运气不好或自己的资本不好，条件不够，脑子天生的笨等不可改变的原因，其实这些原因是既不可靠又不稳定的。如果只依靠这些因素，那必然是很难看到希望的，因为成功并不只是靠运气和天赋，更多的是需要勤奋和努力。百分之百的成功等于百分之一的天赋加百分之九十九的汗水。

对待失败，我们也不要悲观丧气，更重要的是以乐观的心态去面对，重拾信心，重振旗鼓。如果只是一味地沉浸在悲伤的氛围中，不仅不能解决问题，还会使事情越来越糟糕。让自己冷静下来，客观地分析失败的原因，比如说是因为自己粗心或者还不够努力等因素造成的，下一次就学会细心，坚持不懈地努力，这样离成功才不会太远。

第三，改变应对措施和方式

遇到困难和失败时，有的人选择退缩和自责，而又有的人选择乐观和面对。前一种人的行为明显就是消极的，对战胜困难，走出困境一点帮助也没有的。而后一种才是明智之举，以积极乐观的态度处理问题是解决事情的唯一办法。别人的帮助只是一时的或次要的，最重要的是自身的力量和信心。

第四，树立信心是最重要的

悲观的人根本上就是缺乏自信心。因此，帮助自己树立信心，是克服悲观情绪的最好方法。有心理学家认为：人的信心的获得很大程度上是来自于对过去的成功体验。因此，要想让自己很快地树立信心，体验到成功是至关重要的。那么，怎样体验成功呢？

一个最有效的诀窍就是先为自己确立一个小的目标，因为小的目标比较容易实现。比如，毕业时，不要一心想着进自己满意薪水又很高的大公司，而是先给自己找份工作认真踏实地做着，等有了经验，有了小成就再跳槽去自己梦想的公司。人常说：希望越大，失望越大，如果一开始就给自己定过高的目标，在不能实现时就很难接受，从而一蹶不振。相反，给自己订一些小目标，再小的目标实现了都会感到高兴，更有信心去实现下一个目标，这样一个目标一个目标地实现，就会越来越进步，离成功越来越近。

乐观，是心灵的指明灯；乐观，是进步的阶梯；乐观，是成功的金钥匙。始终保持一颗乐观向上的心，必定会勇敢地面对一切，必定会拥有成功幸福的人生。

5. 悲观的人只会越陷越深

又一年的圣诞节到了，一位年迈的父亲给自己两个可爱的儿子准备了不同的圣诞礼物，并且在夜里悄悄地把礼物挂在了圣诞树上。

第二天，哥哥与弟弟同时早早地起来了，他们跑到各自的圣诞树下，急切地想知道圣诞老人会送给他们什么礼物。当哥哥来到自己的圣诞树下时，他看到圣诞树上有好多的礼物：有一把很酷的气枪，一辆崭新的自行车，一个鼓鼓的足球。哥哥开始一件一件地把自己的圣诞礼物从树上取下来，但是他显得并不高兴。这时，父亲走过来问："怎么样，这些礼物是不是很喜欢呀？"哥哥摇了摇头，一副忧心忡忡的样子。他指着那辆自行车说道："本来有一辆自己的自行车我很高兴，但是我怕骑着自行车出去，会撞到树上，把我摔伤。"然后他又指着那把气枪说："我是多么希望自己能有一把像样的枪，但是假如我拿着枪出去玩，说不定会一不小心打碎邻居的玻璃，这样就会挨骂的。"最后他指着足球说："至于这个足球，我总有一天会把它踢爆的。"

父亲听完了哥哥的话，正准备说话。这时，弟弟跑过来兴奋地对父亲说："爸爸，您快过来看看我的礼物，多么神奇呀！"

父亲跟着弟弟跑过去，只见，弟弟的圣诞树上已经"光秃秃"的什么也没有了，只有地上放着一个纸包，被打开一角。弟弟小心翼翼地把纸包完全打开后，呈现在眼前的是一堆马粪，没想到小儿子高兴地大笑起来。父亲问他："你为什么这么高兴呀？"

弟弟回答道："这里是一包马粪，说明在咱们家里肯定有一匹小马驹。"说完，就着急地在屋前屋后开始寻找他的小马驹。

这时，父亲也笑了，说道："这真是一个快乐的圣诞节呀。"

美国的卡耐基先生曾言："对于一件事情的看法，人们会因切入的角度不同而产生不同的想法。一个悲观的人，事事都往坏处想，于是愁眉苦脸、愤世嫉俗，但他这样也不过是亲者痛、仇者快，苦了自己。除此之外，他的生活情绪一定会大受影响，还会连带地影响他人。”这位父亲的两个儿子正是从不同的角度去看待事情，得出的结论也是完全不同的。大儿子明显就是个悲观的人，把一切都想得很糟，甚至影响到父亲的心情；而小儿子的快乐很快就感染了父亲，不禁赞叹道这是一个多么快乐的圣诞节呀。

人生在世，不如意事常八九。倘若只是死死抓住不如意的事情不放，那么只会在悲伤的情绪里越陷越深，甚至无法自拔。这就是为什么悲观的人老是看起来愁眉苦脸，担惊受怕，在他们的空气中时刻弥漫着悲伤的气氛。既然悲观于事无补，那么何不换个思维，换个态度勇敢地驱散密布的乌云让自己的人生充满阳光，充满温暖？

罗梅是一个二十几岁的女孩，但是在她的脸上根本看不到跟同龄人一样灿烂的笑容，也看不到朝气蓬勃的气息，相反，在她的眼睛里，总是笼罩着一层忧郁的雾气。原来，罗梅的情绪里总是有一种情绪占据着主导——悲观。用她自己的话说就是，悲观像一个幽灵时刻在她的周围萦绕。而且这段时间来这种情绪越来越强烈，罗梅不得不走进了心理咨询室。

罗梅终于道出了她的心声：这段时间来，罗梅交了一个男朋友。男朋友很优秀，是罗梅一直想嫁的类型。但是同时她又发现男朋友的周围总是有一些献殷勤的女孩，这让罗梅很是担忧。她想着这样下去，迟早要失去这么好的男朋友。她知道自己心中的悲观种子又开始生根发芽了，但就是控制不住，她想改变这种状况，但是心有余而力不足。

经过心理医生的深度挖掘，发现罗梅的悲观“种子”是从小时候就种在心里的。罗梅从小就生活在不幸的家庭里，没有爸爸妈妈，只和奶奶相依为命，所以她从小就很封闭，自卑，悲观。随着年龄的增长和社会阅历的增多，罗梅改变了自己许多的不良性格，但就是无法把悲观的因素在身体里彻底去掉。因此只要有一丝营养和水源，心中的“悲观种子”就生根发芽……

悲观的人总是把不幸看成是永久性的、普遍性的，如果有一件至关重要的事情发生不幸或失败，就会习惯性地把其他事情认定是失败的，不顺的。比如罗梅从小就在心里认定自己是个不幸儿，什么事情都是不幸的，所以一直以来对自己没有信心，对待什么事情都是悲观的态度。悲观的人常常把悲观放大化，把现实丑化，以消极、颓废的心态看待这个世界。

周国平先生曾说过："悲观主义是一条绝路，冥思苦想人生的虚无，想一辈子也还是那么一回事，绝不会有柳暗花明的一天，反而窒息了生命的乐趣。不如把这个虚无放到括号里，集中精力做好人生的正面文章。既然只有一个人生，世人心目中值得向往的东西，无论成功还是幸福，今生得不到，就永无得到的希望了，何不以紧迫的心情和执着的努力，把这一切追到手再说?"因此，我们若想改变现实，首先改变自己；若想拥有快乐，首先远离悲观。如果无法避免，那就征服悲观，战胜悲观，做一个成功幸福的乐观派。

6. 学会顺其自然

有一种心情，叫喜怒哀乐；有一种味道，叫酸甜苦辣咸；有一种无奈，叫人生百态；有一种悲伤，叫身不由己；有一种心境，叫顺其自然。

这里所说的顺其自然，并不是放任自己的悲伤情绪，任其萦绕在我们的周围，淹没我们的好心情。而是指学会顺其自然地面对引起我们悲伤的挫折、困难和一些不如意的事情。对于这些已经发生的事情，我们不要逃避，不要害怕，更不要悲伤，而是勇敢地面对，顺其自然地接受事实，让自己的心平静下来，相信时间会带走一切。

曾有人指出：人在历经悲痛的事情后，都会经历一个"创痛期"，即要体会"接受"到"适应"再到"释然"的过程。我们都明白伤口总有一天会愈合的，虽然会留下永久的疤痕，但这也是自然的一个过程，是一种必然的归宿。现实生活中，大多数人面对自己的"伤口"，不是心急地让它愈合，就是不能接受那条丑陋的"伤疤"。我们要明白"欲速则不达"的道理，也要明白世上没有完美的东西，任何事物都是有小瑕疵的。抱怨不起作用，痛苦不能改变现实，唯一的办法就是学会爱不完美的自己，接受不完整的人生。

孔子说："吾十五而有志于学，三十而立，四十而不惑，五十而知天命，六十而耳顺，七十而从心所欲。”也许我们唯有经历了一定的世事，到了一定的年龄，才会明白顺其自然的真谛。这时，虽然我们有着伤痕累累的皮囊，但是拥有一颗豁达、超然的心。

有一个小寺庙，新住进来一个小和尚和老和尚。春天到了，小和尚看见院子里的草地上枯黄一片，就对师父说：“师父，我们撒点草籽吧，春天到了，这草地太荒凉了。”师父答：“不急，等有空再去买草籽。”小和尚问：“什么时候?”“随时。”师父接口道。

然而，一直到秋季，师父才把草籽买回来，交给小和尚让他撒到草地上。正当小和尚撒草籽时，一阵秋风吹过，好多草籽被吹走了。“不好，草籽都飘走了。”小和尚叫道。“没事，被风吹走的多半是空壳的。况且，现在撒下去也不会发芽的。不要担心，随性!”师父在一旁说道。

小和尚刚把草籽撒完，有一群麻雀飞过来，专挑草地上饱满的草籽吃。小和尚见了，惊惶地说：“不好，麻雀都把好的草籽吃完了，明年还怎么长出来小草呀。”这时，师父又答：“没事，小鸟是吃不完的，你就不要担心了。明年小草肯定会长出来的。”

谁知，到了晚上又下起了大雨，小和尚在床上翻来覆去睡不着，他担心草籽都被雨水冲走了。早上，他早早起床后，果然看到草地上一粒草籽也没有。小和尚难过地跑进禅房对师父说：“师父，这下好了，大雨把草籽都冲走了。”师父笑了笑，说道：“不要难过，草籽冲到哪里，哪里生长，随缘!”

不久，小和尚惊喜地发现好多角落里长出来很多青翠的小苗，他赶忙高兴地告诉了师父。师父点点头说：“随喜!”

不得不佩服这位师父凡事追求顺其自然、不去强求的人生态度，反倒能有一番收获。

人生如梦，岁月无情，贫与富，丑与美，大与小，只不过是一种自然现象。对于我们人生中最重要的三大要素，生活、感情、工作，其中的得与失，多与少，我们都不必计较，不必强求；对于时间，我们要学会筛选过去，忘记悲伤、记住快乐，学会展望未来，憧憬但不幻想，明白活在当下才是最重要的；大千世界中的因与果，人与事，总有着千丝万缕的联系，万事随缘，这不仅是禅者的玄机，更是让我们快乐的一种奥秘；而“宠辱不惊，闲看庭前花开花落；去留无意，漫随天外云卷云舒”更是一种胸怀和一种境界，是我们对自己人生的一种自信和把握。

顺其自然，并不是消极地等待或者看待事物，也不是任意听从命运的摆布，而是不去苛求自己，不去折磨自己。当失败了，不要悲伤，哪怕结果不是我们想要的，但是我们努力了，我们享受了奋斗的美好过程，并且学会了以后怎样面对；当失去了，我们也不要悲伤，世间万物遵循着自然规律，任何生命都会有消失的一天，我们需要学会的是放下，不去强求，起码我们拥有过了。

著名歌手田震唱过一首歌叫《顺其自然》，歌词是这样的：“每走一步都很艰难，一切都在变。无意之间回首看看，就像一瞬间。曾甘心情愿，付出所有给明天，才忽然明白并非那么简单，就让一切顺其自然……”的确如此，我们经常“众里寻她千百度，蓦然回首，那人却在灯火阑珊处”，那么何不顺其自然一下呢？顺其自然是一种可贵的人生哲学，是一种生命的平衡，是一种洒脱豁达的心态，是一种对生活的智慧感悟，是一种超然的境界。学会顺其自然，让我们受益终生。

7. 寻找乌云中的一丝阳光

英国诗人雪莱说过：冬天到了，春天还会远吗？是呀，乌云密布，瓢泼大雨后，就是雨过天晴，阳光明媚。当我们的心情被“乌云”笼罩时，不妨抬起头来看看，再浓的乌云也有缝隙，都会有丝丝灿烂的金辉泄露下来。

美国前总统罗斯福家里有一天被盗了，不仅损失了许多钱财，还丢失了好多珍贵的东西。他的一位好朋友听闻后连忙写信安慰他，劝他不要放在心上。谁知罗斯福不但没有悲伤，还给朋友回了信说：“亲爱的朋友，非常感谢你的来信，我现在很好，一点也不难过。而且我还很庆幸，我必须得感谢上帝：首先，那个盗贼偷去的只是我的一部分东西，而不是全部家当；其次，他偷走的只是我的东西和钱，而没有取掉我的性命；最重要也是最庆幸的是做贼的是他，而不是我。”

对于任何人来说，家里失盗肯定会被认为是一件很不幸的事，起码主人肯定会很难过。然而，罗斯福却一点都没有伤心，而是很高兴地从“被盗的乌云”后寻找到一丝丝阳光，让自己的心情好起来。

其实罗斯福在很小时候就会在自己黑暗的人生里，寻找到心中的阳光。众所周知，罗斯福总统是美国历史上第一位身体残疾的总统。这是因为他还是小孩子的时候，患上了脊髓灰质炎，从而造成了瘸腿和参差不齐且突出的牙齿，那时候的罗斯福也认为自己是天底下最不幸的孩子。但是他并没有让乌云长久地留在自己的心头，他勇敢地拨开乌云，让阳光照进自己的心房，他学会了感恩，学会了坚强，学会了努力，从而在长大后成为美国伟大的总统之一。

其实，阳光从未在我们生活中消失，只是有时候漫天的乌云遮挡住了我们的视线。只要耐心等待，只要不放弃，只要用心发现，我们会透过乌云寻找到属于自己的阳光。

晓芸又一次来到了海边，静静地坐在一块礁石上，看着海浪拍打着礁石。她在等一个人，等一个想感谢的人。

那是在五年前，晓芸经历了一次痛苦的历程。每件事情都很糟糕，相恋三年的男朋友与她分手了；公司里，晓芸与老板起了冲突，晓芸不堪忍受欺辱辞职了；在一块生活了几十年的父母提出了离婚。突然之间，晓芸觉得自己一无所有了，她背起行囊来到了一个海滨城市打算调整一下自己悲伤的情绪。可是老天爷也好像在为晓芸哭泣，一连几天都是阴雨连绵，被困在宾馆里的晓芸心情降到了极点，她感觉自己就像一头被困的小兽，逃不出悲伤的“陷阱”。

这一天，雨终于停了，但是天空还是阴沉沉的。晓芸来到海边，默默地坐在一块礁石上，思索着自己的人生，觉得没有了未来。不知何时，一位老人悄悄地坐在了晓芸的身边，老人看到这位年轻的姑娘满眼的忧愁，就问道：“姑娘，一个人坐在这里，有什么心事吗?”

晓芸看着眼前的陌生人，淡淡地摇摇头。“没事，有什么事说出来，心里会好受点。”老人又说道。晓芸再次看了看这位慈祥的老人，想起来从小就疼她的爷爷，于是情不自禁地把自己的悲苦诉说出来。

老人听完了以后，笑着说：“姑娘，你可以问问大海，它会告诉你怎么办。”“怎么可能。”晓芸一脸的不相信。“你闭起眼睛，仔细听。”晓芸果真闭起了眼睛，但是除了海浪声，她什么也没听到。

“大海告诉你让你抬头看，就会看到答案。”老人说道。晓芸再次按照老人的说法，抬起头来，这时，她惊奇地发现，乌云已经散开了一些，虽然看不到太阳，但是看见每朵乌云的边上都金光闪闪，特别美丽。

“西方有一位哲人说过：每一朵乌云都镶有金边。乌云遮住了太阳只是一时的，总有一天，阳光会突破厚厚的云层，照射下来。其实，太阳只不过是藏在乌云后面，乌云背后也是有阳光的。”老人慢慢地说道。

“每一朵乌云都镶有金边。”晓芸喃喃地在嘴里念着，心里豁然开朗。当她再次抬起头望着天空时，看到太阳完全跑出来了，光芒万丈地照耀着大地万物……

是呀，我们要始终相信每一朵乌云背后总有阳光，而这阳光就是希望，化解我们人生道路上的一个个绊脚石，让我们充满力量地继续前进。

我们不能驱走天空中的乌云，但我们可以赶走内心的“乌云”；当我们怀疑前方没有路时，转一个弯，就会发现“条条大道通罗马”；当上帝为你关起一扇门的时候，必定会在另一边开一扇窗。所以，永远不要灰心丧气，永远不要因悲伤而绝望。只要不是“世界末日”的到来，太阳在明天照样升起，我们的生活照样会是五彩缤纷的。“天将降大任于斯人也，必将苦其心志，劳其筋骨，饿其体肤，空乏其身”，只要我们还活着，就寻找生命中的那缕阳光，温暖心灵，指引方向，然后充满希望地开拓属于自己的一片天地。

8. 化悲痛为力量

人的一生，会碰到许多悲伤的事，无论是“大伤”还是“小伤”，最重要的是要学会从悲痛中走出来，化悲痛为力量，即把内心的痛苦转化为前进的动力。

悲痛的心理感受可以净化人的心灵，并产生某种心理促进作用。尤其是一些心智不成熟的人，经历过悲痛才会在心理上真正成熟起来，有一首名叫《痛苦颂》的诗，是这样写的。

唯有饱经创伤的心，
了解你意味的深长。
唯有践踏荆棘的脚，
识得你伟力的刚强。
你从不与迷昏同在，
永远引导觉醒的灵光。

可见悲痛也是好的，我们在经受悲痛时，不要害怕，不要回避，而是学会在体会沉重的悲痛后，获得力量和启迪，走出悲痛的境地。

勾践卧薪尝胆的故事大家都听过。

春秋时期，吴越两国交战，吴国大胜越国。越王勾践听从了大夫文种的计策，给吴王夫差送去了金银财宝和美女，才得以保住了性命，但是却失掉了江山和百姓，并成了吴王的“奴仆”。他和妻子住在石墓里，吃的、穿的比一般的仆人还差，每天还要早出晚归地干活。吴王夫差每次出去游玩时，勾践总是拿着马鞭顺从地跟在后面。这样才使夫差放心，把他放回越国。

回到越国后，勾践时刻都不忘记自己所受的屈辱和痛苦，立志报仇雪恨。他把苦胆挂在屋子里，每次吃饭之前，都要先尝一下苦胆，以提示自己在越国所受的苦。睡觉的时候，他在自己的身下铺着木柴，警惕自己不要忘记痛。就这样，经过十年的艰苦奋斗，勾践趁吴王夫差又一次出游的机会，大破吴都，最终击败吴国，称霸于天下，而吴王夫差羞愧自杀。

越王勾践身为一国之君，忍受住了丧国之痛，表面上卑贱地在吴国低头做牛做马。其实他是把自己内心的悲痛化为力量，积聚起来，让自己逐渐强大，最后才反败为胜。

美国心理学家托马斯摩尔说：悲伤把你的注意力从积极的生活中转移开，聚焦于生活中最重要的事情。当你损失惨重或处于极度悲痛的时候，你会想到对你最重要的人，而不是个人的成功，是人生的深层规划，而不是令人精力涣散的小玩意以及娱乐项目。相信有许多人也多多少少体会这种感受。有的人在一场大病或一场灾难之后，不仅没有沉沦，相反会以更加积极向上的心态去面对生活，因为这时候他们明白了自己最重要的东西是什么，怎么做才是正确的。此后，他们再经历一般的痛苦只会很平静地面对和冷静地处理。

小菲在经历了一次失败的婚姻之后，自己一个人来到了广州。她从家里出来时，身上只带了500元钱，她算计着怎样花这一点钱，才不至于让自己饿肚子。但是不幸又降临在她的头上，仅有的500元钱也让一个骑着摩托车的家伙抢去了。这时，小菲没有悲伤，没有害怕，相反却有了一种如释重负的感觉。

她对自己说："看吧，没人可怜你，不管你有多落魄，多悲痛，照样会有人来抢掉你那点可怜的钱。现在钱没了，该是拼命的时候了。"

第二天，小菲在一家酒店找到了一个包吃包住的服务员差事。过了两个月后，她拿着新发的工资自己租了个小房子，然后重新找了一份新工作，在一家广告公司做销售。

一年之后，小菲就挣够了在广州买房首付的钱。两年之后，小菲房子、车子全部都有了。

一天，小菲的前夫来广州出差。在一次会议中，他碰到了光彩照人的小菲，惊得嘴巴张得大大的，说不出话来。

"两年前，你嫌我是一个一无是处，只会花你钱的无能主妇，有了外遇抛弃了我。现在看来，我得感谢你，是你让我重新活了一次。"当小菲微笑着说出这些话时，她的前夫低下头无尽地叹气……

如果说是小菲的前夫给了她重生的机会，还不如说是悲痛让小菲强大起来。被抛弃的悲痛熄灭了她对生活的希望，但同时馈赠给她强大的力量，让小菲从悲痛中走出来，一步步走向成功，走向光明。

如果说悲痛是沙尘暴，会迷失我们的眼睛，但却让我们的心灵更加明亮、更加温暖。真正坚强的人不仅是从悲痛中走出来，更会把悲痛化为一种力量，带着自己迎接一种崭新的生活。

第九章

挑战恐惧

——内心淡定的人才无所畏惧

生活中，也许每一个人都体验过恐惧的感受，曾担惊受怕过，曾忐忑不安过，曾绝望无助过。对于恐惧，我们不想面对却又不得不面对，似乎无法逃离。

事实上，恐惧是人们与生俱来的情绪，是每个人的本能反应。所谓每个人都有自己的弱点，都有害怕的事情和害怕的东西，尤其是面对失败和困难时，我们都会产生恐惧和害怕的心理。恐惧具有强大的力量，会瞬间摧毁我们的精神，让事情变得更糟，严重时会损害我们的身体，甚至致人死地。如果不想让恐惧成为我们的心魔，就必须要鼓起勇气挑战恐惧，战胜恐惧，做个内心真正强悍的人，才能无所畏惧，才能战无不胜、攻无不取。

1. 不做“胆小鬼”

古人言：大胆天下去得，小心寸步难行。人称“霸王”的项羽是中国军事思想“勇战派”代表人物，他的勇武古今无双，古人对其有“羽之神勇，千古无二”的称赞。他的出现，为中国的历史掀起了一场惊天动地的风云，写下了一段永世不朽的神话。当年胆大的项羽杀死了自己的首领宋义，后战秦军于巨鹿，最终名扬天下，而胆小如鼠的宋义只能可怜地成了冢中枯骨。

胡玲从小就是个乖乖女，在亲朋好友眼里是难得的淑女。长到 18 岁，别说大胆的行动，就连出格的想法她都没敢想过，她每天就是循规蹈矩的家里—学校两点式路线。别的青春期女孩子已经谈了几次恋爱，胡玲见了男孩子说话都脸红，也有男孩子给她写情书，胡玲在一遍又一遍地读完之后就偷偷地烧掉，她怕爸妈看见了骂她，至于男孩子那边等不到回音了就转移目标。

一直到胡玲上了大学，她发现宿舍里的姐妹都是“勇士”，好像就她一个是“胆小鬼”。小 A 独自一个人从遥远的北方来到南方读书；小 B 因为爸妈的强迫之下选了自己不喜欢的法学专业，上了大学后她自己开始攻读另外一门专业；小 C 更牛，因为家里的条件不是很好，她就自己打工赚钱交学费。有时候胡玲觉得自己除了学习什么都不会，简直是一无是处。于是她决定改变自己胆小的性格，让自己换一种活法。

四年的耳濡目染之下，将要走向社会的胡玲拒绝了父母给安排的“铁饭碗”，开始了自己的打拼。她和宿舍里的两个好姐妹打算一起创业，在市里的一个时尚路段开起了一个小酒吧。并且酒店里从装潢、设计、布置都是 DIY 搞定。半年下来，胡玲的小酒吧已经经营得像模像样，她也俨然一个时尚女郎，浑身散发着独特的气质。

有一次，高中时的一个同学到酒吧来玩，知道老板是胡玲后，嘴巴张得大大的，一副不敢相信的样子。她不敢相信高中时班里的“三好学生”，同学嘴里的淑女，老师眼里的乖学生竟然现在变成了酒吧老板，她们总是以为胡玲将来肯定会有着一份稳定的工作，嫁一个门当户对的老公，做一个贤妻良母。

而相比之下，这位同学分明就是一个典型的家庭主妇形象，别说气质，女人的光环都暗淡了不少。她是打心眼儿里觉得胡玲这样的女人才活出了自己的精彩。

如果胡玲没有走出从小养成的胆小阴影，恐怕现在也不会拥有让很多女人羡慕的自由生活和成功事业。任何一个人都想过着自己想要的生活，任何人都不想由于自己的胆小让自己后悔莫及。那么如何驱走让我们懊恼的这只“胆小鬼”呢？

1. 要给自己勇气

罗·赫里克所说：要想办成事，就得丢开胆怯，谁畏于启口请教，谁就得不到指教。所谓“胆小鬼”缺少的只是两个字——勇气。做任何事情都缺少不了勇气，勇气是打开“石门”的力量。有了勇气，面对自己喜欢的事和自己的梦想就不会畏畏缩缩，而是大胆地跨出自己的脚步，然后一步一步走向成功之路；有了勇气，就勇于挑战任何事情，其实是勇于挑战自己，敢于尝试没有做过的事情，让自己的人生充满激情。

2. 永远对自己充满信心

信心是成功的垫脚石，一个人失败不可怕，最可怕的是在前进的道路上失去信心。没有了信心，哪怕基础再好，条件再棒，有再大的贵人帮助，也只能是扶不起的“阿斗”。不要因为胆怯让机会白白失掉，我们只能落个“无可奈何花落去”的悲伤心境。要时刻给自己打气，时刻对自己说：我能行，我是最棒的！相信自己的实力，展现自己的优势，挖掘自己的潜力，认准目标，怀着必胜的决心，积极进取。

3. 平时锻炼自己的胆量

每个人都有自己害怕的东西，其实这些都是心理在作祟。不管是天生的害怕还是某次留下的阴影，都可以在后天的逐渐影响下改变。比如平时多多锻炼自己的胆量，害怕做某事就故意去尝试，一次不行，来第二次，慢慢地次数多了，视觉和心理就会出现一种疲乏的状态，就会减少恐惧。

自古以来，很多实例证明：只有不怕失败的人才会获得成功。因此，我们要想成功，就不做胆小鬼，而是当一名勇敢者，敢于挑战自己，敢于克服心理障碍。那么此时，我们已经跨出成功的第一步了。

2. 恐惧，成功的绊脚石

生活中有的人害怕失败，有的人害怕交际，有的人害怕考试，有的人甚至害怕讲话。这些人都有一个共同点，就是具有恐惧症，不同程度的恐惧症和对不同事物的恐惧。

林建的家庭背景很好，父亲是政府的一个高官，母亲是大学教授，可以说他是出生在一个贵族之家。在良好的家庭环境之下林建从小就很优秀，从小学到大学学习成绩都很好，尤其是理科成绩。大学毕业后，他在一家企业担任管理人员，后来，公司决定派他去美国分公司任职。

这让林建有点惶恐，因为虽然他有经济头脑和领导风范，但是却没有语言天赋。一直以来，他的英语成绩不是特别好，笔试还可以，但是口语和听力就说不过去了。林建也不知道自己是不感兴趣还是本来就学不会，总之开口讲英语他总是没有信心。

到了纽约后，林建和夫人在这里买了房子定居下来。平时上班，他就带着翻译；至于家里幸亏他的太太英语很好，所以需要什么东西，都是太太出马解决。虽然林建也觉得自己不能一直这样逃避，但是一想到英语他就很害怕，不敢开口，他觉得自己的蹩脚英语跟他的个人风采极不相配。

可是最近，他太太总是有事没事打发他到超市买东西。林建虽然不情愿，但是不想惹太太生气，来到超市后，超市老板打招呼时，他就温和地笑笑，每次也把东西买回来了。觉得这个对策很实用后，林建也不排斥去超市给太太买东西了。但是，谁知，有一次，他太太来了例假，身体极不舒服，家里没了卫生巾，于是就请丈夫代劳去超市一趟。林建平时都不怎么关注女士用品，来到超市竟然找不到。没办法，他被逼到绝路上了，只好请教超市老板。老板是个非常热情的人，很快替林建解了围。

后来，林建就跟超市老板成了朋友。林建每次去超市都跟老板聊好久，并且说出了自己的“英语恐惧症”，老板就鼓励他多开口，有时还请来其他朋友跟林建交流。渐渐地林建的英语有了很大的进步，他觉得原来开口说英文也没有想象中那么恐怖。林建非常感谢超市老板，把自己的“成功”归结于超市老板，但超市老板说那是林建自己的成功，是他自己克服了恐惧和害怕的心理，所以一切都变得简单了。

半年后，林建的英语说得越来越流畅，在公司里连翻译都不用了，而且工作也越来越出色。一年下来之后，林建不仅晋升为公司经理，还得到了一大笔奖金。

刚开始，英语成了林建成功路上的绊脚石。幸亏在别人的帮助和自己的努力之下，林建才成功地搬走这块绊脚石，让自己的成功之路走得更顺畅。其实，恐惧是每个人天生都拥有的一种情绪，是一种再自然不过的心理现象。恐惧感是我们生存的基本需要，离开了恐惧感，我们就无法有效地远离危险、避免伤害。自从我们呱呱坠地来到这个世界上，面对所有陌生的东西，就会感到好奇又害怕。但随着年龄的增长和经验的丰富，就有了一定的能力来克制和化解自己的恐惧。

著名的画家梵高在成为画家之前，曾经以教师的身份在一个矿区教书。有一次，梵高和矿区的工人们一起坐升降机下井。途中，他陷入了巨大的恐惧之中。升降机上的箱板左右摇晃，铁锁轧轧地作响，梵高害怕这颤巍巍的升降机断了该怎么办。他看看其他人，他们都面无表情，默不作声。梵高壮着胆看了看底下是一个深不见底的黑洞，简直像进了地狱。

终于到了井底，工作完成后。梵高重新出来见了天日，心情才舒缓下来。事后，他问一个坐了几十年升降机的老工人：“你们不害怕，是不是已经习惯了?”老工人眼也不眨地说：“不，我们永远也没习惯，只是我们学会了如何克制恐惧。”

西方有一句名言：恐惧制造恐惧本身。当我们恐惧时，身体内的恐惧就会自动跑出来迎合，这时恐惧就会增加能量，完全控制我们。那么如何克制自己的恐惧心理呢?

一般时候，如果恐惧的心理不是那么强烈，我们可以学会自我克制。

首先扩大自己的视野，认识到世界的某些客观规律。就比如有些人害怕鬼，其实世界上根本没有鬼，有些现象我们不能解释只是还没发现它的原理。其次，平时加强心理训练，做好充分的思想准备，增强自己的心理承受能力和对事物的判断力。最后要培养乐观的态度和坚强的意志，比如通过学习英雄人物的顽强精神来激励自己的勇气，这样如果再遇到事情时，我们也会沉着冷静，机智应付。

如果心理恐惧症已经达到自我不能调节的程度，那就寻找医师为我们进行科学有效的治疗。据医学认证，消除恐惧心理一般采用两种治疗方法——系统脱敏法和认知疗法。

系统脱敏疗法是由美国学者沃尔帕创立和发展的，又称交互抑制法。这种方法就是通过某些情境诱导患者自己找到害怕的根源，比如把患者害怕的某些情境暴露在面前，加以刺激，经过反复的呈现，从而使患者心理逐渐放松下来达到治疗的目的。

认知疗法于20世纪60～70年代在美国产生。其实有时候我们的恐惧只是假想出来或虚幻的，因为我们根本对所恐惧的东西不认识、不了解。这时，就采取认知疗法。就比如害怕蛇，就讲蛇其实跟我们一样，也是有感情的，只要它不受到威胁就不会攻击人的。这种方法就是让患者从理性的角度来正确看待事物，从而改变自己的恐惧情绪。

3. 犯错误不可耻

人非圣贤，孰能无过？人这一生，谁敢保证不会做错事情？不要害怕做错事情，哪怕错了我们可以后悔但不要懊恼，因为懊恼会摧毁我们的自信、自尊、自强以及很有可能去做一件更错的事。有时候，我们离成功只差一小步，因为出现了一点小错误就变得诚惶诚恐，小心翼翼地行事，却招来更大的错误，让一切都毁于一旦。

美国首任总统乔治·华盛顿也犯过错误，在乔治小时候，有一次，他的父亲送给他一把小斧头。乔治心里欢喜得不得了，为了在小朋友面前炫耀和卖弄一下自己的力气，乔治到处乱砍乱削，结果花园里的一棵小樱桃树被他砍断了。小樱桃树是乔治父亲精心栽种的，已经长得很茁壮了，没想到却被冒冒失失的乔治活活砍死了。当看到小樱桃树被砍倒时，乔治不仅没害怕，还得意地对小伙伴们炫耀道："看我的武器多棒！"

后来，当父亲发现小樱桃树枝残叶破地被人砍倒在地上，立即开始追查"凶手"。父亲把家里的孩子全部都叫到客厅里，逐一查问，但是谁都不承认。父亲发火了，要惩罚所有的人，连乔治的母亲都不能阻挡。这时，刚才还在人群里低着头的乔治，双眼含着泪水，战战兢兢地走到父亲的面前，虽然他害怕得声音已经发抖，但还是极其诚恳地向父亲承认是自己把小樱桃树砍倒的。

父亲气愤地说："那你为什么不早点承认或者完全不必承认？"

"爸爸，我必须承认，因为小樱桃树确实是我拿着您送的小斧头砍倒的，我不能再让您伤心了。"乔治小心地说。

这时，众人看见父亲不但不再生气了，脸上还露出一丝笑容，只见父亲温和地对乔治说："乔治，你知道吗？爸爸刚才真的很生气，爸爸知道肯定是你们其中的一个犯了错误，一直在等着有人承认。不过幸亏你没让爸爸失望，相反，爸爸很欣慰，你小小年纪能承认自己的错误，并勇于承担，已经难能可贵，爸爸为你骄傲。"

后来乔治的父亲把他送进了学堂，一心培养儿子，才造就出了世界上一大伟人，他不仅改变了美国的历史，也对全世界产生了极大的影响。

可见，凡是知错能改的人必定会有与众不同的一点，让人敬佩。当我们做错事情时，首先不要惊慌担心，也不要掩饰自己的错误。而是静下心来认真分析自己的错误，错在哪里？寻找到根源再积极地承认和改正，这样下一次就会知道怎么做才不会是错的。当我们做的错事关系到别人，那就诚恳地请求别人的原谅和宽恕，这样不仅让自己心里坦荡荡，更会博得别人的好感，增加我们成功的机会。当然最重要的是我们自己从中汲取到教训和经验，让其成为成功道路上的铺垫石。

当代世界级流行天后麦当娜被问到其成功的秘诀时，她给出了一个惊人的回答："我犯了很多错误，但也从中学会了很多。"多么简洁又精辟的回答啊，又是多么合情合理，让人称赞的回答。麦当娜的事迹全球人众所周知，她是全美国一半人恨又一半人爱的女星，但是最终她还是得到人们的敬重和爱戴，如今麦当娜又进军演艺圈，得到了人们的肯定和好评。

无论何时，做错事情了不要自己先否定自己。不要自怨自艾，而是要知错能改；不要害怕退缩，而是不断进步。只有做错事，才会让我们发现自身的缺点和劣势，从而成长得更快，才会更成熟，才会减少成功路上的绊脚石。

曾经看过一篇名为《恐惧角》的文章，内容是写了一个37岁的新闻记者迈克·英泰尔只带着一些基本的生活用品独自一人横穿美国，到达一个名叫恐惧角的地方的故事。据说这个恐惧角让很多人听而生畏，这也是很多人不敢前往的理由。说实话，迈克心里也有点恐惧，但是他更有大无畏的精神，他觉得这是一种刺激和挑战。

一路上迈克拒绝任何金钱的馈赠，只是接受一点食物的救济。他饱经风霜、屡遭磨难，终于来到了目的地。但是事实上眼前的景象让他有点沮丧，一点也不恐怖。原来，早在16世纪时，一名探险家来到此地，遂起了“Cape Faire”这个名称，但是经过人们的流传被讹写为“Cape Fear”译为“恐惧角”。只是一个单词的小小错误却吓唬住了那么多人。此时，迈克才明白，很多人的恐惧就像这名字的错误一样，只是一个错误。

其实，人原本就是在无知中一直在探索，在摸索的过程中，犯错误是必然的。犯错误不可耻，可耻的是犯了错误不敢承认，不敢承担责任。犯错误也未必不是好事，倘若犯了错误，懂得及时发现、及时承认，并且勇于改过，那么，我们的人生就已经成功了一半；另一半的成功，那就要看你能否把错事变成好事，也就是在失败和挫折中自己能否总结出经验和教训，完善自己，从而获得一个又一个的成功。

4. 无畏——战无不胜的法宝

公元前223年冬天，亚历山大攻打到亚细亚的一个叫弗尼吉亚的城市。当他来到城里时，听说了这样一个传说：谁能解开一辆牛车上的一个复杂绳结，就会被宣告成为亚细亚王。原来这是几百年前弗尼吉亚的戈迪亚斯王下的一个预言。预言传开后，很多武士和王子都前来一试，但是他们觉得太复杂了，连绳头都找不到无从下手。于是他们一个个就围着牛车转转看看，谁都没有胆量蹲下来用心地解开这个复杂的结。

亚历山大听说这个预言后觉得很有趣，就准备去看看这个“神秘之结”。经过了几百年后，这个结还完好无损地被保存在宙斯神庙里。亚历山大在仔细观察了一会儿这个结后，也是同样找不到绳头，他不得不佩服戈迪亚斯王。可是同时一个主意在他的脑海中升起：“我偏要打破这个预言。”于是，亚历山大拔出长剑对准绳结狠狠劈去，绳子就这样轻易地被砍成了两段。数百年的难解之结，就这样被解开了。很多人在不可置信的同时又纷纷称赞亚历山大的勇敢。

其实生活中，很多事情都是我们赋予了它传奇色彩。就比如困难和挫折，也许根本就没有我们想象得那么可怕，只是我们自己首先就否定了自己，被自己的恐惧心理吓到了，不是因为我们没有办法解决问题，没有能力避免事情的发生，而是我们经常没有胆量，没有足够的勇气和信心，没有大无畏的精神。

自古以来，中外历史上出现了多少个具有大无畏精神的英雄豪杰。如果那些探索者没有无畏精神，怎么会发现一个又一个的新大陆？如果那些科学家没有无畏的心理，怎么会在一次又一次危险的实验失败中，站起来重新开始？如果没有那些敢于打破常规，敢于创新的人士一个又一个的发明，现代社会的科技会如此的神奇吗？

一百多年前，有一位穷苦的牧羊人，他每天带着两个幼小的儿子替别人放羊为生。

有一天，牧羊人又带着两个儿子，赶着羊来到山坡上。这时，一群排成人字形的大雁鸣叫着从他们头顶飞过。一家人看着大雁很快消失在远方，还在伸长脖子张望。“爸爸，大雁要往哪里飞？”牧羊人的小儿子问父亲。牧羊人答：“大雁要飞到很远很远的地方，那里很温暖，没有寒冷的冬天，不会把大雁及它们的儿女们冻死。来年，天气暖和了，它们就会飞回来。”

“要是我也能像大雁那样飞起来就好了。”听父亲说完，大儿子突然说。“是呀，要是能做一只会飞的大雁该多好啊！”小儿子也羡慕地说。父亲沉默了一会儿，然后对两个儿子说道：“如果你们想，就可以飞起来的。”“真的？”两个儿子异口同声地兴奋问道。不过一秒后，他们的眼里露出怀疑的目光。“真的，不信我飞给你们看。”牧羊人说着张开双臂，做出飞翔的样子，但是他没有飞起来。“啊……”两个儿子失望地喊道。“父亲现在是老了，所以才飞不起来，你们现在还小，以后长大了肯定能飞起来。”

父亲的话很大地鼓舞了两个儿子，他们明白：只要敢想，敢做，就一定会有希望的。果然他们做到了，他们飞起来了，因为他们发明了飞机。这时，哥哥 36 岁，弟弟 32 岁，他们就是美国的莱特兄弟。

现实中我们都会像莱特兄弟一样有着自己的理想，但是未必会像他们一样勇敢地行动。只想不做是永远不会成功的，必须要敢想敢做同时进行，必须让自己无所畏惧，才会鼓起勇气，抱着信心去做“不可发生的事”。

同样中国历史上明代伟大的航海家郑和在经历了无数的风险和困难后，完成了人类历史上最伟大的远航。郑和七下西洋，途经了亚非三十多个国家和地区，成为世界航海史上的壮举。他不仅震惊了西洋的航海冒险家，让外国见识到咱们中国的强大，还让大批中国人走出国门，走向海洋，在人类文明交汇的大舞台上，增进了世界经济繁荣及文化交流，以伟大的和平实践，谱写了 15 世纪初人类文明史上的壮丽篇章。

无畏是我们战无不胜的法宝，无畏是打败一切困难和挫折的最好武器，无畏是我们每一个人都应该学习的可贵精神。它会带给我们无数的惊喜，无数的财富，还有一次又一次的成功。

5. 勇于挑战自己

吕凯特曾说过：生命不可能有两次，但是许多人连一次也不善于度过。人人都明白我们的生命只有一次，可是人人都不想让自己的这一次生命过得糟糕或沉闷。生命是珍贵的，人生又是短暂的。一个人的人生旅途看似漫长却是稍纵即逝而且布满了荆棘，在自己的人生阶段里我们若想实现自我的价值，让自己活得有意义，那么一定不要忘了勇于挑战自己。因为，只有不断地挑战自己，才会不断地成长进步，才会完善自我，才会超越自我，才会活出最精彩的人生。

NBA 夏洛特黄蜂队的一号球员名叫博格斯，在博格斯很小的时候就酷爱篮球，几乎天天放学后和小伙伴们一起到操场上打篮球。博格斯的梦想是长大后可以打 NBA。然而等他真正长大后，他的梦想似乎更遥远了，因为博格斯的身高只有 1.6 米，跟普通的男人相比，他的身高都是让人耻笑的，更别说 NBA 中身材高大的球员们了。然而，博格斯一点也没有却步，他还是勇敢地去追求自己的梦想，勇敢地挑战自己，最终成功了。如今的博格斯是 NBA 表现最杰出，失误最少的后卫之一，他不仅控球一流，远投神准，甚至在高个队员面前带球上篮也毫无畏惧，虽然他足足比人家矮好几十厘米。每次观众看到博格斯像一只小黄蜂一样满场飞奔的身影，心里都为之一动。这个球员，身材虽然矮小，但他酷爱篮球的心灵是如此的巨大。博格斯的故事也鼓舞了好多平凡人的意志。

很多人面对困难时不敢挑战或者害怕失败，害怕风险，这样的人永远走不出自己内心恐惧的怪圈，那就永远别想解决问题或实现自己的目标。

成功不是那么容易的，成功的人也肯定有过人之处，正如美国教育家卡耐基先生所言："成功的人，都有勇往直前，藐视困难的气慨，他们都是大胆的、果断的，他们的字典上，是没有'惧怕'两个字的。"因此，要想做个成功的人，首先要丢弃恐惧的心理，敢于挑战自己。在遭受挫折、遇到失败时，不要怯懦，更不要畏畏缩缩，克服自卑和恐惧的心理，不断地给自己打气，只要迈出新的步伐，你会发现那些困难和挫折只不过是纸老虎。当我们在迎接一件具有挑战的新事情时，不要害怕失败，不要害怕跌倒，不要怕遇到坎坷。躲藏在温室里的花朵永远经不起风吹雨打，安睡在窝里的雏鹰永远不会展翅在蓝天下翱翔。通往胜利的道路虽然崎岖不堪，但胜利的终点会铺满鲜花。

生存在当下的我们，更会发现现代社会的变幻无穷。社会一直在不断进步，我们也必须要进步，才不至于被无情的“社会大浪”所淘汰。只有不断地挑战自我，不断地完善自我，才能在竞争激烈的社会中立足。

刘洋在大学毕业后去应聘工作。在一个 IT 公司面试时，刘洋先过了人事这一关，然后来到了公司经理的面前。经理看了他的简历后，问他会不会用 java 语言进行笔试？如果会的话就在一个礼拜之后来进行笔试。刘洋明知道自己一窍不通，但是他还是满口答应了，因为他不想错过这次好机会。

在这一个礼拜里，刘洋拼命地学习 java 语言，不分昼夜地学习，最后考出来的成绩还是不太理想。当刘洋想着没戏的时候，经理找他谈话，说破格录取他。刘洋除了惊喜之外不由地问：为什么？经理说，他看了刘洋的简历，上面并没有写会用 java 语言这项技能，估计是在一个礼拜之内练出来的。这样敢于挑战自己的人才公司当然不会放过。

《菜根谭》中有这样一句话“胜人者有力，自胜者强”。意思就是胜过别人不能说强，只有战胜自己的人才是真正的强者。要想战胜自我，首先就要敢于挑战自己，勇敢地面对自己的缺点和不足，勇敢地摈弃一些不好的习惯，勇敢地跨出自己的第一步。只有勇于超越自我的人才能超越别人，才能拥有令人羡慕的成功。

然而，有的人并不是因为害怕才不敢挑战自己，而是因为被胜利冲昏了头脑，蒙蔽了心智。我们经常看到这样的现象：有的人考试得了第一名就沾沾自喜，放松了学习状态；有的人有了一点小成就就兴高采烈，目中无人。当付出之后，有所回报时，我们每个人都会高兴和自豪，这是再正常不过的，但是千万不要骄傲自满、自负自大。俗话说“山外有山，人外有人”。一不小心，我们还是会被别人超越的。百尺竿头，要更进一步，继续努力，不断地挑战自己，才会取得一个又一个的成功。

人生，犹如一座山峰，等待着我们去攀越，只有敢于挑战自己的人才会到达顶峰，看到天下最美丽的风景。一个勇于挑战自我，勇于开拓进取的人，人生道路上总是充满阳光，充满惊喜。

6. 正视无法避免的事实

《西游记》里面猪八戒拾到一面镜子，却不想镜子里面呈现的自己是一只肥头大耳、长着长长猪鼻的丑八怪。于是猪八戒举起镜子摔了个粉碎，嘴里还骂道：“你这妖镜把俺老猪照成这幅丑模样，简直胆大包天!”生活中我们有多少人会像猪八戒一样如此不敢正视自己的缺点，不敢正视无法避免的事实?

第一，正视自己的缺点和劣势

“金无赤金，人无完人”。每个人身上都会有缺点和劣势。如果一直盯着自己的丑陋之处，或者把自己的丑陋像猪八戒一样归咎于“镜子”；如果一直在意，害怕别人指出自己的缺陷，那么这个人是无论如何也不会让自己快乐开心的。有了缺点就要正视，哪怕是丑陋的缺陷也不要难过，除了学会正视还要扬长避短，让自己成为骄傲的自己。

小虎小时候本来是个漂亮的小男孩，可是在他八岁那年，被高电压截断了两只胳膊，成了一个残疾儿童。正是上学的年龄，每当小虎走到校园里，同学都用异样的眼光看着他，不愿跟他交朋友，有的甚至讥笑他。小虎知道自己是个有缺陷的“非正常人”，但是他牢牢记住父亲教给他的一句话：你是个男子汉。倔犟的小虎凭借自己的毅力，学会了自己系鞋带，用牙齿写字，用脚穿衣服，生活中的一切，小虎都学会了自理。

直到十岁那年，小虎被一个国家教练看中选取，做了一名国家残疾人长跑运动员。如今的小虎已经长成20岁的大小伙，十年之间，他获得过大大小小无数的奖，上过电视登过报，他的坚强事迹感动着每一个人，情实初开的小虎还谈了一个非常甜美的女朋友。

第二，正视已经发生了的事

话剧演员尔兰是一名优秀的演员，她在舞台上表演了五十多年，具有精湛的表演技术，她的演出也风靡全球。然而，当她71岁的时候，突遭变故，她破产了。祸不单行的是在她横渡太平洋时，一不小心摔了个跟头，造成腿部严重伤势，并引起了静脉炎。

医生觉得尔兰必须要把腿部切掉才不会有生命危险，但怕她受不了这个打击不敢告诉她。然而，当尔兰知道后平静地说："就这么办吧，事情已经成这样了。"

做手术的那天，尔兰坐在轮椅上高声朗读以前演过的话剧里面的台词，旁边的人见了问她是在放松自己吗？尔兰答："不，我是在读给医生和护士听，他们太辛苦了。"走进手术门的时候，尔兰安慰等候在门口的儿子："没事，妈妈很快会出来。"

令人不可思议的是尔兰在手术后，又重新回到了舞台，并且又在舞台上表演了长达七年的时间，继续在世界各地演出。每当人们露出既惊讶又敬佩的目光并问是什么秘诀让她有勇气重返舞台时，尔兰笑着说："没什么秘诀，我只是习惯了，既然事情发生了，那我只能看开点。"

"月有阴晴圆缺，人有旦夕祸福"，有些事情的发生好像是天注定的，有规律的，况且人生之路还充满了许多未知未卜的事情。有些事情发生是我们无法逆转和改变的，不以我们的意志所转移的，最好的办法就是我们坦然地面对和勇敢地正视事情所带来的任何结果。积极乐观地认定事实，接受事实，战胜困难，战胜悲剧。

第三，正视无法避免的事实

以勇敢而著称的凯撒大帝曾经说过："懦夫在死之前已经死过很多次，勇士却只死一次。"首先我们自己不要被自己所吓倒，在面对不可避免的现实时，越是逃避越会糟糕，当我们勇敢地迎接它们时，也许它们会被我们无畏的气慨所吓倒。

那些珍贵的珍珠我们都知道是怎么产出来的。把沙子放入蚌的壳内，一粒小小的沙子，却让蚌疼痛难忍。但是它却无力把沙子吐出，慢慢地蚌就正视了这无法避免的事实，开始跟沙子和平共处，努力地拿自己的精力营养把沙子包裹起来，让沙子成为自己的一部分。然后逐渐地沙子就变成一颗美丽的珍珠，恐怕这时是蚌最骄傲的时刻。

蚌是一种很低等的动物，据说连脑子都没有。这样一个没有脑子的动物都懂得去适应一个自己无法改变的环境和事实，何况是我们高智商的人类呢？

《傅雷家书》中父亲告诫儿子这样一句话：一个人唯有敢于正视现实，正视错误，彻底感悟，才不至于被回忆侵蚀。人生路上，我们迟早要学会，也必须要学会的一个事实就是：敢于正视和接受那些已经发生、不可避免的事实。正如风雨中的杨柳随风摆动，柔软的水适于任何容器一样，承受我们不可逆转的事情，并且主动地努力适应，努力改变，只要是我们力所能及的事情就一定要做好。

7. 万事开头难——跨出第一步

俗话说：万事开头难。然而只要我们肯攀登，只要我们不畏惧，跨出第一步，紧接着就会迈出第二步、第三步……直至成功。

我们每一个人都是从婴儿成长起来的，都明白婴儿蹒跚学步的样子。第一次迈出一只小脚，让我们记住了惊喜；第一次跌倒、摔跤，让我们记住了疼痛；第一次开始奔跑，让我们记住了畅快。以后的人生有多少的第一次呀。第一次写字，第一次失败，第一次谈恋爱，第一次成功，无数的第一次让我们逐渐地成长起来，让我们成熟，明白了许多人生的真谛。

曾经看过这样一个故事名叫最好的搀扶叫不扶，故事的主角是一只刚生下来的小马驹。小马驹刚生下来的时候浑身湿漉漉的，像刚从水坑里捞出来的一个小木架，使劲地支撑起自己的小身体，试图站起来，但是很快就软软地倒下了。就这样站起来了，倒下了，站起来了，又倒下了。最后小马驹似乎累了，跪在地上喘着粗气不肯起来。这时，已经休息好的母马走过来，用鼻子轻轻地碰触着自己的孩子，鼻孔里喷出温暖的气息像是在鼓励小马驹：站起来，孩子，这全靠你自己。小马驹俨然听懂了妈妈的教诲，开始又尝试站起来，它越用力，摔得越重，一次又一次。后来小马驹学会先用两条后腿支起来，然后前腿慢慢地站起来，四条小腿颤巍巍地又开着站着，三秒钟后又倒下了，但是它终于站起来了。

学会了站起来，妈妈又在远处呼唤它走过来。小马驹尝试着伸出马蹄，又胆怯地缩回去，伸出去，缩回去。又过了好久，小马驹终于迈出了自己来到这个世界上的第一步，紧接着第二步、第三步……它离妈妈越来越近，但是又摔倒了。这时，母马不仅不帮助，看见小马驹靠近了自己不是走上前迎接，而是又往后退了几步，小马驹每靠近一步，母马就退后一步。

旁边站着观看的人看见母马这样折腾自己的孩子，想过去帮一把，却被养马人拦住了。只有他能懂得母马作为一个妈妈的这种行为并说："这一扶母马可就要生气了，因为它知道扶了小马驹的后果就是让自己的孩子一辈子也成不了一匹好马，顶多只是一匹四肢健全的'残疾'马。"

母马也同人类一样，懂得一个做母亲的心。但它似乎比人类更聪明，懂得让自己的孩子经受磨难，学会自己站起来，自己迈出第一步，自己开始奔跑。而它的小马驹也很争气，战胜了软弱的自己，让自己变得强大起来。想必，每次它开始飞快自由地奔跑时，要感谢妈妈给予它的生命，更感谢妈妈对它的"绝情"。

万丈高楼平地起，凡事都要有第一次，然而，很多人惧怕第一次，害怕开始。殊不知只有开始才会有结果，而且良好的开始就是成功的一半。哪怕跌倒了，也不要畏缩，不要退步，勇敢地继续跨出第一步，一次次的尝试就是一个个丰富的经验和一次次的小成就。只有勇敢迈出第一步的人，才会走出自己的辉煌历程。

1969 年 7 月 20 日，美国宇航员尼尔·阿姆斯特朗从"阿波罗 11 号"飞船登月舱走出，在月球表面留下人类登月的第一个脚印，实现了人类登月的梦想。试想这名宇航员如果没有这么勇敢，人类的科技怎么会跨出如此巨大的一步？"他的一小步，人类的一大步"，这不仅是他一个人的成功，更是全世界人类的骄傲和自豪。

“路漫漫其修远兮，吾将上下而求索”，可以说我们生下来是最无知的，只有经过无数次的探索和努力才能明白一个又一个的事实，才会取得一次又一次的进步。人生的每个阶段都需要勇敢地迈出第一步，就像小马驹一样可以成为一匹速度飞快的千里马，除了日后的训练，刚出生时迈出的第一步具有决定性的因素。

有一位小伙子出生在中医世家，他家最得意的医术就是针灸术。可是这位小伙子一直不敢拿起那根长长的针头。父母亲暗地里叹气：难道我们中医世家到他这一代就要断了吗？

于是逼着小伙子学习针灸术，但是越逼小伙子越不敢，父亲在又气又急之下病倒了。这时，一位好友来探望，父亲向好友诉苦，好友却笑着说：“你病倒了，正是让他迈出第一步的好机会。”于是在父亲的耳边耳语了一番。

好友走后，父亲的病情突然加重，并且昏迷不醒。这时全家人急得团团转，母亲伤心地说道：“你的父亲如果不幸去世，到了阴曹底下也没脸见列宗列祖。”小伙子听后，满脸通红，他明白母亲说的是自己。其实他平日里已经记熟了针灸术的方法，但就是不敢“下手”。被逼到绝路了，小伙子只好硬着皮头，给父亲把了脉之后，找准穴位，闭起眼睛扎了下去。

没想到这一针下去父亲的眼睛竟然慢慢地睁开了，缓缓地说：“这一针扎得对极了，好样的。”小伙子的这一针扎下去后，终于克服了自己的恐惧心理，慢慢地开始跟着父亲学习。一个月之后，就精通了针灸术。

也许很多时候我们像这位小伙子一样害怕自己没有做过的事情，害怕做不好。但其实事情往往没有我们想象得那么可怕，没做过并不代表我们做不好，而假如连第一步都不敢迈出去的话，就肯定不会做好的。生活中有许多这样的例子，在同一起跑线上的两个人，谁先迈出第一步，谁就会掌握主动权；谁敢于迈出第一步，谁就会离成功更近。因此，迈出勇敢的第一步，大胆地往前走，哪怕前方布满荆棘，最终我们会到达一片崭新的天地。

8. 不要害怕失败

一位哲人曾经说过："生活总是无法避免失败，失败无所不在。任何时间、任何地点，生活的各个方面都会有失败的可能。"的确，生活中我们需要尝试很多很多新的事情，也会随时面临失败的情况。失败两个字好像魔鬼一样时常讥笑着我们，让我们痛苦、羞愧、悲哀。这时，我们只有两条路，要不就是向"魔鬼"投降，任它折磨；要不就是战胜它，把它踩在脚下。恐怕谁都想选第二条路，那么首先就学会让自己不要害怕失败。

不要害怕失败的第一个理由是：失败乃成功之母。

被称为现代工业之父的亨利·福特，在年轻的时候竟然是一家电灯公司的普通工人。那么，他怎样变成一个如此成功的人呢？这都源于他那无畏的精神：不害怕失败和勇于挑战自己。

有一天，亨利在车间干活，他突发奇想，产生了要设计一款新型引擎电器的想法。他欢喜地把自己的想法告诉了他熟悉的一位朋友，但是这位朋友用惊讶的眼神望着他，一副不可思议的样子，撇撇嘴对此不相信，还说道："天哪，那你要经历多少次失败呀。"

但是，亨利无所动容，他充满自信。回到家里，他把家里所有的旧电器都翻腾出来，就钻在自家的棚子之中，开始研究他的想法，这是一次伟大的自我挑战。

冬天，天气极为寒冷，他的手都冻得发紫了，牙齿也冻得打颤，但是，他觉得一定要将自己的想法变成现实，并不断地告诉自己：引擎的研究已经有了头绪，再坚持一下，就能成就全新的自我。就这样，他用极大的勇气，克服了重重困难和一次又一次的失败，在旧棚子中苦战了三年，终于将自己"异想天开"的想法变成了现实。

这一天，福特和他的朋友乘坐着一辆没有马的马车，满大街地晃悠，街上的人都被这一景象吓破了胆，有的还躲在远处偷偷地观望。

后来，亨利·福特决定制造 V8 型汽车时，他要求工程师们在一个引擎上面安装上一个完整的气缸。工程师们就摇了摇头，说道："这是绝对不可能的！"听了这话，福特自己立马怒气十足，命令道："谁认为不可能，就走人！"工程师们都不愿意自己失业，只好按照福特的想法去做。但是他们嘴里却嘟囔着："做一件破天荒的事情，能不失败吗？"于是，他们只是敷衍着干活。

亨利·福特听说了后亲自出马。尽管他一次又一次地失败，甚至受到了手下工作人员的嘲笑，但是他从来不害怕失败和勇于挑战自己的性格促使他继续前进着。亨利经过反复研究，在几个月后，终于获得了成功，成功地制造出了 V8 型汽车。

自古以来，中外史上有无数不怕失败，在一次又一次的失败后没有放弃最终成功的事例。如我们小学时就熟知的发明大王爱迪生。他在发明灯泡之前，经历了上万次的失败，许多人劝说他放弃。有一次实验时爱迪生差点因爆炸受伤，但他毫不退却，继续实验，最终成功了。爱迪生说：前面的一万次并不是失败，而是成功地证明了那些材料不行。他的这句话毫无疑问地证明了失败乃成功之母的道理。

不要害怕失败的第二个理由是：越是害怕就越会失败。

有一个走钢丝的大师，在他的一生中走钢丝无数次，从没失手过，对他来说，走钢丝犹如走平地。大师靠着表演走钢丝挣下了丰富的家业，如今他已上了年岁，于是大师就准备来一场告别演出。

这次演出的钢丝并不高，只有十米，这对于身经百战的他来说简直是小菜一碟。然而，不知是否太重视自己的这场告别演出了，大师突然感到了害怕，他对妻子说："怎么办？我这一生都没失败过，这一次要是失败了，我的一世英名就要毁了。"

故事的结果是，走了一辈子钢丝的大师在这次演出中竟然意外地从钢丝上掉下来，摔死了。

也许平时的大师从没想过成功或失败，他只是在进行自己的表演给观众看。但是在最关键的告别表演中，他赋予它太大的意义，有了心理压力，开始害怕失败，然而越是害怕失败反而越失败了，还失掉了自己的生命。当然，也不是说不害怕失败就会成功，但最起码不害怕不会增加自己的心理压力，不会遮盖了前进的勇气。

人人都害怕失败，厌恶失败。其实失败并不可怕，可怕的是我们“为仅有一次打翻的牛奶哭泣”；有时候失败也是一件好事，就要看我们是以怎样的心态去看待失败。悲观软弱的人会丧失信心，会一蹶不振；而乐观坚强的人只会把失败当成一次教训，并在教训中总结经验，不断改正、锐意进取，从而真正踏上成功之路。请记住：把每一次失败都看成是成功的开始，每一次的失败都孕育着成功的种子。时刻对自己说：不要害怕失败。

第十章

切勿焦虑

——自我减压，生活才可以更轻松

现代社会，压力重重，焦虑成为我们的“通病”。有的人是生来焦虑，喜欢杞人忧天；有的人是面对现实的残酷、生活的压力，心智逐渐被侵蚀，从而滋生一系列的“心病”。

人生在世，不如意事常八九。对于生活中遭遇的困苦，我们有时会觉得这是自己的宿命；对于别人的生活无忧，悠然自得，我们喜欢归结于人家命好。其实，每一个人都是有烦恼的，每一个人的人生都不会一帆风顺的。俗话说：家家都有本难念的经，别人的痛苦只是我们体会不到。与其羡慕，还不如调整好自己的心态，坦然接受现实，过去的不忧伤，未来的不幻想，活在当下，把握好生命中的每分每秒，活出精彩的自我。

1. 不要杞人忧天

传说杞国有一个人，整天愁云满面，一副忧心忡忡的样子，而且还有点神经质，经常脑子里会想一些稀奇古怪的事情。夏季的一天，他和家人吃完晚饭后，就坐在院子里乘凉。这时，他望着天上密密麻麻的星星，突然说道："假如有一天，天塌下来怎么办？不仅星星摔个粉碎，我们也会被活活压死的。"从此以后，他真的几乎每天都在为这个问题而担心。

一位朋友到他家串门，看到他脸色苍白，神情恍惚，就问："老兄呀，你这是又在为何事而烦恼呢？"他就把心中的担心告诉了朋友。朋友听罢哈哈大笑说："你这不是自寻烦恼吗？天怎么可能塌下来，果真塌下来也不是由你一个人顶着，还有大家呢。"

可是，无论谁劝说，这个人总是不相信，还是在担心天塌下来怎么办？为此，愁得食不知味，夜不能寐。后来，人们就把这个故事叫做"杞人忧天"。

故事的真假我们不得而知，但这个成语一直被流传下来，形容那些整天为一些没有必要的事情而担心忧愁的人，其实是告诫人们不要自寻烦恼，自我折磨。

但是现实生活中仍然有很多"杞人"，他们不是设想一些子虚乌有的事情而犯愁，就是为有可能要发生的事闷闷不乐，郁郁寡欢。其实这些人，很多时候都是自己跟自己过不去，不仅对自己的身心造成伤害，还影响到生活、工作、人际关系等。

罗斯就是一位喜欢杞人忧天的女人，两天前她刚刚住进医院，医生说她得了胃癌，不过幸亏发现得早，动完手术后有可能会恢复健康。

然而在两个月前，罗斯还是一名在外企工作的高级白领，穿着光鲜亮丽的衣服，坐在宽敞明亮的办公室里，领着丰厚的工资。而且在这个大城市，罗斯和丈夫已经买了属于自己的一套房子，虽然只是首付，还有十来年的贷款要还。罗斯已经很高兴了，在她看来，有了房子就有了家。然而她刚买完房子，一件意料不到的事发生了。

由于公司经济状况日益下降，甚至出现了资金短缺，公司老板考虑需要大幅度裁员。当从同事口中听到这个消息，罗斯就开始寝食难安，坐立不安。罗斯把公司上上下下的职员考察了一番，觉得除了那几个有能耐的人和几个老职员外，其他所有的人都有可能成为被裁的对象。而她需要这份工作来还贷款。

因为罗斯的整天忧心忡忡和茶饭不思，她的睡眠以及身体状况每况愈下，上班时间，她老是难以进入工作状态，很难静下心来把一件事做好，被上司批评是难免的。

回到家，罗斯又觉得在公司丢了人，对丈夫大发脾气。丈夫觉得她不可理喻，就不去理她。最要命的是罗斯得了失眠症，睡不着的滋味真比死了还难受。

就这样过去了半个月，裁员名单终于下来了，单子上果然有罗斯的名字。当罗斯要走的那一刻，她的上司找她谈话："其实我刚开始根本没考虑到让你走的，但是现在很抱歉，我也不能使你留下来了。你知道的，在这段关键时间，你的工作做得实在差强人意。其他董事长那里没有通过……"

罗斯听了上司的话，更加悲痛越绝。在失去工作的日子里，罗斯又开始担心自己的房贷和未来，于是每天不是暴饮暴食，就是滴水不沾，生活变得一点都不规律了。更让丈夫痛心的是，罗斯每天都喝大量的酒，吸大量的烟，她对自己的身体一点也不负责任了。

就这样过了两个月，罗斯感觉自己的胃老是痛，到医院去检查，才得知得了胃癌。这时候罗斯才开始反省自己，由于自己的多虑丢失了工作；由于自己的一蹶不振，差点连健康都失去了。

俗话说"世上本无事，庸人自扰之"。据心理学家研究：在人们的忧虑中，有40%的人纯属杞人忧天，他们担心的事根本不会发生；有30%的人是在忧虑担心改变不了的事实；12%是事实上并不存在的幻想；有10%是日常生活中的微不足道的小事；剩下8%的忧虑才算真正意义上的"居安思危"。这也等于说，人们有92%的忧虑是在自寻烦恼。

然而有的人却因为杞人忧天，最后使自己疾病缠身，甚至郁郁而终。

一天早晨，有一位神仙看见死神向一个村庄走去，就赶忙跑上去问："你要去做什么?"死神答："我要去前面的那个村庄带走100个人。""天哪，那太可怕了。"神仙叫道。死神答："那没办法，这是我的工作，我必须这样做。"

神仙告别了死神后，抢先一步到达了村庄，把这个消息告诉了村子里的人们并提醒人们小心别让死神抓走。

但是，第二天早上神仙发现村庄里死了1000个人。神仙生气地想死神说话不算话，就开始追赶死神。在死神快要到达地府的时候，神仙追上了死神，不满地责问："你不是说在村庄里带走100个人吗?现在怎么死了1000个呀?"死神看了看神仙平静地答道："我本来是要带走100个，可是剩下的那900个是因为恐惧和焦虑而死。"

可见忧虑的力量是多么可怕，甚至比死神都可怕。人常说"居安思危"虽然有一定的理由，但是如果纯粹是无中生有或超额过度了，那就会适得其反，得不偿失。由于自己的胡思乱想而损害到自己的身心，甚至失去生命，岂不是太可悲！因此，我们要时刻注意提醒自己不去杞人忧天，该吃时吃，该玩时玩，该享受时享乐，该履行责任时履行，不要让自己活在一个假想的世界里，而是正常自然、美好快乐的正常世界中。

2. 活在当下

活在当下是告诫人们放下过去的烦恼，舍弃未来的忧思，快快乐乐、真真切切地活在今天。活在当下，在心理学上叫"此时此地"。指脚踏实地，好好把握现在、珍惜今天，抓住当下每一个进步的机会，从而让自己心理满足，感到幸福。活在当下不仅是一种人生哲学，更是一种良好心态。

库里希坡斯曾说过："过去与未来并不是'存在'的东西，而是'存在过'和'可能存在'的东西，唯一'存在'的是现在。"时间是世界上最无情的东西，它不会因你后退，更不会为你前进。我们，别无选择只能活在当下。

不要沉湎于对过去的回忆，不要悔恨过去的过错，不要抱怨过去的一切。

一天早餐后，有人到禅院请教禅师，禅师把他邀请进禅房。此人进了禅房之后就开始滔滔不绝地讲出自己心中的许多焦虑和忧愁的事情，都是一些已经发生甚至无可避免的事情。禅师一直耐心地听他讲完，问道："你吃早餐了吗?"

他点点头。

"你洗碗了吗?"禅师又问道。

此人又点点头，打算张口说什么却被禅师打断："你洗完了碗把它晾干了吗?"

"晾干了，可是这些有什么重要的?"这人不耐烦地说道，"大师您现在应该为我解惑。"

"你的疑问我已经解答了。"禅师说道。

几天后，此人才明白大师给他的指点，心中豁然开朗。

大师给此人的指点正是要告诉我们——过去的已经过去了，我们只能活在当下，全神贯注地把重点放在眼前，这才是人生最重要的。

我们既不能奈何过去，也不能控制未来。未来是最变化莫测的，明天和未来存在无限可能，我们可以憧憬未来但是不要妄图预支未来。

寺庙里新来了个小和尚，每天早上负责清扫寺院里的落叶。对于一大清早要从暖暖的被窝里爬起来还要用力地扫落叶，小和尚觉得这真是一件苦差事。尤其是天气越来越冷，树上的落叶落得越来越多，每次扫完，小和尚都觉得好累，但是不扫又不行，这让小和尚头痛不已。一天，小和尚望着树上的黄叶，思索着，怎样才能让自己可以轻松一点呢？这时，背后传来一个声音："你可以每次清扫之前，抱着树用力摇一摇，树上的叶子就会落下来，这样下一次就少扫点。"小和尚回头一看是一个大师兄，他惊喜地想：这倒是个好办法。

于是，第二天扫落叶之前，小和尚就抱着大树用力地摇啊摇，当他把摇下来的落叶全部扫完时，高兴地想：明天就可以少扫点了。但是，第二天清晨，小和尚不禁傻眼了，地上还是铺了厚厚的一层落叶。小和尚苦着脸又开始卖力地扫，嘴里还嘀咕道："不是说明天就可以少扫点吗？怎么回事?”此时，师傅正好路过，听到小和尚的话就对他说：“傻孩子，无论你今天怎么用力，明天的落叶还是会铺满地的。”

小和尚终于明白了，世上的任何事情都不可能提前的，未来是无法在今天预知的。唯有认真地活在当下，才是最明智的，才是最真实的人生态度。

“明日复明日，明日何其多。我生待明日，万事成蹉跎”。每一个明天都会变成今天，每一个明天都不会来，因为当明天到来时已经是今天。因此，只有今天才是我们生命中最重要的一天，唯有今天才是我们可以实实在在把握在手中的。

卡耐基先生也曾言：今天太宝贵，不应该为酸苦的忧虑和辛涩的悔恨所消蚀。把下巴抬高，使思想焕发出光彩，像春阳下跳跃的山泉。抓住今天，它不再回来。我们既不要为昨天过去的事情忧愁，也不要为明天将要发生的事情焦虑；既不要沉湎于过去的追悔情绪中，也不要恐惧于未来发生的一切。世间万物变化都是存在规律的，时间的轨道不会改变。因此，我们一切的消极情绪只是徒增自己的烦恼，唯一让自己快乐的办法就是把握现在的分分秒秒，活出生命的精彩。

3. 烦恼：大化小，小化了

“最近比较烦，比较烦，比较烦……”学生烦恼作业太多，考试不好；上班族烦恼工作压力大，没有休息时间；家庭主妇烦恼每天干琐碎的家务活，还要操心孩子。似乎每个人都有烦恼，在人生中一个接一个，无穷无尽。烦恼是我们最想摆脱又无法轻易挥弃的情绪，为何烦恼挥之不去呢?

一个小伙子向一位智者倾诉自己的烦恼。小伙子一口气把他的烦恼通通讲出来后好像松了口气，智者在听的过程中一直笑而不答。等小伙子讲完后，智者说：“来，孩子过来我给你挠一下痒。”小伙子掀开衣服，智者在他的背上轻轻挠了一下，就不理小伙子了。小伙子本来没觉得痒，突然被智者一挠，觉得背上有一个地方痒得难受，就又让智者帮他挠挠。智者就帮小伙子挠了一下，可是刚挠完这里，那里又开始痒了，小伙子只好又请求智者帮忙。就这样，智者帮小伙子挠了一下午的痒。

小伙子走的时候，智者问：“怎样，你现在还觉得烦恼吗?”小伙子突然想起自己来的目的了，“对呀，怎么现在一点都不觉得烦恼了。”小伙子自言自语道。“呵呵，其实烦恼就像挠痒一样，本来你觉得不痒的。但是经过一挠，然后就会觉得这里那里都开始痒了，并且越挠越痒。本来你没有那么多的烦恼，但是你如果闲着没事，一直在想，就会让烦恼越来越多。”

小伙子终于明白了其中的道理：如果一天都忙碌的人是不会有时间烦恼的。

看了这个故事，我们也像小伙子一样恍然大悟：原来经常烦恼的人是因为太闲了。换句话说烦恼是闲出来的。那么解决烦恼的首要办法就是让自己忙碌起来。忙碌的时候我们就会专注自己的注意力，而没有太多的时间去瞎想，去胡思乱想。

一位30岁的广告公司女经理长期被一个让人烦恼的现象困扰着，那就是无论生活还是工作，经常在事情顺利进展到最后阶段放弃或失败了。比如她计划着周末全家人出去野餐，但是最后放弃了，理由是在前一天晚上她看到了一则新闻报道说有一家人出去游玩出了车祸，丈夫和孩子都不幸去世了。于是她就惶恐了一晚上，觉得出去玩还不如待在自己家里安全，果断就放弃了。前段时间丈夫公司的老板邀请公司骨干参加一个盛宴，允许携带家室，她听到后很乐意。提前两个小时，她就开始兴奋地化妆、选晚礼服，最后就差一样首饰了，可是挑选了老半天觉得没合适的，她心想，这样去会给丈夫丢脸的，然后又放弃了。后来，丈夫回来喝得酩酊大醉，责怪她不陪他去，其他人家都是夫妻一对对，只有他一个形单影只，在同事面前丢尽了脸。这时，妻子才意识到自己原来又想错了。

这位女经理的烦恼其实就是自己长期养成的习惯和她多疑、喜欢忧虑的性格导致的。她的“多想”让自己一次又一次失去好机会，放弃不该放弃的东西，事后又后悔和懊恼。看来解决烦恼的第二招就是“少想”。很多时候，烦恼都是我们臆想出来的，人总是会习惯把事情往坏处想，本来没有的事，在我们多想的情况下说不定果真发生了，这样岂不让烦恼不请自到。

作家王蒙说过，把烦恼当做脸上的灰尘，衣上的污垢，染之不惊，随时洗拂，常保洁净。这句话告诉我们让烦恼不要像灰尘一样堆积，要随时清洗和打扫，让一个个的烦恼大化小，小化了。

日常生活中我们若想快快乐乐地生活，便减少烦恼的增生。当然，人有七情六欲，烦恼是很正常的情绪。但是被烦恼困扰的滋味估计谁都不想尝试，因此让烦恼大化小，小化了是最明智的选择。在生活中注意以下几小点，我们的烦恼很快便烟消云散。

1. 烦恼时需要散散心，不要总想着一件事；
2. 让自己专注起来，集中精神，全心全意做好一件事情；
3. 保持乐观的心态，对事情抱有积极的态度；
4. 当烦恼时，找到适合自己的一套发泄方式；
5. 向亲人朋友倾诉，通过沟通找到解决问题的办法；
6. 拿着镜子对自己微笑；
7. 亲近大自然，找回心中的一份宁静；
8. 遇事沉着冷静，一次性解决，不留后患；
9. 学会宽恕和原谅。

4. 不做“林妹妹”

《红楼梦》中的林妹妹是一个风情万种的可人儿，但却体弱多病。虽然作者说林妹妹的病是天生带来的，但是如果静养休息就无大碍。可林妹妹由于性格忧郁悲伤，让自己的身心处于抑郁的情绪之中，日复一日，使病情加重，落得个香消玉殒的下场。对于林妹妹这样一个柔弱女子，我们是怜悯的，但是在现实生活中，千万不要做“林妹妹”。生命只有一次，是非常珍贵的，当上天赐给我们生命，我们就要让其存在得有价值、有意义。

抑郁是一种常见的心理障碍，如果人们的忧郁、烦恼、焦虑等消极情绪不能得到很好的宣泄或解决，久而久之，就极容易产生抑郁的心理和症状。尤其是现今人们处在一个激烈的竞争时代，承受着极大的压力，一不小心就会产生心理失衡，从而让抑郁的情绪悄然而至，现代医学称这些症状为“抑郁症”。

抑郁症主要表现为情绪低落，兴趣减低，悲观，思维迟缓，缺乏主动性，自责自罪，饮食、睡眠差，担心自己患有各种疾病，感到全身多处不适，严重者可出现自杀念头和行为。可见抑郁不仅对人的身体造成危害，更是对人心理的一种摧残。据说抑郁症为“人类第一号心理杀手”，没有任何一种心理疾病或精神病有如此高的自杀率。

被抑郁症困扰的人有很多，普通人如此，生活富裕的明星也逃不过如此劫难。我们所熟悉和爱戴的著名影星张国荣就是因为患抑郁症自杀而死，令多少粉丝惋惜和难过。据爆料，张国荣曾因为抑郁多次自杀未遂，最终在2003年4月1日，他的纵身一跳轻易地就结束了自己的生命。虽然这一跳让一切烦恼都了却，但是他的事业、他的人生、他的生命也从此戛然而止，给活着的人留下无尽的痛苦。

演过《杜拉拉升职记》中的李鸿鸣的那位年轻演员名叫尚于博，一个非常阳光帅气的大男孩，因为抑郁结束了自己年仅28岁的生命。熟悉他的人都不相信，但是其实尚于博已经被抑郁症折磨了好几年，一直以来他都没有求助心理医生，而是一个人默默承受抗争，最终孤独自杀。

据一项调查显示，抑郁症患者差不多有一半以上存在自杀的想法，而20%最终以自杀结束生命。医学专家也曾表示，在人的一生中，每个人都有可能患上抑郁症，至少也会患上一次。但大多数的患者是“身在病中不知病”，只有25%的患者清楚但未必采取措施。

美国伟大的总统林肯，曾经也是一个忧郁的人，有着抑郁的习惯。据说他的一生都在跟抑郁“作斗争”。

林肯九岁时，他的母亲去世，这是他一生中经历的第一次重大打击，为以后的抑郁性格埋下了伏笔。林肯自小跟他的母亲特别亲切，母亲非常关爱他，因此，母亲的去世让幼小的林肯无法接受，可以说失去母亲的痛苦持续了他的一生。

24 岁时，林肯又遭受第二次的打击，他心爱的恋人不幸去世使他彻底患上了抑郁症。当成家后，妻子为他生了四个儿子，但是其中三个都没能够活下来，让林肯的内心遭受一次又一次的重创。有一次，林肯给他的友人写信道："我恐怕是活着的人中最痛苦的一个。"曾有几次，林肯险些自杀，但是最终，他选择了活着，并且一直顽强地跟自己的抑郁搏斗。为此林肯悟出一套自己的斗争方式，那就是学会了幽默升华。对于自己的幽默感，林肯有着这样的说法：离开了幽默，我肯定活不下去了，因为幽默是我最好的宣泄抑郁和消极情绪的方法。

一般患抑郁症的人都是性格上比较悲观、消极。当然很多时候都是压力太大又不懂得释放自己所造成的，当我们自己有了抑郁的倾向就及时进行排解和治疗。那么，怎么消除抑郁症呢？

消除抑郁症的方法一：培养广泛的兴趣，丰富自己的生活。

当一个人有了广泛的兴趣后，就很容易转移自己的不良情绪。因为对于自己感兴趣的事一般人们都比较会专注和投入精神，这样就为自己找到排解不良情绪的途径。如唱歌、跳舞等娱乐活动，游泳、爬山、跑步等体育运动。

消除抑郁症的方法二：让暖暖的阳光驱走心中的阴霾。

有些抑郁症患者属于季节性的，这样阳光就起着很大的作用和独特的治疗。当然，平时多晒晒太阳也对自己的身心有着很大的益处。多晒太阳，享受阳光，用阳光驱散忧郁的愁云。

消除抑郁症的方法三：学会倾诉，通过亲朋好友的指导帮助，战胜抑郁。

抑郁是一种很正常的心理现象，所以不要羞于启齿。对亲朋好友积极倾诉后，他们都会给予鼓励和帮助，并提出建议性的意见或帮助我们取得社会的支持，为治疗疾病创造良好的环境。

消除抑郁症的方法四：学会自我合理地宣泄不良情绪。

当发现自己有抑郁的倾向时，及早地学会排解不良情绪。切忌埋于心底或强迫压抑，这样只会加重病情，而是积极地采取合理的宣泄方式，将其倾倒出来。其中沟通交流是最好的方法，同时保持一颗平常心，减少自己的欲望，用豁达大度的态度对待每一件事情。

5. 紧张会让一切都搞砸

当今世界是一个竞争激烈、快节奏、高效率的社会，难免会给人们带来各种压力和紧张。紧张分三种程度，弱度的、适中的、强度的，如果紧张达到强度的状态，就会使人的精神不能集中，注意力涣散，智力降低，因此很容易出错或失败。从生理心理学的角度来看，如果长期处于超强度的紧张状态中，就容易出现急躁、激动、恼怒的情绪，严重的会大脑神经功能紊乱，造成身体的损害。因此，我们必须学会调整和克制紧张情绪，不要让紧张把一切都搞砸。

小松最喜欢做的一件事就是听爷爷讲过去打猎的事情，尤其是打猎时与狼狭路相逢的状况下。爷爷每次讲到这里就笑着说："你不要担心或害怕，其实那些狼比你还紧张。只要你冷静地用自己的目光狠狠地盯着它们，不要躲闪，狼从你的眼中看不到一丝惊慌时，会下意识地退步，对视一会儿就夹着尾巴逃走了。"

接着爷爷会长叹一口气说："小松呀，你在生活中还是工作中遇到敌手时，不论有多害怕也不要紧张，挺住，最终胜利的就是你。"

小松记住了爷爷的话，从小到大，每做一件事情时，都告诉自己不要紧张，不要害怕。在他 25 岁的时候，代表市里参加一场全国性的象棋大赛，竟然一路披荆斩棘，杀进了决赛。最后对阵的是另外一个市里的参赛选手。小松听说对手有着很强的实力，获过很多次大奖。

在真正对阵的那一刻，小松心里不免有点紧张，尤其是到了中途紧张得汗流满面。但是意外的是，小松最后获得了胜利，拿下了冠军。

当记者采访时，问道："据我们所知，其中有几次你走的棋都不是太理想，最后是怎么挽回局势的呢？"

小松答："其实，有好几次我差点扔下棋子跑掉了，是对方的紧张消除了我的紧张，让我逐渐镇定下来，最终夺冠。"原来就这么简单，其实论棋技小松未必能胜过对手，但是当他每一次抬头时，从对手的眼中看到了更多的惊慌和紧张，从而让他消除了自己的紧张，最终坚持下来。

紧张好像是我们生活中无法避免的事情，每一个人都因为紧张出过大大小小的糗事或错误，包括很多我们敬仰的高高在上的名人和伟人。据说英国首相丘吉尔当年演讲被轰下台去，正是因为他脸色发白、神情紧张；美国总统林肯在第一次上台演讲时，竟然紧张得一句话都说不出来；印度圣雄甘地首次演讲时，不敢抬头看民众；大科学家牛顿每次在演讲之前，都激动得大喊大叫、身体抖动不已。

著名作家沈从文第一次上讲台时，慕名而来听课的人特别多。看到教室里坐的满满的人，沈从文竟然一时紧张不知该怎么开始讲课了。愣在讲台上很久以后，他才慢慢平静下来，可是原本计划一节课的内容让他十分钟之内就讲完了，离下课的时间还很早呢。沈从文感觉自己又陷入了窘境，这时，他急中生智，拿起粉笔在黑板上写下一句话："今天是我第一次讲课，来了好多人，我很紧张害怕。"顿时，全场的人爆笑。

可见很多名人大家也避免不了紧张的情绪。紧张对人的身心造成的损害也是很大的，有时候往往因为紧张会把一切事情搞砸，比如事情的紧要关头因为紧张而错误连连，最终导致失败；离成功仅差一步之遥，紧张让其毁于一旦。而能克制住自己紧张情绪的人一般会比较顺利地完成任务或走向成功，就比如以上所举名人他们的成功至关重要的一点就是懂得怎样克制自己内心的紧张和害怕。那么怎样克制和消除自己的紧张情绪呢？

首先克制和消除紧张情绪须降低对自己的要求。据心理学家称，一般争强好胜，凡事都要求完美的人更容易紧张。因为他们总是觉得心里的要求得不到满足，经常感到时间紧迫，自然就会时常感到紧张兮兮。因此，在认清自己能力和精力的前提下，放低自己的要求和目标，不要在乎一时的得失，不要在乎别人的眼光和看法，而是让自己保持一颗平常心的基础上充满信心，这样心情自然会松弛一些。

其次是学会安排和调整自己的时间，劳逸结合，松弛有度，让生活过得轻松而有节奏。在闲暇之余，适当安排一些文娱、体育活动，让自己的身心得到放松，这样再次投入工作中就会以良好的心态去面对一切问题。

最后倘若真的遇到紧张的情况，也不要跟自己过不去，制造更大的紧张，有一句话说“情绪如潮，越堵越高”。适当的调适和发泄是最有效的方法。

1. 坦然面对和接受自己的紧张

只有这样才不会被紧张的情绪所控制，而是跳出紧张的陷阱，以局外人的心理分析自己紧张的原因、为什么而紧张、紧张会带来什么样的后果等。找到根源，然后有条不紊地该处理的处理，该解决的解决。

2. 选择一些放松身心的活动，转移紧张情绪

比如换个舒畅的环境，大口呼吸新鲜空气；活动一下紧绷的肌肉；欣赏美好的东西如盛开的花儿、自由游动的鱼儿等。

3. 闭上眼睛去幻想一些恬静美好的景物，蓝天白云、高山流水等。

4. 放下手边的事情，做一些自己感兴趣的事情，像购物、看电影等。

6. 克服多疑的毛病

多疑是指神经过敏、疑神疑鬼的消极心态，多疑的人一般比较神经质，整天神经兮兮的。生活中，多疑的人不仅让自己活得很累，对自己的身心造成很大危害，还给别人也造成一定的困扰和损害，严重时甚至造成不可挽回的局面。因此，我们一定要克服多疑的毛病，丢掉恐怖的“疑心病”。

多疑的人往往带着固有的成见，神经比较敏感，喜欢胡思乱想。经常会根据自己的臆想和幻想与生活中一些看似无关的事情凑在一块；经常无中生有，制造一些事件来证明自己的想法；如容易对别人无意间的行为产生误解，没有根据地怀疑别人会对自己造成伤害、暗算、欺骗，甚至把别人的善意扭曲为恶意。这样的人人际关系一般都很难展开，别说有着良好的人缘，有时甚至跟许多人反目成仇。

《列子·说符》中有个邻人遗斧的故事，大意是：有个人丢失了一把心爱的斧头，他就怀疑是邻居的小孩子偷走的，并且在暗中偷偷地观察小孩。他从小孩的言行举止上越看越觉得小孩像小偷。然而过了几天后，这

个人在后山上发现了自己的斧头。他回去后又观察小孩，却觉得怎么看都不像偷斧头的人了。

故事说明，其实人的疑心很多时候都是自己虚构的，是自己跟自己过不去。如果疑心先入为主，就很容易扭曲客观事物，根据自己的臆想去下结论，就会生出“疑心病”。

三国时期的曹操因为多疑，杀害了多少无辜的生命，犯下了让后人不可宽恕的罪责。比如他常犯头痛，请来人称“妙手回春”的华佗前来医治，华佗说要做开颅手术，曹操便认为华佗要借机杀他，便将他杀死了。最后直至爱子曹冲患病，请来众多医生不能治愈而死，才后悔自己把华佗杀害了。

还有一次，曹操被人追杀，逃到一户人家。这户人家热心地救了他的命，还准备杀猪招待曹操。曹操听到磨刀的声音后，便误以为要杀他，于是就杀光了这户人家里的所有人。还说：“宁可我负天下人，不可天下人负我。”

据研究多疑有两种类型：一种是内应多疑，一种是外应多疑。内应多疑就是本身具有多疑的性格，而外应多疑则是在一定的情景诱惑之下产生的，当多疑的心态受到刺激时，就会“疑心生暗鬼”，以主观想象代替客观事实。总之多疑的人一旦“犯病”，就会出现种种的状况，精神病学家曾对多疑的人做过心理测定，发现这些人一旦犯病，身体就会出现种种状况，如心跳加快，血压升高，内分泌出现某种混乱，大脑电波有某种异位，患上不同程度的神经衰弱症、高血压症，严重者甚至成为精神病；外在的表现如耿耿于怀、闷闷不乐、心情郁结、愁眉苦脸，有的情绪激动的人就会做出反常的举动如摔盘子摔碗、打人骂人等。

一般时候外应多疑危害更大。如跟某人吵架之后，就会时刻怀疑他在背后说自己的坏话，或做出对自己不利的事来；有时候甚至觉得自己生命受到威胁，就“先下手为强”，结果导致误杀，后悔不已，却因触犯法律锒铛入狱，毁了别人也毁了自己的一生。可见多疑的危害不可轻视。在日常生活中我们就要学会克制自己多疑的毛病，不要在关键时刻酿成大祸，遗憾终生。那么，怎样克服多疑的毛病呢？

1. 了解自己产生多疑的原因，留意消极情绪的暗示

多疑的人有一个特征就是喜欢胡思乱想，有时是针对自己，有时则是

针对别人。首先要找到自己产生疑问的原因和根源，才能“对症下药”地开处方。

2. 认识到多疑的危害，加强自己的修养

英国哲学家培根说过：“猜疑之心犹如蝙蝠，它总是在黑暗中起飞。”自古至今，我们生活中由于多疑造成大大小小的危害数不胜数。如因为多疑朋友分道扬镳，夫妻离婚，害人性命等。只要认识到多疑的危害之大，我们就会用理智克制多疑，培养自己的宽阔胸怀，豁达开朗的心态。记住要想取得别人的信任，首先要学会信任别人，这是我们最重要的生存之道之一。

3. 通过自我暗示，厌恶猜疑的毛病

当觉得自己产生了多疑的想法时，首先从好的方面想。比如怀疑别人在背后说自己坏话时，就提醒自己他是我的好朋友，我们关系平常很好的，他不会伤害我等。其次是责备自己，厌恶自己的这种想法。心理学家证明，从心理上厌恶它，在观念和行动上也就随心理的变化而放弃它。

4. 学会沟通，交流意见

觉得自我无法克服多疑的心态时，就坦然地把自己内心的想法给对方讲出来，彼此之间心平气和地谈一谈，交换双方的意见，这样会取得更好的效果。人与人交往中以诚相见相互信任是最重要的原则，相信任何疑团都是会解开的。

5. 让自己成为一个“侦探”

当遇到有疑问的事情时，先别忙着武断地下结论，而是学会让自己放松，静下心来思索，整理好事情的头绪，如果实在不行就动身查明真相，然后再计划行事。

7. 跳出职业焦虑的陷阱

职业焦虑症已经成为现今人普遍的现象。现代社会的激烈竞争和不断发展，我们时刻都感觉到一种危机感，工作的压力不断增大，从而不由自主地就产生了职业焦虑症。职业焦虑症不仅影响人们的生活和工作，还对人的身心产生一定的危害，因此我们必须时刻关注和克制。

一般，职业焦虑症分为两种：一种是就业焦虑症，一种就是工作焦虑症。顾名思义就业焦虑症就是在择业、就业时遇到困难与挫折从而产生的焦虑，这种情况在刚毕业的大学生中最明显；而工作焦虑症就是面对普遍已经在工作岗位上的人们，指在工作压力和遇到困难的情况之下所产生的消极情绪。如害怕工作中出错受到上司责备，长期工作效率不高产生着急和忧虑的心理，面对客户时紧张、害怕的情绪等。

三年前，吴强从一个本科院校毕业。也如很多大学生一样，他毕业后经历了一段痛苦的找工作阶段。最终他终于找到了一家待遇还不错的外资企业，从事人力资源管理。两年后，吴强学到了很多工作上的东西以及为人处世的技巧。但是公司这几年效益却逐渐下降，工资待遇一直没涨，职位也没升，吴强心里难免感到有点憋屈。同时受到同事纷纷跳槽的鼓动，吴强也决定辞职，一个人来到了北京。

但是大城市人才济济，就业竞争很激烈。很多知名企业，吴强是没有实力进去的，一般企业他又看不上。于是吴强决定转行，准备在投资公司从事开发顾问，这个行业只要干好工资也相对比较高。经过几次的应聘面试后，吴强较为顺利地进入了一家小有名气的投资企业，开始了顾问的工作。新的工作，新的环境，再加上公司内部竞争也很大，吴强感到自己的压力很大。而且自己是南方人，到了北方生活和天气上有点不适应。这一系列原因导致吴强的心理状态极差，他甚至觉得自己的人际关系都受到影响。

最终，吴强又辞职了，又重新开始了找工作。吴强怀疑自己从一开始是不是就做错了，为什么感到什么都不顺呢？他不知道自己的下一步该怎么办，觉得自己的前程一片渺茫。可是吴强越想越理不出头绪，他对自己的选择能力也产生了怀疑，迟迟不敢确定下一个工作。

吴强的这种现象正是典型的“职业焦虑症”，包括“就业焦虑症”和“工作焦虑症”两种。在他经历了职业生涯中的第一次跳槽后，面临着环境的变化和生活的变化，首先导致了工作上的焦虑症。当他因为工作焦虑症辞职后，又面临着就业焦虑症。这一切带他走进了迷茫的职场“焦虑期”，从而使他对自己的能力产生怀疑，自信心下降，以及害怕失败等焦虑的情绪出现。

人常说：有压力才有动力。虽然适当的焦虑，能够激发人的潜力，促使人们不断前进，锻炼人们做好平时的准备以应对即将发生的危机。但是如果长期处于工作焦虑状态中就会发展成为焦虑症。

工作是我们生活中不可或缺的一部分，我们每个人都希望有一种积极、快乐的心态来面对工作，希望工作是享受的、累并快乐着。也许职业焦虑是我们每一个人都会经历的，是一种普遍的职业心理问题。但是当我们遇到这个问题时，千万不要把焦虑症放大、把焦虑期放长。对自己说：这只是暂时的，这样的问题谁都会遇到，既然别人能解决，我们自己为什么不能解决呢？让自己保持乐观向上的心态是至关重要的。如何克服职业焦虑症，走出职业焦虑的陷阱，具体有以下几点。

1. 充分认识自我

无论是将要就业的学生还是已经工作的人在择业时，充分认识自我是首要的。充分了解自己的性格、优势、兴趣爱好，根据自己的这些资源优势来选择工作，成功率会比较高。

2. 客观分析环境

俗话说：“知己知彼，百战百胜。”无论何时，都要时刻关注就业环境和自己所在行业的发展形势和前景。这样可良好地进行判断，并结合自身的优势给自己确立出一个切实可行的就业目标和工作计划。

3. 改正自己的错误，弥补不足

当在工作中发现错误时及时改正，不然工作的错误会造成公司的损失，这样难免会被上司批评造成心理上的不满和产生不良情绪；另外弥补自己的不足后，可以使自己实力增强，受到上司青睐和奖励，从而增加工作信心和热情。

4. 树立自信心，积极应对挑战

工作中难免会遇到各种各样的挑战和困难，如果遇到一点小挫折就畏畏缩缩，或忧心忡忡，怎么可能顺利地完成任务。工作中，自信心是必备要素，是走向成功的重要一步。

5. 学会排解自己的焦虑情绪

当压力大到陷入工作焦虑情绪之中时，要学会及时地进行调整和宣泄。比如找朋友倾诉，出去旅游，进行一些自己喜欢的娱乐活动。

6. 有一颗包容的心

人际关系是影响工作的一大因素，人际问题的处理是一门大学问。这就要求我们有一颗包容的心，学会宽恕别人的过错，学会装“糊涂”，学会赞美。

7. 培养工作的兴趣和热情

工作是否能做好，工作兴趣和热情是至关重要的。否则每天只会在身心劳累的状态中度过，这样长期下去不仅影响工作，对自我身心也有极大危害。只有自己感兴趣的工作，才会有热情，才会快乐地工作。

8. 走出社交焦虑的困局

社交，是现代生活中人人不可缺少的活动，然而许多人由于性格内向或者某些原因害怕社交，在人际交往中感到惶恐不安，会出现脸红、出汗、心跳加快、说话结巴和手足无措等现象，如果这种现象甚为严重，就称之为“社交恐惧症”，又名社交焦虑症。

社交焦虑症，是一种对任何社交或公开场合感到强烈恐惧或忧虑的精神疾病，在心理学上被诊断为社交焦虑失协症（SAD)。社交焦虑症患者出现的症状就是在陌生人面前或任何社交场合之下，都会出现恐惧和焦虑的心理，具体表现为害怕自己的行为和语言引起别人的嘲笑和难堪；严重者甚至整天把自己关在屋子里，害怕与任何人打交道，已经不能进行正常的购物、独自处理事情等正常行为。

小梁有一份稳定清闲的工作。每天早上，他来上班，打开电脑，一边工作一边聊 QQ。别看小梁平时是个很闷的人，不爱说话，跟女孩子说话都会脸红。但是，在网络上，他却是一个活泼风趣的人，招不少女孩子喜欢。小梁还有一个神秘之处就是他从来不参加任何聚会，不管是在现实中同事的邀请还是网络中网友的邀请。网友觉得小梁不是那种随便的人，而同事们则觉得小梁是个内向或者清高的人。

其实，谁也不知道小梁是害怕，害怕跟一大群人吃饭唱歌，嘶声裂肺地觉得心慌。尤其是大家让小梁唱歌时，小梁平时自己很会唱的一些歌，到了这种场合之下，结结巴巴一句也唱不出来。自从大学里试了几次后，小梁就再也不愿意出去了，宁愿宅在家里上网聊天。

公司换了经理，一天，新经理很早来到公司，看到小梁一个人安静地坐在那里工作，就觉得这个年轻人很认真，于是在早上的会议上特地表扬小梁，而且让小梁当众发言。

小梁被这突如其来的事情憋得满脸通红，他听到同事们在底下窃窃私语，心想他们肯定是在嘲笑我。好不容易勉强站起来后，老半天，小梁说不出一句话，气氛尴尬极了。虽然这位好心的经理使劲为小梁打气，小梁愣是说不出一句话，像个做错事的孩子低着头。

事后，小梁觉得羞愧万分，第二天就请假没上班。他把自己关在屋子里开始胡思乱想，一边自责自己怎么这么没用，像个白痴；一边满脑子都是同事们嘲笑的声音，他甚至把经理温和的笑容想象成邪恶的笑容，没错，一定是他故意这样做的。想到这里，小梁气愤的同时觉得自己再也没脸回公司了。于是，小梁就打电话说要辞职，辞职手续他让平时一个处得还行的同事代办的，并收拾了他的物品送到家里。从头到尾，小梁都没敢在公司露面。

小梁过了将近两个月“与世隔绝”的日子，除了上网，他唯一打交道的就是楼底下的超市老板和送餐员。有一次，超市老板问小梁是不是好久没上班了？小梁顿时恼羞成怒，连东西都没拿就逃掉了。

跑回家，小梁还在想：“我不上班关他什么事呀，他以为我没钱买东西还是觉得我是小混混？”

总之，小梁对这个世界充满了敌意，他觉得每个人都在讥笑他胆小，不敢说话。他想逃避，逃避到一个没有人的世界中……

小梁从刚开始的社交焦虑彻底变成了社交恐惧症。然而，逃避了一时，不可能逃避一辈子。把自己与世界隔离起来，只会加剧社交恐惧的现象，应该进行适当的治疗和就诊。但是，据有关人士统计，平均每十人就有一人为社交焦虑所困扰，而就诊者却寥寥无几。这样不及时的寻求帮助只会丧失社交功能或出现严重的人际关系障碍，而且诱发酒瘾、毒瘾或抑郁症等精神疾病。

在生活中，当我们发现自己出现社交焦虑的症状或现象时，一定要记住不去压抑或独自一人关起门来承受。而是积极地寻求诱发焦虑的原因，进行自我反省或者运用适当的方式发泄出来。具体有以下四点建议让我们远离社交焦虑症，走出社交焦虑的困局。

1. 具有良好的自我心态

我们的一切情绪都和心态具有致命的联系。良好的心态可以给予我们宽阔的胸怀和乐观的生活态度，良好的心态可以让我们的心理保持平衡稳定，不会因失去或得到大悲大喜，不会让外界的客观环境控制我们的主观思想。而消极的心态只会诱发很多不良情绪的发生。

2. 相信自己，提高自信

出现社交焦虑现象的重要原因之一就是失去了自我信心。由于自卑就会怀疑自己的能力或质疑别人对我们的想法，甚至夸大困难和挫折，从而产生忧虑、恐惧、焦急等消极情绪。因此，恢复自信是首要的前提，增加一份自信，就会减少一点焦虑，最终驱逐焦虑。

3. 学会寻求适当的方式宣泄焦虑

轻微的焦虑，我们可以通过自我疏导，自我调节来进行排解。首先不要逃避和掩饰，要敢于正视，才能更好地找到消除焦虑的办法。当然，如果觉得焦虑现象已经严重到不能自我控制，就需要寻求别人帮助或进行治疗。

4. 学会放松自我

现代社会，由于生活和工作的双重压力，导致我们经常紧张忙碌，身心疲惫。这就要我们懂得劳逸结合，学会放松自我。可以找自己感兴趣的事情去做，或者进行一些娱乐活动，旅行也是自我放松的最好方式，一定要记住心灵上的放松才是真正的轻松。

第十一章

远离抱怨

——别给人生蒙上悲观的色彩

俄国作家契科夫曾言："你们只要没有活到大难临头，就不要抱怨，不要发牢骚！样样事都会发生，人生是千变万化的。比方说，你现在无声无息，什么也算不上，如同一粒沙子，……一粒葡萄干。可是，谁知道呢？说不定，时机一到……你就交上了好运了！什么事都会发生的！"

当我们抱怨自己没有鞋穿时，有的人却没有脚，当我们抱怨没有漂亮衣服穿时，有的人却连饭都吃不上。命运总是这样扑朔迷离，生活总是这样变幻莫测又不公平。然而正如一位哲人所说：庸人抱怨自己的境遇不佳，伟人则努力改造环境。与其让抱怨浪费时间，消耗精力，还不如珍惜所拥有的，努力去创造，打造出自己的一片"艳阳天"。

1. 与其抱怨，不如接受

生活中，经常会听到有些人没完没了地抱怨，看到有些人愁眉苦脸，怨天尤人的样子。这些整天活在抱怨世界里的人，恐怕是世界上最不快乐的人。其实生活的快乐与痛苦，成与败是由我们的心态和对待事物的态度所决定的。因此，与其抱怨，不如让自己接受，接受一切事实，坦然面对一切困苦。

美国一个贫困家庭出生了一对孪生兄弟。可悲的是爸爸是一名赌徒，妈妈是一个酒鬼，家里越来越穷。后来两兄弟长大了，弟弟由于无恶不作，锒铛入狱；而哥哥却成为一名成功的企业家。

记者去监狱采访弟弟，弟弟一直不停地抱怨道："我成了这个这样子都是我父母害的，都是他们的错，我恨他们。"而当记者去采访哥哥时，哥哥说："我的成功我最想感谢的就是我的父母，没有他们我不可能如此成功。"

很多人觉得奇怪，为什么同样的家庭，同样的环境，同样的父母，却养育出来两个不同的儿子呢？一个沦为囚徒，一个却成为企业家。可见，决定命运的往往不是外在的世界，而是自我的内心态度。

明智的哥哥选择了接受现实，并努力改变；而弟弟却一直沉浸在现实中，选择了不断抱怨、不断沉沦，最终两个人的命运自然不同。生活中那些牢骚满腹，怨声漫天的人只会像弟弟一样沦为自己心里的"囚徒"。

喜欢抱怨的人总是觉得自己是最可怜的，总是觉得社会不公，总是觉得活在不如意的状态里。根源其实是自己内心的渴求和愿望与现实的不一致，这是很正常的情况，也是不可避免的现实。我们唯一的选择就是面对一切，最首要的是面对自己，正视自身所拥有的一切缺点和不足，接受别人对自己的建议乃至批评，坦然接受在生活中遇到的所有困难和挫折，扬起自信的头颅，不断前进。

宋青有一位朋友，有一次在检查身体时，发现胸部有恶性肿瘤。当宋青得知了消息后，一点都不觉得奇怪，甚至觉得这是必然。因为朋友在一年前经受了太多的磨难，她的母亲因脑出血去世，丈夫因车祸住院三个月。这些无疑是影响到朋友健康的罪魁祸首。

宋青赶到朋友家里时，肚子里准备了一大堆安慰的话。但是开门的一瞬间，宋青没有看到愁眉苦脸，没有听到唉声叹气。相反，还是一如既往的爽朗笑声和轻快的脚步，朋友忙着招待宋青。宋青自己都觉得不好意思开口谈论这件事。

一直到吃完饭，宋青拉住了朋友的手。这时，朋友笑着说："我知道你要说什么，没事。我现在已经是打不死的小强了。"一阵笑声过去，朋友继续娓娓道来："事实上情况没有你们想象得那么严重，还有救呢，只要动手术就有80%的成功性呢。"

宋青听到这个消息后，着实为朋友高兴了好一阵。朋友又说："刚开始听到这个消息时，我觉得是'苦尽甘来'的时候了。"宋青惊讶朋友竟然有这样的想法，便问她："你经受了这么多苦难，怎么还是如此的平静和乐观?"

朋友答："我并不平静，我曾经痛哭流涕地问过老天，为什么这样对我？然而在一场痛哭之后，我平静地接受了，只能接受，没有其他办法。"

朋友的一番话让宋青顿时有所感悟：的确如此，不接受现实，又能怎么样呢？逃避是解决不了任何问题的，唯一的办法就是接受。

很多时候，病魔、困苦这些不是我们最大的敌人。我们最大的敌人其实是我们自己，要想打败自我这个敌人，首先就要接受自己，才能接受外在的一切。也许有很多人像宋青的这位朋友一样体会过灾难的感觉。不是觉得老天爷对不起自己，就是别人对不起自己。其实我们是被怨天尤人的阴霾麻痹了心智，冲昏了头脑。当事情已成定局的时候，我们抱怨是改变不了任何东西的。这时候，努力冷静下来，告诉自己："已经成这样了，还能怎样？与其抱怨，不如接受现实。"静静地接受，人生，总会在接受现实后，离开原地的徘徊，有了新的起点，静静地开始。更要心平气和地接受失败，抱怨和泄气只会阻碍我们走向成功的步伐，事实上所有的失败都是成功的一块块铺垫。

当然，面对困难和失败，我们难免会产生一些不良的情绪，想找个人大声说出来或发泄出来。适当的发泄会让我们消除一些不良情绪，但是如果一味地喋喋不休，未免就成了可怕的抱怨。唯有正视和接受眼前的现实，才是停止抱怨必须迈过的第一个门槛。如要消除和减少抱怨，请遵守以下的方法或原则进行处理。

1. 提醒自己

有时候我们会不自觉地陷进抱怨的漩涡，无法停止。这时或许是在无意识情况下进行抱怨，因此赶快提醒自己：抱怨只是短暂的发泄，不能解决任何事情，只是情绪的麻醉剂，不能真正解救我们的心灵。

2. 及时处理

抱怨作为负面情绪也会蔓延，影响到周围的所有人。而有的人是不愿意接受我们的抱怨，甚至会产生反感的态度。与其把时间浪费在抱怨上，还不如用心解决问题。

3. 学会换个角度倾听

当我们向朋友抱怨时，也要学会倾听朋友的意见和想法；或者，不妨换个思维，站在对方的角度想一下：如果朋友经常向我们这样抱怨，我们的态度会是如何？

4. 学会反思

反思会让我们头脑保持清醒，会让我们发现抱怨的原因，找到消除抱怨的方法。学会反思，有益于我们控制自我的情绪，不会让事情越来越糟糕；学会反思，让我们明白抱怨是最愚蠢的表现，对任何事情都不利。

5. 消除或减少抱怨

针对抱怨，找到最佳的解决方法，可通过转移法，如倾诉、运动、娱乐等方式消除或减少抱怨。

2. 别给抱怨安排时间

许多人经常抱怨自己太忙了，时间不够用，忙得连水都顾不上喝。这岂不是自相矛盾吗？试想，忙得没有时间喝水，竟然有时间来抱怨？与其把时间浪费在抱怨上，还不如让自己坐下来喝口水，放松一下心情，或许再次投入事情中会有事半功倍的效果；或者把时间真正花费到有意义的事情上。

课间休息时间，坐在办公室里的女老师们开始闲聊。突然有人问："说到辛苦，你们觉得咱们学校50名女老师中谁最辛苦？"有的人说是小王，而有的人说是小孙。

小王和小孙都是结了婚的女人，两个人在学校里的人缘都很好。唯一不同的是小王整天愁眉苦脸的，不是抱怨教师工资太低，就是唠叨孩子学习成绩不好，或者丈夫偏向公公婆婆等家常。正如她自己所说，她的命是天下最苦的，什么倒霉事都让她碰上了。而小孙则是经常看起来脸色匆忙，但时刻挂着笑容，见了人也不忘热情地打招呼。大家都知道小孙的丈夫在三年前得了胃癌去世了，如今小孙一个人拉扯着儿子，肯定很辛苦，因此都理解小孙的匆忙。

有一次，一个新来的老师觉得小孙经常这样急急忙忙的，便问她回家干嘛呢？小孙风趣地答："这你都不知道呀，我是大忙人，'行程'排得满满的。"新老师好奇地问："什么行程呀？""听好了，"小孙笑着说道，"早上六点，我就得准时起来到菜市场买菜，回来给儿子准备早餐，然后给他洗脸穿衣服，吃完早餐骑着自行车送儿子到幼儿园。回去后，我也要吃早餐，吃完洗碗，然后洗儿子换下来的脏衣服，最后简单地收拾一下屋子，就到了上班的时间。下班后又要去接儿子。回来的路上顺便买菜，到家做饭，吃过晚饭后陪儿子写作业，辅导功课。等儿子睡了后，又要拖地，洗碗，洗澡，然后看会儿书，上床睡觉。这些事是我每天的'必修课'，缺一不可。"

办公室里有很多人都是带过孩子的人，都明白带孩子的辛苦，尤其像小孙这种一个人抚养孩子自然更辛苦，但大家都知道小孙是个坚强的女人。然而，小王见小孙如此的辛苦，便忍不住替小孙抱不平："孙老师，你一个人带孩子真是太辛苦了，你不累吗？怎么就听不到你一声怨言呢？"小孙听了笑着说："不累才怪呢，我也想抱怨呢。可是前一秒想抱怨，后一秒就忘记了。因为后一秒我又在做另外一件事情了，就把前面想抱怨的事情忘记了。我一天忙都忙不过来，哪有时间抱怨呀！"随后小孙又语重心长地对小王说："只要把自己一天的分分秒秒都充分利用起来，事情排得满满的，自然就不会给抱怨留下空闲的时间。生活中，我们不能给抱怨安排时间，一抱怨就没法生活了！"小王听了，终于明白了这个理，露出了久违的笑容。

是呀，人生漫漫，生活中少不了苦难，少不了柴米油盐，少不了奔波，会让我们的心感到疲惫。但是我们可以选择充实和快乐充盈其间，不要给抱怨留下任何余地。人生苦短，与其让自己在抱怨的过程中浪费时间，还不如愉快地接受，把时间运用在改正错误和追求进步的步伐上。少一分抱怨，我们的生活就会多一分幸福。

一位教授走进教室时，手里拿着一个罐子放在讲桌上。然后他从兜里拿出一个白色塑料袋，里面放着一块鹅卵石，一些沙子，一些碎石，一瓶水。然后教授挑出那个又大又漂亮的鹅卵石放入罐子。他问学生们："大家说这个罐子是不是满了？"学生们看着已经露出罐子口的鹅卵石异口同声地说："是！"教授笑笑问："真的吗？"接着他拿出一些碎石子放进了罐子里。然后又问："现在呢？满了吗？"这时，学生们犹豫地回答："满了吧。"只有几个学生怯生生地说："也许没有满。""很好。"教授笑着说。然后他又从袋子里拿出一些沙子放进了罐子。学生们惊得目瞪口呆，当教授再次问满了没时，齐刷刷地回答："没有满。""对！"教授高叫着。然后教授拿起那瓶水，小心翼翼地往罐子里倒去。一会儿，一瓶水竟然全部倒完了。

教授放下瓶子，正色问道："现在大家明白什么了没有？"一阵的沉默之后，只有一名学生回答道："也许我们以为时间被排得很满，但是其实挤挤，可以做很多事情。”“回答得很好。”教授微微点头，然后接着说道，“不过，大家一定要记住，如果不先把鹅卵石放进去，那就永远也没机会把它放进去了。”

教授的话意蕴很深，他实际上告诫人们那些沙子和碎石就是我们平常生活中所抱怨的琐事，它们会无声地插入我们生活的每一个环节，弥漫在生活的每一个角落，我们无法消除，但是一定不要让它们先入住，占据得满满的。重中之重的是我们的“大鹅卵石”，它代表着我们的人生，我们的梦想，我们的成功。

别给抱怨安排太多的时间，别让抱怨占据我们太多的心灵。让自己生活在不抱怨的世界里，是多么幸福美好的事情！

3. 不要“吓走”所有人

抱怨不仅对自己于事无补，有时候还会“吓走”别人，让事情越来越糟糕。有些人觉得也许在陌生人或者不太熟悉的人面前，我们需要谨慎行事，适时地闭起嘴巴；但是在亲朋好友面前，就不需要伪装自己，可以尽情地倾诉自己的苦衷，吐出自己的郁闷，不管是工作中还是生活中的一切烦恼。自然，亲人和朋友往往是我们最忠实的听众，最好的倾听者。生活中我们难免会碰到不如意的事情，需要找个人倾诉，以发泄我们心中的痛苦和怨恨。但是千万记住，任何事情过犹不及。切记不要让我们的倾诉变成了抱怨，这样只会“吓走”所有人。

刘洪毕业已经三年了，但是还在一家私企公司当着一个小职员。本来刘洪觉得这样也挺好，虽然薪水没有多高，但可以准时上下班，生活有规律，下班后有很多空余时间可以做自己喜欢的事情。但一次大学聚会，刘洪从头到尾都是红着脸勉强微笑，与其他同学的光彩照人相比，刘洪觉得自己简直就是“鸡立鹤群”。

自此后，刘洪的心理就从自得其乐转向不平衡。他越是思索，越觉得三年之间，自己在这个公司付出得多，回报得少。于是借了个机会刘洪就向老板提议涨工资，老板推辞下个月，却一推再推，刘洪心里是敢怒不敢言。

心中的怒火无法发泄，下班后，刘洪就约着朋友一起出去喝酒。喝醉后，在那里哭哭啼啼地抱怨自己现在活得不像个男人，没车没房子没女朋友，“三没政策”。起初，大家觉得一个大老爷们儿能这样向朋友坦露心声，已经不容易，于是纷纷劝慰。同时大家也可以互相抱怨一番，把心中的苦闷说出来觉得很解气。总之，就是抱怨这个社会太不公平，他们老板如何黑心了，如今的物价一直上涨，工资却停在原地，女朋友花钱太厉害了，等等。

后来，刘洪发现，当他打电话请朋友们出来喝酒时，没有一个朋友愿意出来，都找借口推辞了。刘洪觉得很奇怪，以前大家不是在一起喝得很开心吗？怎么现在一个个都好像在躲着他。于是刘洪就打给朋友里面最老实的小军，小军也吞吞吐吐地推辞说要在家里加班。刘洪一气之下，就跑到小军的家中，结果看到小军在玩游戏，根本没有加什么班。

刘洪顿时火冒三丈，觉得这些朋友太没良心，他请他们喝酒，竟然这样对待他。在刘洪的威逼之下，小军才告诉了刘洪为什么大家都有意躲着他。原来，朋友们都对刘洪的抱怨感到很厌烦了，除了抱怨那些老生常谈的问题就是耍酒疯，一个大男人真的很丢脸。

生活中，也许我们很多人会像刘洪一样向朋友抱怨这抱怨那。也许刚开始，朋友们出于关心会静静地聆听或者给我们提一些建议性的想法，甚至忍受我们像疯子一样的叫骂。但是，时间长了，相信不管是谁心里都会感到反感。我们经常会有这样的体验：在连续几天的阴天里，就会感到压抑和苦闷。与一个整天只知道抱怨的人待在一起，恐怕就是这种感受。试想谁会愿意让对方的坏情绪影响到自己的好心情？谁会愿意在一个没有阳光的世界里生活？整天只知道抱怨的人，最终只能落得个人人避之唯恐不及，哪怕是最好的朋友，最亲的亲人，也会被他吓跑。

经常喜欢抱怨的人无疑是承认自己是一个弱者，对于弱者我们往往抱着同情的态度。但是如果每次见面耳朵里传来的都是熟悉的声音，熟悉的话题，只会让人抓狂。就比如鲁迅先生所写的《祝福》里面的祥林嫂，刚开始她失去了自己的儿子毛毛，大家对她的遭遇都感到同情和惋惜。但是最后，为什么大家见了祥林嫂就像见了鬼似的纷纷躲避？正是因为谁都无法忍受一次又一次地听到祥林嫂喋喋不休的哭诉和相同的抱怨。

心理学家研究表明，我们所有的消极情绪滋长的根源都来自抱怨。抱怨会产生烦恼，会带来痛苦，会弥漫悲伤，会引发怒火，试想，当这些消极情绪都围绕着我们时，是不是让我们更加的可怕？谁还敢靠近？因此，要想不要让抱怨这只“怨鬼”吓走所有人，就毫不留情地驱走它。

4. 让抱怨远离工作

在工作中，抱怨就像空气一样无处不在。我们的耳朵里经常会被各种各样的抱怨充斥着，比如公司的工资低，福利还不好；老板不能“慧眼识珠”，进公司三年了还是一个平凡的小职员；老板太黑心了，只会让员工没完没了地加班，却没加班费；工作任务太多了，压力太大，等等。总之，工作不仅吃力不讨好，还有受不完的委屈。试想每一天来公司上班都如临深渊，如同世界末日来临，那还有什么乐趣和意义可言？

根据一次关于职场抱怨的调查报告显示：职场上，有超过 87.7%的人表示自己一天的抱怨次数在 1～3 次之间；而有 4.8%的人则说自己每天的抱怨达到 20 次以上。而抱怨的内容多半是跟工作有关的，比例达到 59.8%。毋庸置疑，现代社会的强度工作和复杂的人际关系让很多人都感到压力重重，但是这些不能成为我们的抱怨理由！

常征是一家电视台的记者，很有才华。电视台也很器重，让他来播报晚上 7 点半的黄金档。可是偶然的一次，常征不小心得罪了他的顶头上司，就被调配到深夜 11 点播报新闻。

常征心里很清楚这是上司给他小鞋穿，但是他没有任何怨言，还很欣然地接受。因为常征的心里已经接受了这个事实，而且打算利用好 6 点钟下班后的时间。

常征果真想到了一个好主意，他报了一个进修班，7 点钟上课，10 点钟下课，正好赶回公司，预备11点的新闻，而且从来没有出过差错。

由于常征以前就很受观众的喜爱，如今深夜11点的新闻还是有许多人等待收听，收视率得到了很大的提高。然而，有些观众写信到电视台问："为什么让常征播报深夜的新闻而不是晚间黄金档的?"台长接收到观众的反应后，就让常征的顶头上司重新把常征调了回去。

但是顶头上司却让常征放弃他一直熟悉的财经专题而去采访其他的专题。这对小有名气的常征来说无疑是一种很大的侮辱，但是常征还是没有抱怨，也没有爆发自己的怒火，而是冷静地接受了。

幸亏好心的台长帮了常征大忙，一直以来常征给台长留下的印象非常好。有一次，电视台有财经官员前来赴晚宴，台长让常征作陪。常征的学识和为人深受客人的喜欢，于是每次电视台来了重要人物，都由常征来负责接待。这是台长的命令，常征的顶头上司也无法。

但是他又出了一个新的花招，让常征去制作一个新闻评论性的节目。大家都知道这个活是个吃力不讨好的活，收入又少，而且还浪费时间。但是出乎意料的是常征又毫无怨言地接受了。同事们都说常征傻，但是常征用实力证明了自己不傻。半年后，这个节目越办越红火，有了一定的名气。台长见了，就亲自审核节目流程和制作脚本。

于是常征和台长接触的机会就更多了，台长对于这个年轻人越来越喜欢。一年后，常征的顶头上司被调走了，台长亲自点名让常征接替这个位置——电视台新闻主管。

常征面对上司给他一次又一次的小鞋穿，始终没有任何的抱怨，而是欣然接受，然后更加努力地工作，证明自己，让上司找不到"下手"的机会，成了最后的赢家。试想如果常征是愤怒地抱怨，甚至跟上司起了冲突，那么最终只会正中上司的"下怀"，被赶出电视台。

我们在工作中，不妨学学常征：少一点抱怨，多一点努力。与其抱怨工资低不如努力工作得到老板的认可，薪水自然会提升；与其抱怨同事不好相处，不妨先想想是自己哪里不受欢迎；与其抱怨加班太频繁，不如提高自己的工作效率……其实我们每一个觉得有理的抱怨背后，都可以有一个更好的选择，这个选择会让抱怨远离我们。

公司是一个群体，工作是一个团队共同操作。在工作中，我们除了和同事、上司打交道外，还有可能需要跟客户、消费者接触。面对形形色色的人，难免会遇到令人不愉快的事，会影响到我们的工作心情。这时，只是一味地抱怨，只会徒然增加自己的烦恼，让情况更糟。无论我们有多少委屈，都不要当着众人的面说出来，而是私下里找到更好的解决办法；无论我们有多愤怒，也不要当场爆发，这样只会让自己陷入更大的困扰之中。当然，倘若面对别人的刁难和不怀好意，有怨言也是很正常的心理，但是我们可以聪明地选择把抱怨化成动力，进而走向属于自己的成功。

马云在一次采访中说："做伟大的女性和男性有一点共同之处，就是不抱怨。抱怨只会让你越来越烦躁，我们到这个世界是为了做人，而不是做事。所有碰到的事情都是人生的经历，抱怨一点都没有用。所有成功的女性和男性一样，都会有感恩心和平常心。"

停止我们的抱怨，不要让抱怨成为通往成功路上的绊脚石，而是保持一颗平常心和感恩的心，乐观积极地面对一切。哲学家拉尔夫·瓦尔多·爱默生曾说过："生活中的大多数阴影是因为自己站在阳光里造成的。"当我们发现自己离成功越来越远时，回头看看自己是不是一直站在抱怨的阴影里？一直以消极的态度应对一切？如果发现了，就及时地驱走抱怨的阴云，让抱怨远离我们，然后调整好自己的心态，快乐地去工作和生活。

5. 抱怨别人不如改变自己

不管是在生活中还是工作中，总有很多的"别人"与我们相处得不愉快或与我们的意见达不到一致。这些情况的发生可能是彼此的性格不同，追求不同，可能是他们不懂得欣赏我们，甚至不喜欢我们，不重视我们。这都是别人的意愿，我们主观上不能避免和克制，抱怨和怨恨只是我们情绪的发泄，并不能改变对方对我们的看法。与其这样让事情越来越糟，还不如对自己说一声：抱怨别人，不如改变自己！

另一方面，当我们抱怨别人时，总觉得所指的对象是他人或他人的事会受到“伤害”，而自己心里则舒服了。但从心理学的角度分析，我们所“伤害”的对象其实是我们自己。据说这就是所谓的“投射效应”，也就是说人们经常会以己度人，往往会不自觉地把自身的一些特性、观念、思想、兴趣、情绪等强加到别人身上，认为别人不仅跟自己有一样的特性，而且多之。比如心理阴暗的人，总觉得这个世界上没一个好人；自己工作不负责任，喜欢偷懒，觉得别人的工作也做得不好，没有责任心。

曾经看过这样一个古老的寓言。

一个农夫，划着自己的小船，到镇上去卖自家的农产品。天气非常炎热，农夫划得汗流浃背，太阳还火辣辣地烤着浑身，农夫苦不堪言，只希望能快点到达小镇，去喝上一口清凉的茶水。

突然，农夫隐隐约约看见前面有一只小船，顺流而下，一直朝自己这边迎面驶过来。眼看着那只船要撞上农夫的船了，但是它却丝毫没有避让的意思，好像是故意直冲农夫的船而来。

“快点让开呀，快点呀，你这个白痴!”农夫急得大骂起来，“你想让我们的船都撞个粉碎吗?”但是对方似乎全然没听到农夫的大吼，继续冲过来。农夫顾不上骂人了，手忙脚乱地开始改变自己小船的方向，但是为时已晚，两只船还是重重地撞到一起，农夫被撞倒在船上。农夫彻底被激怒了，他从船上艰难地爬起来，准备好好揍撞人的一顿。当农夫骂骂咧咧地站起来，怒目地望向那只小船时，他吃惊地发现船上空无一人，只放着一些杂乱的东西。农夫这才意识到原来自己大声斥责的只不过是一只挣脱了绳索、被水冲走的空船。

农夫的故事就如同我们经常愤怒地、喋喋不休地抱怨对方时，突然会发现自己的抱怨只是在空气中四散了，根本没有进入对方的耳朵或者对方一副茫然的表情，根本不知道我们在抱怨什么。我们的听众只是一只“空船”或只有空气，而他们完全不会因我们的抱怨就改变自己的航向或者消失。

抱怨环境不好，往往是因为我们适应能力太弱；抱怨天气太恶劣，是因为我们的心情也许正是糟糕的时刻；抱怨别人太吝啬，恐怕是我们的心胸不豁达；抱怨别人不关心我们，也许是我们也同样没有在乎别人。因此，在抱怨之前不妨试着先改变自己，也许一切都会大相径庭。我们不可能改变环境，不可能改变天气，不可能改变他人的思想，但我们可以改变自己，让自己适应环境和天气，让自己影响到别人的想法。

第二次世界大战时期，英国著名的律师乔治·罗拿流离颠沛到瑞典。为了度日糊口，乔治·罗拿决定找一家贸易公司做翻译，因为他觉得自己的写作水平还不错。

但是，不幸的是每一个公司都给他寄来了拒绝信，其中有一封说："我们公司近段时间来，不雇用翻译员，哪怕雇用，也不会选你，因为你的瑞典语实在太差劲了。你给我们写的求职信中，错字百出，还想当翻译员，简直是天大的笑话。"乔治·罗拿看到这封信后，怒火冲天，把来到瑞典这段时间里的怨声都发了出来，他大骂这个没有人情味的公司，抱怨自己生活的困苦。骂完以后，他心里还是不解气，于是拿出信纸，奋笔疾书，准备报复那个瑞典佬。

信写到了一半时，乔治·罗拿改变了自己的主意。他让自己冷静下来后，才意识到自己本来就是不擅长瑞典语，尤其是书写方面，毕竟瑞典语不是母语，他还没有练到很熟练的程度，别人当然不会雇用自己了。想到这里，乔治·罗拿就撕掉这封信，重新写了一封，信中他对于自己的错字向对方表示了道歉，并感谢给予自己的鼓励。

意外的是，两天后，乔治·罗拿收到了这个公司的面试邀请，而最终，他也得到了自己想要的那份工作。

乔治·罗拿这一次求职经历，更加告诫我们抱怨和责骂任何人，都不如改变自己。因为我们的抱怨和责骂不会改变谁，只会增加彼此的进一步冲突。唯有改变自己，才是最有效的出路。

美国成功哲学演说家金·洛恩说："成功不是追求得来的，而是被改变后的自己主动吸引而来的。"的确，与其盲目地追求和坚持，与其抱怨成功之路太坎坷、太遥远，还不如回头看看自己短缺什么，真正需求什么，然后积极地改正和改变，让自己离成功越来越近。

6. 抱怨之前先自我反省

古时候，一个寺庙里住着一个老和尚，还有他的几个弟子。其中有个弟子老是爱抱怨，每天不是抱怨饭菜不好，就是抱怨师弟们地扫得不干净……老和尚实在看不下去了，他决定开导这个弟子一番。

老和尚故意派这个弟子去集市上买一袋盐回来，这位弟子又开始抱怨了：厨房里不是有盐吗？为何还要让他辛苦跑一趟去集市上只买一袋盐？老和尚笑笑不语，弟子也不敢再顶嘴，只好硬着皮头去买盐。

盐买回来后，老和尚吩咐他把盐倒入一杯水中，然后对他说："等盐完全融化于水中，你便去喝一大口。"弟子摸不着头脑，不知道师父葫芦里卖的是什么药，但还是张口喝了。

"味道如何？"老和尚问。"又咸又苦。"弟子答道。

老和尚笑笑道："你随我到井边来。"说完，师徒二人就来到了后院的水井旁边。老和尚又吩咐弟子把盐全部撒进水井里，弟子照办了。

"再尝尝井里的水吧。"老和尚道。弟子听罢弯腰拿起一个桶从水井里打上来半桶水，舀出来喝了一口。

"味道怎样？"老和尚又问道。"甘甜爽口。"弟子答道。

"没有咸味吗？""自然没有。"

这时，老和尚点了点头，一边说一边往前走去："现在你明白这个道理吗？我们人生中的痛苦就像这盐一样，它的咸淡取决于盛它的容器，也就是你把它放在哪里。而我们的心是世界万物中最大的容器。"

这位弟子听罢，惭愧地点点头，从此以后，他再也不去抱怨了。

我们很多人会像这个弟子一样抱怨很多，觉得事事都不合心意。但是我们却从来不懂得在抱怨之前反思一下，是不是自己的抱怨太多了？是不是自己的心胸太狭隘？就像老和尚指点的一样，我们抱怨盐太咸太苦时，只是我们没有适当地运用它或根本就是我们的心这个"容器"太小了。其实，只要我们打开心扉，用一颗包容的心去反思，则会平静地接受或欣然承受。

习惯抱怨的人总是在抱怨任何人，任何事，当然也包括自己的一切，总是喜欢把所有的不如意都归咎于别人、命运，甚至老天，却从不知道回过头来审视自身的缺点或反思自己的错误。也许是自身的性格有严重的问题，为何看到的永远是不好？永远是别人的缺点？为什么不能在抱怨别人之前先反省一下自己呢？

一个在房地产做置业顾问的年轻人极不满意自己的工作，他愤愤不平地向一个比较要好的老同事倾诉：“老板太狗眼看人低了，他一直对我不理不睬的，总有一天我会对他拍桌子，然后辞职走人。”

同事对他说：“老板确实可恶，我举双手赞成你离开这样的公司、这样的老板。不过我觉得现在还不是离开的好时机。”

年轻人一脸疑惑地看着同事问：“为什么？”

同事得意地一笑，说道：“我觉得要想报复老板，最好是先让他尝到甜头，然后再甩开他，让他觉得失去你的重要性。也就是说你先把自己的业务做好，有了自己的客户，能够独挡一面。然后再突然带着这些客户离开，老板就会觉得你的离开是多么大的损失呀！”

年轻人听了，觉得这位老同事说得有理，于是就开始努力地工作。付出总有回报，半年后，年轻人果真拥有了许多忠实的客户。然后这位老同事对他说：“怎样，我说得没错吧，赶快跳槽，现在是绝好的时机。”

然而年轻人却笑着摇摇头：“我不跳了，现在老板不仅对我很客气，而且还准备给我升职呢。”

“哈哈哈。”这位老同事听完大笑起来说，“其实这是我给你想的一个办法，我早料到会是这样！”

年轻人这才明白了老同事对他的良苦用心，他感激地对老同事连说谢谢。老同事却摇摇手说：“不用谢我，这都是你自己的功劳。刚开始时，我看出来你虽然口才很好，也会办事，但就是对工作不认真，不用心。你改变了这些缺点后，业绩就会变好，老板自然会重视你。所以，以后一定要记住，在埋怨别人之前先反省一下自己是最重要的。”

年轻人听完老同事的“教诲”，重重地点点头。

的确如此，在工作中当老板批评了我们，先不要生气，而是反思一下自己哪里做得不对；当跟同事关系不融洽时，反省一下是不是自己的问题。在生活中，与丈夫吵架之后，冷静下来分析自己的原因，俗话说：一个巴掌拍不响，正是这个道理；当感觉孩子习惯不好或学习成绩差劲时，想想是不是做父母的教育方式不对或给孩子太多压力。这样少了抱怨，少了唠叨，家中就会被一片和谐的气氛所包围。

学会在抱怨之前反省自己，可以让自己的心情缓和下来；学会在抱怨之前反省自己，说不定问题就会迎刃而解；学会在抱怨之前反省自己，让自己快乐多一点。把“抱怨之前先反省自己”形成一种习惯，播种一种习惯，收获一种命运，收获一种人生。

7. 不公平，是生活的一部分

一个哲人说过：“如果要绝对的公平，一分钟都不能生存。”然而生活中我们还是想追求公平，同时觉得有很多的不公平：为什么有人天生漂亮，有人一出生就不愁吃喝，有人一次性就可以成功？而有人天生平凡甚至丑陋，有人出生在贫困家庭里，有人努力了一辈子却实现不了自己的梦想？生活中怎么会存在这么多不公平，这么大的差距？可也有人说：“当上帝为你关上一扇门时，就会打开另一扇窗。”可见不公平也是相对的，公平也是相对的。其实不管是不公平还是公平，这都是我们自己的想法和看法。唯有改变自己的思想，才会公平地看待这些不公平，才会明白，不公平也是我们生活的一部分。

不公平，是生活的一部分。我们不能避免这个现实，但我们只能接受，抱怨、怨恨、愤怒、叹息都不起任何作用，也不能改变任何事实。天下没有完全公平的“理想国”，与其浪费自己的时间和精力抱怨这个社会的不公平，还不如承认现实的不公平，冷静认可，欣然接受，不断地扩充自己的能力，追寻属于自己的一切。甚至凭借自己的实力扭转我们心中的不公平。

一家有名的广告公司在招一名图片设计师。经过一系列严格的考核之后，只留下两名幸运的应聘者。一个是从名牌大学毕业的高晓强，一个是“海归”孙菲菲。

高晓强本来就是广告专业出身，他觉得自己十拿九稳。可是无意中，高晓强听到公司里两个同事的议论说：孙菲菲是这家广告公司最大股东家的千金。高晓强瞬间感到自己死定了，不用参加最终考核都知道谁是胜利者了。但在朋友的鼓励之下，高晓强还是想进行最后一搏。

最后考核开始了。主考官对高晓强和孙菲菲说：“其实专业的技术都过关了，因此今天的考核非常简单，就是考核效率，看你们俩谁处理图片的速度快一点，谁就留下来胜任这个职位。”

高晓强听了这个消息后，心里又开始得意起来：完成这个图片的制作自己最快只需要五分钟。我一定要赢过孙菲菲，铁一样的事实摆在眼前看公司怎么办?

“比赛”开始了，高晓强和孙菲菲同时坐在电脑桌旁，同时开机。但是，随后高晓强就发现自己的这台电脑开机速度特别慢，足足花费了两分钟。但前一分钟，高晓强就听到孙菲菲已经噼里啪啦地在敲键盘。高晓强这才明白原来猫腻在这里！他好不容易压住自己内心的愤怒，开始制作图片，但是由于情绪不好，图片制作过程中错误连连，重新开始了好几次。当高晓强制作到一半时，主考官就宣布孙菲菲已经把图片做好了。

高晓强查看了一下自己的电脑配置分明都是老的那种，他再也控制不住自己的怒火了。冲过去对主考官大叫：“这不公平！太不公平了！我不服。”主考官先是愣了一下，然后笑着问：“是吗？哪里不公平了?”

高晓强径直走到孙菲菲的电脑面前，查看了电脑的配置，果真都是好的配置。“你看，她的电脑都是很高的配置，反应速度极快，不像我的都是老配置，开机就用了两分钟。”主考官听完高晓强怒气冲冲的陈述，平静地说：“是不公平呀。不过你先别急，我们已经把考试的全过程拍摄下来，你看看就明白了。”

主考官放出录像后，高晓强看完头顿时低垂下来。“孙菲菲的电脑开机确实比你的快很多，但是她的电脑里根本没有现成的图片制作软件，需要下载，但是她并没有抱怨，也没有慌忙，而是冷静地处理，而我们公司正是需要这样能够随机应变而不是只会抱怨的员工！”主考官正义凛然地说道。而此时的高晓强在心里已经彻底认输了。

高晓强不是被“不公平”打败，而是被自己的心打败的。这个世界上也许存在许多的不公平，但很多时候我们首先被自己臆想的不公平所打败。而事实上这些不公平根本不存在或者根本没有我们想象得那么可怕。公平也罢，不公平也罢，都不重要，重要的是我们自己的心态。

不公平只是我们生活的一部分，如果我们因为这一部分就抛弃生活的全部，无疑是最愚蠢的，何况这一部分也许可以在我们的努力之下有所改变和好转。永远不要抱怨生活的不公，也许我们有 1000 个抱怨的理由，但同时也有 1000 个另外的理由给我们带来幸运，这一切才是真真实实掌控在我们自己的手里。

第十二章

消灭忌妒

——为自己喝彩，为他人鼓掌

童话《白雪公主》中，王后因为忌妒白雪公主的美丽，拿一颗毒苹果想要毒死她；古希腊传说中，三位女神为了争夺“最美丽”的称号，引发了为期十年的特洛伊战争；现实生活中，很多人同样也因为忌妒做出匪夷所思的行为，以至于害人害己。凡是忌妒的人，最终只会自食其果。

争强好胜也许是我们前进的动力，但过之则会点燃忌妒之火，首先灼伤的是自己。我们要想熄灭忌妒之火，避免忌妒带给自身的危害，就要学会敞开心胸，接纳别人，承认别人的优势；学会欣赏别人，赞美别人；学会虚心请教，汲取别人的精华。当我们为自己的成功喝彩时，不妨为别人的风采而鼓掌，让世界上，多一点赞美，多一些欢声笑语，多一些快乐幸福。

1. 忌妒是心灵的毒药

这是一个流传久远的关于忌妒的故事。

有一个人有幸遇到了上帝。上帝说："咱俩也算有缘，你可以任意说出一个愿望我都可以满足。"这个人高兴极了，刚准备开口，上帝又说："但是前提是你的邻居会得到双份的愿望。"这个人停顿下来心想：如果我要一亩田地，那邻居就会得到两亩；如果我要一箱金子，那邻居就会得到两箱金子；更可恨的是如果我要一个绝色美女，那么那个光棍汉邻居就会得到两个美女了……不行，这样绝对不行。这个人想来想去觉得无法忍受，他才不甘心让邻居占这么大的便宜。于是，他就一咬牙说道："哎，那你就挖我一只眼珠吧。"

可见，忌妒是多么可怕的东西呀，犹如毒药一般侵蚀我们的心灵。忌妒俗称"红眼病"，是一种普遍的社会心理现象，主要特征就是：在一定范围内，看到比自己优秀的人就出现不满、不悦，甚至怨恨、恼怒的心理和情绪。

自古以来，不管是平民百姓还是将相王侯，都可能因为忌妒导致伤人害己的悲惨下场。忌妒，是我们心灵上的一枚毒瘤，遮住了我们美好的心灵，带来了无穷无尽的祸害。

三国时期的东吴大将周瑜心胸很是狭窄，因为他看到诸葛亮比他有才华，便心生妒意，想设计害死诸葛亮。我们小时候学的《草船借箭》这篇课文就讲述了周瑜设计害诸葛亮的过程：周瑜以军中缺箭为名，给吴王提议让诸葛亮十天之内造出十万只箭。并且立下军令状说，诸葛亮不能按时完成任务，就处死。

然而，没想到，足智多谋的诸葛亮却胸有成竹地答应了。诸葛亮凭借着自己上知天文，下晓地理的才能，很快便通过"草船借箭"这条妙计借到了十万只箭。这样周瑜的毒计就落空了。

此后虽周瑜千万百计想害死诸葛亮，但是最终在一场战役中败给诸葛亮被活活气死，并发出“既生瑜，何生亮”的千古悲叹。

周瑜可悲的并不是被诸葛亮打败，而是被自己的忌妒所打败；他也不是被诸葛亮气死，完全是被自己内心的忌妒所害。

《伊索寓言》中也有这样一个寓言。有个人饲养着一只山羊和一头驴子。山羊看到主人总是给驴子喂营养的饲料却给它吃青草，就产生了忌妒之心。于是山羊就对驴子说：“你看你每天都要拉磨，还要驼那么重的东西，肯定很辛苦。不如你摔倒在地上装病，就可以休息了。”驴子听从了山羊的意见，便把自己摔得遍体鳞伤。主人十分心疼，便请来医生医治。医生说：“要把山羊的心肺熬成药汤给驴子喝下去，病就好了。”主人听后，就马上把那只山羊杀掉了给驴子治病。

这两个故事都告诉我们凡是忌妒的人，其实都将会把给别人准备好的毒药灌入自己的肚中，自食其果。

在现实生活中，忌妒是有百害而无一利。有时候我们的忌妒并没有伤害到别人，却已经伤害到了自己，比如我们的身体健康。心理学家的观察研究证明：忌妒心强的人易发头痛、胃痛、高血压等疾病；更可怕的是容易患上心脏病，而且死亡率也很高。而忌妒心较少的人群，心脏病的发病率和死亡率只有前者的1/3到1/2之间。曾经有一位医学心理学家做过一个实验：他把两只饥饿的狗关在两个铁笼子里，给其中的一只喂肉骨头，而另外一只不理。最后，没有喂食的那只狗在急躁、气愤和忌妒等负面情绪之下，产生了神经症性的病态反应。

忌妒只会让我们更加不快乐，甚至自寻烦恼。一个真正有自信和有实力的强者不会愚蠢地忌妒别人，而是把自己的能力发挥得淋漓尽致。

西方有一句至理名言：“铁为锈所蚀，心胸狭窄者被忌妒所腐蚀。”巴尔扎克言：“忌妒者受的痛苦比任何人遭受的痛苦更大。自己的不幸和别人的幸福都使他痛苦万分。”的确如此呀，忌妒者要承受双倍的痛苦，不痛苦才怪。因此，让忌妒远离我们，不要让忌妒成为我们心灵上的毒药，这才是智者之举。那么怎样扑灭自己内心的忌妒之火呢？

1. 正确认识自我

每个人都有各自的长处。他人有他人的优点，我们也有自己的长处。

忌妒别人的优点无非是在妄自菲薄，贬低自己。

2. 不要有虚荣心

虚荣心是忌妒产生的前提。虚荣心太强的人只会让忌妒之火越烧越旺。因此，让自己克服一份虚荣心，就会减少一点忌妒。

3. 不要把自己看得太重

把自己看得太重的人经常会以自我为中心，自以为是，好胜心极强。这些人当别人比自己优秀时更容易产生忌妒的心理。跳出自我为中心的圈子，才会以一颗平常心面对一切。

4. 学会欣赏别人，接纳别人

“三人行，必有我师焉”。每个人都有自己的优势和不足，况且“天外有天，人外有人”。对于这些自然规律，我们除了努力改正自己，完善自己，更要学会客观、公正地评判他人。

5. 公平竞争才是硬道理

忌妒不会让我们超过别人，只会越来越弱。当发现别人比我们做得好时，唯一的办法就是努力增强自我的实力，然后和对方公平竞争，这样取得胜利后，我们的成就感会更大，并且会体会到公平竞争过程中的乐趣。

2. 赞美会让“心花”怒放

赞美这个词对于我们来说并不陌生，因为我们时刻都想得到别人的赞美。赞美是对我们的一种肯定，一种认可，一种最高的鼓励。赞美是每个人与生俱来的愿望，是每个人潜意识里的渴望。人人都渴求赞美，却往往忘记赞美是互相的，别人也需要得到我们的赞美。因此，学会赞美他人吧，这对己对人都是有益的，学会赞美他人的人才会得到更多的赞美和尊敬。

年轻时曾经很幼稚的本杰明·富兰克林后来变得非常善于与人交往，并被任命为美国驻法大使。他成功的秘密是什么？“我从不说任何人的坏话。”他说，“……而只提我所了解的每个人的优点。”

有这样一个故事发生在美国的音乐大厅内。一场钢琴表演即将开始，剧场里一片肃静，观众们穿着正式的礼服静静地等候着。座位的第一排坐着一位母亲和她八岁的儿子。小男孩不停地在座位上扭动着身体，四处张望着，显然他已经等得不耐烦了。小男孩是被母亲强拉着来到剧场的，母亲想让他学点东西。

小男孩望着舞台上那架大大的钢琴，不知是突然来了兴趣还是早已按捺不住，他趁着母亲不注意的空当，就偷偷地溜上舞台，坐在钢琴面前，用小手拨弄着他熟悉的黑白键。突然他开始弹奏自己平日里经常练习的一首名叫《筷子》的曲子。

观众们起初惊讶地看着舞台上这个小男孩，后来变成恼怒的眼神。有些人甚至大叫起来："这是谁家的孩子，这么没礼貌？表演马上要开始了，还让孩子出来捣乱。"这时候，在后台准备的钢琴大师听到前台的吵声，迅速穿戴好，跑到舞台上的钢琴旁边，伸出大手抚摸了一下小男孩的头，然后坐下来，即兴地弹奏出一些音符来配合小男孩演奏的曲子。小男孩被这一举动吓得放慢了速度，迟疑地望着远处的妈妈。这时，钢琴大师一边弹奏一边俯在小男孩的耳边上说："继续弹，不要停下来，你弹得棒极了。"小男孩听了大师的话，紧张的小脸逐渐地放松下来，抖动的小手也开始变得灵活起来。

就这样，小男孩和大师弹奏完了这首曲子，并且配合得天衣无缝。台下的观众顿时发出雷鸣般的掌声，尤其是小男孩的妈妈，激动得已经泪流满面。

可见，赞美是多伟大的力量呀！这样一句朴实的赞美，让小男孩消除了紧张与害怕，产生了信心，从而能与大师共弹一曲；同样也是赞美，让全场的观众改变了对小男孩的厌烦感，产生喜爱的心理。赞美就像大师与小男孩弹奏出来的乐曲一样和谐动听，温暖人心。

从心理学角度来说，赞美是一种有效的人际交往技巧，能有效地缩短人与人之间的心理距离；赞美是人际关系的润滑剂，可以使人与人之间的关系更友善，更和谐。犹太人有句谚语：唯有赞美别人的人，才是真正值得赞美的人。在现实生活中，我们要学会多说一些赞美别人的话，别人在感激的同时也会对我们产生喜欢。赞美不仅让我们受益无穷，还会让我们的生活产生许多美的情绪体验。比如别人赞美我们时，我们内心会产生愉快、自信、快乐的心情；而当我们赞美别人时，收获的则是别人的感激和赞美，这样循环，最终我们得到的是积极的情绪体验。经常赞美别人，让我们的人际关系越来越好，这也会给我们带来好心情和更多成功的机会。

赞美是一门学问，一门艺术，是有原则性的，需要掌握好分寸。会赞美别人的会使对方心花怒放，而不会赞美的只会适得其反。赞美他人应注意以下几点原则。

1. 一定是自己的真实情感体验，是发自内心的，是实事求是的。这样才不会给人产生牵强和虚伪的感觉。

2. 天时地利人和。也就是说符合的场合、符合的时间、符合的时机。

3. 赞美须要具体到位的，要有原则性，千万不能过度。

4. 用词恰当，恰到好处，以及配上相符的表情，这样会更让人相信你的诚意。

5. 要注意细节，要诚恳，态度积极，伴有笑容的赞美就容易被采纳并获得对方的心。

3. 欣赏别人是一种本领

每一个人都有自己独特的魅力，每一个人都是生活中一道亮丽的风景线，每一个人都有别人值得欣赏的地方。古人云：“汝爱人，人恒爱之。”因此，要想让别人来欣赏我们，首先学会欣赏别人，欣赏别人的优点，欣赏别人的独特之处，欣赏别人的魅力。这是对别人的尊敬，也是自我尊重的一种方式，欣赏别人是我们的一种本领。

一个暖洋洋的午后，六岁的小男孩迈克和爸爸在公园里玩耍。迈克像个蹦蹦跳跳的小兔子在地上蹦来蹦去。突然他撞上了一个人，迈克顿时一愣，他抬头一看，是一个裹着厚重棉袄的女士，头上还戴着一顶两角高高翘起的帽子。迈克望着面前这位“吓人”的女士，都忘了因撞了别人道歉。这时，爸爸在旁边提醒道："迈克，给阿姨道歉呀。"迈克这才回过神来给女士说了声对不起。女士走过去后，在旁边的小凳子上坐下来。迈克俯在爸爸的耳边偷偷地说："爸爸，刚才的那位女士可真逗人，你看她的穿着简直就像一个小丑一样滑稽。"迈克说完咯咯地笑起来。爸爸望着迈克脸上的嘲笑，突然严肃地说："迈克，你不能这样说。那是对别人的极不尊敬。你是个聪明的孩子，但是还缺少一种本领。"迈克听了爸爸的话委屈地说道："我现在已经自己学会穿衣服、绑鞋带，还学会自己吃饭，饭后认真做作业，我哪里缺少本领了?"

爸爸听了语重心长地说："迈克，这些都是最基本的本领，但是你短缺一种高尚的本领，那就是欣赏别人的本领。学会欣赏别人会让别人更喜欢你，并且可以交到好多朋友；欣赏别人的人才会有一颗善良的心。"迈克似乎觉得爸爸说得有道理，歪着小脑袋认真地听着。爸爸向旁边的女士望了望继续说道："那位女士虽然穿得有点滑稽，但是我敢打赌她那样肯定是有特殊原因的。你看，女士现在的神情是多么的美丽呀。"

迈克向女士望去，发现她正专注地望着蓝天上的白云。"我猜她肯定非常热爱大自然，非常享受大自然的美妙。"爸爸又说道。

迈克完全同意了爸爸的话，他走过去对女士说："太太，您欣赏白云的神情真是美丽，很让我感动。"女士听了，激动地在迈克脸蛋上亲了一口，然后急忙从怀里掏出来一个精美的盒子送给迈克并说："孩子，作为感谢，这是我送给你的礼物，快点打开看看。"迈克道谢后打开盒子一看，是一架望远镜。

迈克欣喜地跑到爸爸身边，说："爸爸您看，我欣赏并赞美了别人，不仅交了一个朋友，还收到了一份惊喜的礼物。"爸爸的脸上也露出了慈爱的笑容。

六岁的小迈克在爸爸的教导之下学会真诚地欣赏别人，而我们已经长大和成熟的成年人也未必拥有这一种本领。如果发现自己缺少这种本领，那就像迈克一样虚心学习。每一个人身上都有一个闪光点，每一个人都有值得我们欣赏的优点。学会欣赏别人，让别人成为我们的朋友，是一件多么美好的事情。

学会欣赏别人，犹如在彼此之间架起一座桥梁，这是一道理解与沟通的桥梁，是信任和交流的纽带；学会欣赏别人是才会发现别人的优势，从而取长补短，弥补我们自身的不足；学会欣赏别人提升自身的能量，充实自己的内心，作为自己前进的基石。一位西班牙学者说："智者尊重每个人，因为他知道各有所长，也明白成事不易。学会欣赏每个人会让你受益无穷。"

威廉·詹姆斯说："人性中最深切的心理动机是被人赏识的渴望。"正如我们渴望得到别人的欣赏一样。欣赏与被欣赏是一种互动的力量之源，欣赏别人的同时也会让我们的内心得到一份愉悦之心，仁爱之怀，成人之美的"壮举"。

欣赏是世间最美好的东西，它能遮盖我们心中的丑陋。著名的雕塑家罗丹曾说："生活中不是缺少美，而是缺少发现。"只有懂得欣赏的眼睛才能发现更多的美，这是何等的幸福呀。

著名哲学家苏格拉底经常这样教育他的学生："优秀的人总是相互欣赏的。"学会欣赏别人是一种人格修养，一种气质提升，有助于自己逐渐走向完美；学会欣赏别人是一种美德，是一种气度，一种智慧，一种本领，让我们受益一生。

4. 真诚地为他人喝彩

生活中我们会发现有这样的人：自己有了成绩、荣誉，就兴高采烈，得意扬扬；然而当看见别人有了进步或成功时，就视而不见，听而不闻，甚至翻一个白眼，冷嘲热讽或尖酸刻薄地挖苦。这种人只是因为妒忌心太强了，更不会为别人喝彩。其实真诚地为别人喝彩是一种智慧，一种交际技巧，一种健康的心态。

古往今来，有多少仁人志士，能够敞开他们的胸怀，真诚地为别人的佳作和成功喝彩，成为千古绝唱，有的因为互相欣赏和互相喝彩，缔结友谊，成为千古佳话。

李白和杜甫，一个是诗仙，一个是诗圣，两人一见如故，互相赠诗表达崇敬之意，而不是忌妒对方的才华，他们的友谊恐怕是继俞伯牙和仲子期之后最让后人称赞的友谊。而后人又为他们共同喝彩，韩愈的“李杜文章在，光焰万丈长”是对他们多么崇高的喝彩呀！孔子千古教诲“三人行，必有我师焉”，不仅为别人喝彩，还虚心请教，正因为孔子海纳百川的胸怀，才汇集了天下七十二贤人作为门徒；而鲁迅先生的“史家之绝唱，无韵之离骚”，无疑是对司马迁的最高喝彩。这些千古流传的喝彩声让我们明白为他人喝彩是一种永恒的智慧，是一种大家风范，是一种人格修养。

有时候我们的喝彩，只不过是举手之劳：一个鼓励的眼神，一句无意的赞美，一个响亮的鼓掌，一个胜利的手势，对对方来说，无疑是最好的喝彩，最大的温暖。为别人喝彩很多时候会成为一种无形的动力，鼓舞他们增加前进的信心，激励他们走向成功。

当年，俄国鼎鼎大名的作家屠格涅夫，阅读了一篇名为《童年》的小说后，被深深吸引和感动。他便四处打听小说的作者，后来得知作者只是一个年轻人后，屠格涅夫不管走到哪个场合之下都对这位年轻作家大大称赞。本来这位年轻人只是因为现今生活的苦闷，回忆起自己美好愉快的童年，突然有了灵感，就即兴地拿起笔记录下来。他根本没敢想过当一名作家，甚至得到伟大的作家屠格涅夫的称赞。然而，屠格涅夫为这个年轻人的喝彩，却改变了他的想法，点燃了他心中的希望，开始热情地写作。最终这位年轻人成为了享誉全世界的文坛巨匠，他就是俄国又一伟大作家列夫·托尔斯泰。

还有这样一个故事。约翰是一个有名的小提琴演奏家，慕名前来拜他为师的人特别多。一天，一位憔悴的妇女带着一个十岁的小男孩来拜访约翰。约翰很热情地把母子俩请进屋，让小男孩演奏一曲试试看。小男孩演奏完后，约翰情不自禁地鼓起掌来，并赞不绝口地称赞小男孩很有天赋。当得知母亲拿不出昂贵的学费时，约翰就决定免费让小男孩学艺。

两年后，小男孩果真成为了一位天才小提琴演奏家。邀请他演出的公司络绎不绝。一年后，小男孩的名誉甚至超过了他的老师约翰。有人对约翰说："你的学生已经超过你了，他的名气现在比你的都大，你怎么能把全部的绝活都教给他呢?"约翰笑着说："这就是我所希望的，我希望我的每一个学生都能超过我，我只会在台下为他们鼓掌喝彩。"

当然，只有发自内心的真诚的喝彩才是真正的喝彩。真正的喝彩是真心地为他人叫好，没有任何目的性和功利性，没有半点虚情假意和互相吹捧的意图。有些人觉得做到这一点有点难，的确如此，能做到真诚为别人喝彩的人，需要拥有坦荡的胸怀和良好的修养，需要懂得欣赏、懂得发现，需要一定的涵养和处事的气度。

为别人喝彩不仅建立在自我真诚的前提上，也是对别人充分肯定的基础上。俗话说："赠人玫瑰，手有余香。"在我们肯定别人的同时，也充实了自己内心的欲望，对己对人都是一种激励；在我们为别人喝彩的同时，也可以汲取一些道理，吸收一些"营养"，不断地向自己的成功驶进。

有这样一句格言："当英雄路过的时候，总要有人坐在路边鼓掌。"其实我们每一个人都是"英雄"，当我们愿意为别人喝彩时，别人也会真诚地为我们加油！这一过程就是心与心之间的交流，在心与心交汇的那一刻，世间任何的一切都化在温暖的阳光中，让我们觉得生活是如此的美好。

5. 化忌妒为动力

一提起忌妒，人们就会谈虎色变。忌妒是毒药，是魔鬼，害人害己，具有极大的破坏力。事实上，我们每一个人的内心都存在着不同程度的忌妒，只要我们学会正确运用忌妒，把其转化成一种竞争动力，就会成为一股巨大的推动力。

美国有一位农家少年，名叫阿瑟·华卡。当华卡第一次在一本杂志上看到那些商界的成功人士时，除了羡慕就是忌妒。他心想，为什么这些人拥有显赫的背景，还有那么多的财富，而我却是个农家的穷小子？华卡在一顿抱怨之后，天生的好强救了他，他决定要比这些人更成功。

打定主意后，华卡就选中美国一个伟大的实业家亚斯达，聪明的华卡把忌妒化为虚心的请教，他决定向这位大实业家去了解详细的成功经历，并获得一些忠告和建议，或许自己可以更容易取得成功。

华卡专门跑到纽约，找到了亚斯达的公司，然后就开始“蹲点”。他不知道人家几点上班，于是早上六点钟就来到公司等待，一直等到上午九点，华卡看到一个体格结实，浓眉大眼的男子走过来，他一眼就认出这是亚斯达。

华卡内心像有个小鹿在跳，但他还是勇敢地迎了上去。亚斯达开始觉得这个少年简直是个小赖皮。但是当华卡问道：“先生，我很想知道您是怎么赚到100万的?”愣住的亚斯达僵硬的脸上突然有了笑意，他把华卡请进了办公室，两人谈了长达一个小时。最后亚斯达还告诉华卡拜访那些成功企业家的诀窍。

华卡按照亚斯达的指示，果真访遍了曾让他忌妒的实业界的一流名人。这些名人并没有华卡想象中的可怕，相反他们都很平易近人，华卡的内心彻底没了忌妒，而是无穷的动力。

效仿着这些成功人士的做法，五年后，华卡成为了一家银行董事会的一员。此后，他自己开始创业，并一直谨记着自己悟出的那个道理：与其忌妒那些比自己强的人，还不如多与这些人打交道，把对别人的忌妒转变为自己的动力，这是走向成功的一条捷径。这个从乡村走出来的农家少年，终于实现了他的梦想，成为美国成功实业家中的一名。

比尔·盖茨说：“和那些优秀的人接触，你会受到良好的影响。”我们很多人虽然明白这个道理却不能做到这一点，罪魁祸首就是我们的忌妒之心在作怪，让我们无法以良好的心态与比自己优秀的人进行沟通与交往。心理学家卡洛斯说：“忌妒的对象不是被忌妒者拥有的一切，而是他作为成功者的形象。”也许有时候我们忌妒的只是一个无形的影子，只是我们的一种心理缺陷，一种害怕失败的心理。

对于那些比我们强的人，我们可以忌妒，但是不要恶意地忌妒，或者赶快消除自己的忌妒。马德里心理学家埃莱娜认为：“一切取决于如何引导。如果我忌妒一个同事，并打算通过竞争超过她，而我的行为又不会对她造成伤害的话，这也不是坏事。在这种情况下，忌妒会成为一种积极的动力。”那么，怎样把忌妒化为自己的动力呢？

1. 最关键是要学会从忌妒中突围

首先敢于正视自己的忌妒，明白忌妒是愚蠢的，自我反省可以让我们自觉地走出忌妒的“火圈”。其次是要正确认识自我，发现自己的优点和接受自身的缺点。缺点则改之，优点则尽力发挥，并且发掘自身潜在的潜力，努力创造。最重要的是日常生活中自觉地开阔胸怀，培养自身的修养，学会大度地为人处事，给自己创造一片和谐美好的环境，从而为事业和成功提供更多的机会。最后充实自我的生活，一个为目标奋斗，生活紧张有节奏的人没有太多的空闲去忌妒别人。

2. 转化忌妒的观念和心理

把忌妒的观念转化为竞争意识，把消极的心态转化为积极的心态。竞争的意识是一种很健康正常的心理，有助于我们摆正心态，积极勇敢地面对挫折和失败，努力地消除忌妒的思想，用一颗平常心对之或学会为别人的胜利高兴，然后把一切精力和时间运用到提高自己的能力和事业上，这才是转化的关键所在。

3. 把忌妒升华为动力

当把忌妒升华为一种动力时，就会有我们意想不到的能量爆发。忌妒只会蒙蔽我们双眼，只是注意别人的优点却看不到自己的强势。当忌妒之气烟消云散时，我们就会认清自己，同时把对别人的忌妒化成一种激励自己前进的力量，从而坚持不懈地追求自己的梦想和成功。

6. 聪明的人会“取经”

春秋时期，一天，孔子和他的弟子们周游列国，宣传自己的思想政治主张。走到晋国的一条小路时，看到一个小孩子在路中央玩耍，孔子的弟子忙上前要赶走小孩。仁和的孔子让弟子住手，自己亲自下车查看。孔子发现这个小孩在小路中央摆了好多碎瓦片，形成一座城的模样。孔子对小孩说："孩子，把你的瓦片收起来吧，我们还要赶路呢，你看车子没法过去。"

小孩听了后，指着地上的瓦片问道："老先生您看这是什么？"孔子笑着说："是一座城吧。""对。"小孩自豪地仰起头又说，"那您说是城给车让道呢？还是车给城让道？"孔子听罢，觉得这个小孩子异常聪明，便问道："孩子，你几岁呀？叫什么名字？""七岁，我叫项橐。"小孩答。孔子转过头去对弟子们说："项橐七岁便如此懂礼貌，我要向他学习呀。"

无人不知的孔子，学识渊博、才高八斗，却要向一个七岁的小儿"取经"。可见孔子是多么地谦虚，同时这也是他的聪明之处。世间万物都是有智慧的，包括小小的蚂蚁，我们人类要向它学习勤劳的精神。聪明的人不是有多高的智商，也不是说拥有多么丰富的学识，真正聪明的人是无时无刻都会记得学习，是有着谦虚的心理，他们不会忌妒比自己强的人，更不会轻视卑贱的人，甘愿向任何人"取经"。

俗话说："天外有天，人外有人，一山还比一山高。"我们一定不要自以为是天下第一，是最完美的，任何人都无法胜过我们。古往今来，在任何一个领域里，永远的第一都是不存在的。有一句话说：长江后浪推前浪，历史的长河在不断地翻滚着，前进着，后来者总会居上。试想万千静物都遵循着新陈代谢的规律，何况是变幻莫测的现代社会？总有一天"后来的人"会超过我们。虽然我们在某一方面具有优势，但另一方面就有可能是最差劲的。每个人都有自己的所长，也有自己的弱势。聪明的人会随时发现别人的进步，取长补短，会随时为别人喝彩，赢得一片友谊，赢得一次"取经"的机会。

有这样一个寓言故事。一片茂密的森林里住着百兽之王——老虎。一天，老虎睡饱觉后出来散步，它走到森林边上，发现一个美丽的湖，一只白天鹅正在岸边栖息。老虎这时觉得自己肚子有点饿了，它就偷偷地走到天鹅的背后扑了过去。没想到那只机灵的天鹅拍打着翅膀飞到湖的中央。老虎心想别以为就你会游泳，我也会。于是它就走入水中，向天鹅游过去。可是老虎的水性怎么能比过天鹅呀，那只天鹅很快便把老虎甩到身后老远。天鹅一边游，一边回头讥笑着老虎："百兽之王也不过如此，游泳技术太差了。”

老虎听了后，气得火冒三丈。它又忌妒天鹅的水性好，又气天鹅的嚣张。但是没办法呀，谁让自己技不如人呢？这时，骄傲的天鹅从水里一跃而起，飞向蓝天。老虎急得大叫着让天鹅回来，但天鹅已经越飞越远。老虎的叫声吵醒了一只睡觉的青蛙，青蛙蹦蹦跳跳地过来问老虎怎么回事？

老虎不屑地看着眼前这个“小不点”，准备说一句：“关你什么事？”突然，它想到了青蛙从小生活在水里，游泳技术应该很好，可以向青蛙学习游泳呀。想到这一点，老虎就谦虚地向青蛙请教，说想拜青蛙为师，学习游泳技术，青蛙爽快地答应了。

于是，每天老虎都按时来到湖边向青蛙学习游泳，渐渐地它的游泳技术得到了很大的提高。一个月后，老虎游得像青蛙一般快，成了森林里的一名游泳高手。

这一天，老虎刚游完泳，听到身后传来咕咕的笑声。原来是那只天鹅，天鹅边笑边说：“你再怎么练习也游不过我的。”没想到天鹅刚说完话，老虎就一个箭步游到了它身边，还没等天鹅反应过来，就成了老虎的一顿美餐。

老虎不愧是百兽之王，最终打败了天鹅取得了胜利，赢回了自己的尊严。而这都归功于老虎能够谦虚地向不起眼的青蛙“取经”，努力地学习，才会让自己进步。一位智者说：聪明的人学习别人，愚昧的人学习自己。的确如此，只要我们细心留意，就会发现很多成功人士，比我们强的人有一个最大的优点，就是善于学习别人的经验，聆听别人的教诲。有一位成功人士透露，成功的捷径就是：向成功者学习，去请教他们。

不管是生活中还是追求成功的道路上，我们都会遇到各种各样的问题和困难，有的我们可以迎刃而解，而有的则会束手无策。这时，不妨学会向周围的人请教，特别是比我们强的人或经历过此方面事情的人，相信他们给我们的建议和忠告不仅使我们柳暗花明，还能尽快地登上成功的巅峰。

第十三章

放下后悔

——不要扛着“包袱”前进

也许每一个人的人生字典里都赫然放着两个字——后悔。我们一生中后悔的事情太多太多：后悔犯下的错误，后悔伤害我们所爱的人，后悔浪费光阴，没有及时努力……然而，与其后悔这些已经放下的选择，还不如放下后悔，放过自己。

俗话说：“世上没有卖后悔药的。”即使有又如何，我们吃了就会让时光倒流？让事实改变？让创伤的心灵愈合？恐怕不能吧，既然如此，我们何必还要耿耿于怀，何必还在折磨自己？放下过去，忘记一切不快，不要在人生道路上扛着后悔的“包袱”前进，而是把握现在，抓住一切机会，认真做好眼前的事情，从而让自己一步步走向成功。

1. 做事三思而后行

我们经常会安慰别人：这个世界上没有卖后悔药的。其实，我们自己心里更要记住和明白，不要轻易让自己做后悔的事。这就要求我们做事一定要懂得三思而后行，一定要养成事前多思考的好习惯。

“三思而后行”这句名言出自中国孔子之口，如今已成俗语，普遍流传于社会。简单地讲就是我们在遇到事情时，要懂得用大脑思考，考虑好后再开始行动。道理人人都懂，然而，真正能做到，悟透其中奥妙的人又有几个呢？

从前，有一位国王带着他心爱的猎鹰狩猎。途中，国王发现一头羚羊，便对手下人说：“谁要是让羚羊跑了就要砍谁的头。”部下们一听赶紧把羚羊团团围住，没想到聪明的羚羊却跃过国王的头顶，逃跑了。幸亏国王的猎鹰反应更快，一个箭步飞过去抓住了羚羊，才给国王解了围。

后来，人马停下来休息。士兵给国王端来一碗树汁解渴，却被猎鹰拍打着翅膀打翻了。国王一怒之下就拔出宝剑一挥，把猎鹰的头削掉了。这时，一名手下惊慌地跑过来说那碗树汁里面有毒，不能喝。原来，当士兵往碗里盛树汁时，头顶树枝上一条毒蛇正好吐出一滴汁液滴到碗里。

国王明白真相后，后悔莫及，怪自己一时鲁莽竟然活活把心爱的猎鹰杀死了。国王一直鄙视那些冲动行事，动不动就对错误的人，没想到此刻自己也犯了同样的错误。最终，国王带着悲哀和惋惜的心情把心爱的猎鹰亲手厚葬了。

国王再怎么后悔，那只忠诚又聪明的猎鹰也不会活过来了；再怎么弥补死去的猎鹰，也不会把自己的罪责抹去。这个故事告诫我们做事一定要三思而后行，切忌冲动，不然只会让我们显得很愚蠢，而我们自己只会后悔万分。

一位女士发现最近她的丈夫心神不宁，动不动就朝她发脾气，或者干脆不理她。女士非常伤心并怀疑她的丈夫在外面有外遇，准备带着孩子回娘家，然后跟丈夫离婚。

后来一位好友提醒道：“也许是他工作上遇到什么困难和压力了。”

“我已经去他单位打听过了，根本没有。”女士肯定地说。

“那会不会是他的身体出现了什么状况，比如失眠导致的？”“的确如此，他的记忆力好像减退了不少，前几天甚至把孩子的生日都忘掉了。”

“那你应该陪他去进行一次体检，不要就这样轻率地做出决定。”好友又说道。

女士思考着好友说的话，觉得很有道理，便建议他的丈夫去医院体检，结果查出丈夫是得了一种病，从而导致一系列精神上的怪反应。

后来，她的丈夫经过治疗后，就痊愈了，一家人又幸福地生活着。

这位女士差点因为她的多疑亲手把自己的美好家庭和婚姻毁掉，幸亏她懂得三思而后行，没有做出偏激的行为。

当然，“三思而后行”不是要我们陷入优柔寡断之中，做事拖拖拉拉，而是提醒我们不要轻率地行动，警告我们遇事一定要冷静，懂得分析，要有谨慎、合理而周密的判断，这样才会收到最大效益的成果。尤其是对于那些性格急躁、脾气暴躁的人来说，最好把“三思而后行”当成牢记于心的格言。

学会“三思”再去行动。一次成功的行动不仅代表着我们的聪慧，更促使我们顺利地完成任务，实现成功。怎样做到三思而后行呢？

1. 遇到事情一定要冷静，不要激动，更不要冲动。只有客观清醒的头脑，才会理智地思考问题，理清事情的前因后果，以及逻辑性。学会多问问我们自己：这件事情可行吗？它会造成什么结果和影响？

2. 在做事情之前，学会深思熟虑，从事情的不同角度换位思考，全方位地认识，然后做出周密的计划，最后一步一步地踏实执行。

3. 要有前瞻的眼光和判断，要分析和考虑到是否能够承担后果。有一位哲人说：真理和谬误往往只有一步之遥。有时候我们一个错误的决定就会让事情毁于一旦或者带来无穷的麻烦。

4. 学会间断性思考。当觉得自己实在想不出更好的办法去解决问题时，那就中断思想，把事情放下来，然后出去散心或做另外一件事情；等内心准备充分或冷静下来时，重新开始处理事情，我们就会换一种思维发现另外一种方法。

2. 果断：人生的关键牌

人生中，面对纷繁的选择，我们往往会显得犹豫不决。人们的犹豫，具有很多的自身原因和客观原因。也许是我们太理性或太感性，甚至太贪婪，不然就是外界的一些原因迫使我们不能做出决定。总之，在选择面前，我们不敢迈出自己的脚步，害怕一锤子敲下去就会让自己后悔，比如失去某些东西，牵扯到我们的亲人朋友等。选择是很难的，做出决定更难，然而这两样东西在我们的人生中又是避免不了的。因此，与其一直浪费时间和机会，还不如果断一点，果断地选择，果断地决定，果断地行事。

有一个六岁的小男孩，一天在院子里玩耍时，头顶上被一个东西砸到了，他定睛一看，原来是一个小鸟巢被风从树顶上吹下来了，里面还滚出一只可爱的小麻雀在叽叽喳喳地叫个不停。

小男孩爱怜地把小麻雀捧在小手里，看着小麻雀很可怜，他决定把它带回家喂养。

小男孩拾起地上的鸟巢，把小鸟放进去，一起捧着走到家门口，突然他想到：妈妈不同意在家养小动物的。于是他把小鸟轻轻地放在地上，急急地跑回去求妈妈去了。妈妈本来就是个善良的人，没哀求多久就答应了他。

可是，意想不到的是，当小男孩兴高采烈地跑到家门口时，小麻雀却不见了，地上还有一摊血。小男孩抬起头，四处张望，发现邻居家的那只大黄猫正在墙角的角落里吃着什么。小男孩跑过去，发现地上有几根麻雀的羽毛，那只大黄猫一边“喵喵”地叫着，一边舔着嘴巴，好像意犹未尽的样子。

小男孩伤心地哭了好久，但从此以后他明白了一个道理：做任何事情，只要你认为是对的，就不要犹豫不决，因为在你犹豫的一小会儿，说不定就会失去它！

小男孩一直把这个教训记在心里，长大以后，他成为了一位杰出的人，他就是华裔电脑名人——王安博士。

小男孩刚开始正是因为犹豫不决，才失去了小麻雀的生命。但这次事件无疑是他人生中的一个转折点。后来他接受了教训，学会果断，才成了一个成功的人。

美国交际大师卡耐基先生言：“一个人是否具备果断的素质，是他在人生道路上是否减少坎坷，获得成功的关键一步，果断可以说是人生的一张关键王牌。”的确如此，一个做事果断的人必定是反应敏锐，头脑聪慧的人，是善于把握时机，抓住机会的人，是自信满满，懂得进退的人。

巴西也有一位“铁娘子”，她就是被人们称为“圣女贞德”的巴西总统迪尔玛·罗塞夫。迪尔玛的一生非常坎坷和丰富。尤其是在她年轻的时候，曾度过了一段不见天日的日子。1970 年，迪尔玛因某些原因被关进监狱。在前 22 天的监狱生活中，她遭受了鞭刑、电击等各种严厉的酷刑。直到三年后，坚强的迪尔玛才被无罪释放。

1973 年迪尔玛再次参加大学考试，考入南里约格朗德州联邦大学经济系。四年后，她从学校毕业，进入了州政府下属的经济和统计基金会工作。后来，迪尔玛还攻读了经济学硕士学位。渊博的学识让迪尔玛更加成熟和强大，她觉得那些单纯的学生运动是无济于事的，真正要做的是思考一套救国治国的方式。坚决立志后，迪尔玛就开始果断行动，首先她果断地选择了投身于民主政治。1986 年，迪尔玛获得了她人生的第一个公职——财政局局长，这正好符合她所学的知识。于是，渐渐地，人们就被迪尔玛的政治才华、果断干练的行事风格和责任心强等优点所吸引，在 2010 年巴西总统大选中胜出当选为总统，成为巴西历史上首位女总统。

可见，我们一定要学会果断行事，杜绝犹豫不决。果断绝不是武断，果断是充分发挥自己的才智和聪明，充分地思考后，在最短的时间里衡量出一件事的利弊，判断出事情的对错，或者事物的发展走向，从而勇敢地采取行动。

行事果断是职场上成功人士必备的素质，我们要想成为事业上的佼佼者，成为一名成功的职业人，就要学会果断，果断让我们不至于白白失去良好的机会，而让自己后悔莫及。在生活上，我们也要学会果断，尤其是面对感情“该断则断，不断反受其乱”。时刻记住：果断是我们人生中的一张关键牌，一定要运用好。

3. 细节往往决定成败

汪中求先生言：大礼不辞小让，细节决定成败。的确，我们会发现有时候成功会在一些微小的细节中毁于一旦；我们很多人苦苦寻求的、成就人生的发展机会，原来隐藏在一个个细节当中。真可谓是细节决定人生。

细节是什么？是茫茫大海中一滴晶莹的水珠，是广阔沙漠中一粒发光的沙子，是漫漫人生中的一件小事。细节，细到“如针”，让我们很难发现，小到“如米”，躲在黑暗的角落里。因此，要想发现可贵的细节，我们需具备一颗细心，一颗平常心，一颗热忱的心。

我们会发现生活中有的人因为一个平常的微笑，就给自己加了第一印象分；因为一句赞美，就获得了别人的好感；因为一句关心，就会得到他人的感动。这些就是细节，做人的细节，细节小到一杯水，一个问候，一个手势，平常到我们会忽略它们。然而，它们却在无形中给我们带来生活的美好，工作上的“四两拨千斤”。

凡是做营销的人都知道谁被称为“世界上最伟大的推销员”，他就是乔·吉拉德，他的成功很多程度上就来源于他注重细节的习惯，而且细心的他把这些细节都融化在他的爱心中。

一次，一位中午妇女从对面的福特汽车销售商行走出来，进了吉拉德的汽车展销室，吉拉德接待了她。妇女说自己很想买一辆白色的福特车，但是福特车行的经销商让她过一个小时之后再去，所以先到这儿来瞧一瞧。

“夫人，欢迎您来看我的车。”吉拉德微笑着说，“您是买给自己的吗？”

“是呀，您不知道，今天是我的生日，所以想买一辆车送给自己。”妇女兴奋地说。

“是吗？夫人祝您生日快乐！”吉拉德热情地祝贺道，随后在旁边的助手耳边轻语了几句。接着吉拉德带着妇女开始参观汽车并热情地介绍。

一会儿，助手走了进来递给他一束玫瑰花。吉拉德拿过来后送给了那位妇女，并再次道贺。妇女惊讶地望着他，随即兴奋地大叫起来：“噢，谢谢您，我已经好久没有收到过生日礼物了。”说着，妇女已经热泪盈眶了，“刚才那个福特商行老板看我穿得朴素，以为我买不起昂贵的汽车，就推说有事把我打发走了。现在想想，我也不是非买福特汽车不可，您看这辆白色的雪佛莱轿车多么漂亮呀，就买它了。”

吉拉德不仅成为全世界汽车销售大王，还被《吉尼斯世界纪录大全》誉为“全世界最伟大的销售商”。但其实，吉拉德并没有多么神圣，多么不可思议。可他是聪明的，善良的，他懂得挖掘出人性中的一些美好，发现生活中的细节，才成功地卖出了一辆又一辆汽车。他的事业是成功的，他的人生更是成功和幸福的。

凡事有利必有弊。如果我们稍不谨慎，就会让细节给我们带来巨大的灾难。

英国有一首著名的民谣是这样唱的：“失了一颗铁钉，丢了一只马蹄铁；丢了一只马蹄铁，折了一匹战马；折了一匹战马，损了一位国王；损了一位国王，输了一场战争；输了一场战争，亡了一个帝国。”

其中提到的故事在历史上曾真实地发生过。

那是在1485年，英国国王理查三世要面临一场重要的战争，他亲自披挂上阵。在战斗即将开始前，国王吩咐马夫牵来最心爱的那匹战马，又找来铁匠给马掌钉上马蹄铁。马掌总共需要钉四个钉子，当钉了三颗的时候，眼看着战斗要打响了，国王就迫不及待地骑上战马，匆匆上了战场。

理查三世带着士兵冲锋陷阵，奋勇杀敌，好不威风。突然，一只马蹄铁脱落了，战马跟着仰身跌翻在地，国王也被重重地摔下来。士兵们见国王倒下，就像无头苍蝇，乱了方向。敌兵见状趁机反击，结果不但国王被俘，整支军队在一瞬间土崩瓦解、一败涂地。这场战役就是波斯沃斯战役，理查三世因为一颗马蹄钉失掉了整个英国。

人常说："一着不慎，满盘皆输。"细节会给一个人带来损失和灾难，那假如是整个社会呢？这样的损失恐怕无法估算，灾难会有多么可怕呀。比如，在航天技术上，一个小操作的失误，一厘米的误差，就会给我们全人类带来无法想象的毁灭。

古人言：勿以恶小而为之，勿以善小而不为。同样，我们也不要"不以物小而不为之"。一个人若想成功，就要始于精细，学会处理每个细节，认真做好每一件小事，必定会有我们意想不到的收获。

4. 人生需要破釜沉舟的勇气

这是一个耳熟能详的故事。一只老鹰为了训练刚出生的雏鹰学会飞翔，就把小雏鹰带到足有几十米高的悬崖边上。老鹰让小鹰勇敢地起飞，但是小鹰战战兢兢地不敢飞翔。老鹰一气之下就抓起小鹰狠心地扔下了高高的悬崖。但是奇迹出现了，发出一阵阵尖利的嚎叫，小鹰不仅没有摔死，在惊慌失措之下竟然展翅高飞起来。老鹰见了高兴地拍打着翅膀，好似在鼓掌一样，小鹰终于学会飞翔了。老鹰在情急之下无疑是用了最有效的一招——破釜沉舟，即斩断小鹰的后路，给它最大的压力，逼迫它必须飞起来，不然就会摔得粉身碎骨。我们人生亦是如此，有时候也需要破釜沉舟的勇气和决心。

破釜沉船的故事人尽皆知。秦朝末年，项羽面对强大的秦国，没有惊慌，没有胆怯。项羽在一位谋士的建议下，命令士兵吃得饱饱的并带足了三天的干粮后，就命令士兵把做饭用的锅砸了个粉碎，把渡河用的船全部凿穿沉入河底，还把附近的房屋放火统统烧掉。项羽的目的是为了警示士兵们：我们已经没有后路可退了，要想活着，必须在三日之内攻下敌城。士兵们终于恍然大悟，士气大增。作战中，以一当十，以十当百，拼死向秦军冲杀过去，最终把秦军打得大败，一举拿下了敌城。这就是历史上以少胜多的一场奇战。此后，这个成语的寓意就激励我们有时候需要给自己切断后路，不给自己留下后退的机会，在这种压力之下才能坚定信念，才能坚持不懈、拼尽全力地前进，给自己找一条出路。

生活中，我们经常喜欢做事情给自己留一条后路，作为遭遇困难时的退路。岂不知这样只会让我们分心，没有充足的信心去完成任务。如果能够下狠心，切断自己的后路，说不定会有奇迹发生，人的力量有时候就是逼出来的。因此，必要的时候做好破釜沉舟的准备，让自己轰轰烈烈地大战一场。这样的人生也许才活得更有滋味，更精彩，这是那些胆小怕事，畏畏缩缩的人永远也领略不到的辉煌喝彩。

古往今来，凡是成功的人，必定有我们普通人无人能及的“本事”，有些是天赋，有些是才能，有些则是破釜沉舟的胆识和勇气。

世界首富比尔·盖茨的成功令无数人为之瞩目。但有多少人知晓当年比尔·盖茨“破釜沉舟”的胆大之举？

在小时候，比尔·盖茨就是个胆识过人的孩子。有一次，老师问学生们：“你们谁能在三天之内背出《圣经》马太福音的三节内容呢？”教室里静悄悄的。老师又大声说：“是有奖励的，谁背出来将会获得去旋转餐厅用餐的殊荣。”学生们一片唏嘘，但还是没人敢应承下这个艰巨又诱人的任务。这时，11 岁的比尔·盖茨举起手来。学生们顿时哄堂大笑，要知道三节内容足足有好几万字呢，能背下来简直是天大的玩笑。三天后，比尔·盖茨站在老师面前一字不落地背下了三节的全部内容，到最后时，他甚至是在声情并茂地朗诵。在场的人全部震撼了，然而比尔·盖茨的解释只有四个字——竭尽全力。

几年后，比尔·盖茨又做出了让多少人震惊的事情：大学二年级的他毅然从名校哈佛退学。很多人不敢相信，这是多少学生梦想进入的大学，比尔·盖茨却如此轻易地就放弃？比尔·盖茨需要的就是这种破釜沉舟的勇气，给自己斩断了后路，向从未有人涉及的软件业进军，最终开辟出一片新天地，获得了巨大的成功，拥有了无人可比的财富。

现实生活中，我们经常听到怨声满天，唉声叹气，看到像机器一样工作的人。这些人不是不满现状，就是安于现状，但是却从不会想要改变。其实改变并没有我们想象得那么难，我们只是缺少改变的勇气和决心。我们害怕未知，害怕失败，害怕痛苦，于是认为静静地维持现状是最好的选择。

岂不知所谓“穷则求变”，也许只有把自己逼到绝路，逼到无路可退，才会生出强大的勇气和力量，去改变，去奋战。这时我们会惊奇地发现自己的潜力竟然如此强大，力量如此无穷无尽。

因此，当我们面对不满的现实，面对非选的选择，面对一个良好的机会，还在优柔寡断，犹豫不决时，不妨拿出“破釜沉舟”的勇气和决心，让自己“背水一战”。所谓压力越大，动力越大，迫使自己，督促自己前进再前进，胜利的旗帜就会在前方向我们招手。

5. 抓住机会，不要让成功溜掉

当今社会充斥着各种机会和机遇，然而它们又是稍纵即逝的。培根言：“机会老人先给你送上它的头发，当你没有抓住再后悔时，却只能摸到它的秃头了。或者说它先给你一个可以抓的瓶颈，你不及时抓住，再得到的却是抓不住的瓶身了。”因此，如果不想让自己后悔不已，就及时地抓住机会，把握机遇，果断出击，不要让到手的成功偷偷溜掉。

世界上最伟大的雕塑家之一——安东尼奥·卡瓦诺，他的最终成功与其在少年时就懂得抓住机会的头脑是分不开的，毫不夸张地说这次机会是安东尼奥的人生重大转折点。

少年时的安东尼奥只不过是一名仆人，一天，他家主人举行了一个盛大的宴会，邀请了一大批上流社会的客人。然而就在宴会将要开始时，有人发现用来摆放大型甜点的一件装饰品被弄坏了，所有人都急得团团转。

这时，安东尼奥站出来，自告奋勇地说：“让我试试吧，我可以做出来另外一件来顶替。”

宴会开始后，桌子中央摆放着一对黄油狮子，引起了人们的观赏，所有人都聚集过来纷纷赞叹，宴会甚至变成了“黄油狮子鉴赏会”，而他们却不知道这件天才的艺术品只不过是出自一个孩子的手中……

后来富有的主人很欣赏安东尼奥的天赋，就出资找来了最好的老师教他。安东尼奥就紧紧抓住这次难得的机会，孜孜不倦地努力学习，终于成为了一名优秀的雕刻家。

安东尼奥的毛遂自荐无疑给他带来了一个难得的机会，不仅改变了他的命运，他的人生，还给他带来了辉煌的成功。成功的机会不会像掉馅饼一样掉到我们的头上，而是需要我们主动争取、努力奋斗，只有懂得牢牢抓住机会的人才会扼住命运的咽喉，才会做自己的主人，才会拥有幸福和成功的人生。而那些只会徒劳等待、不付出就想成功的人，机会只会与他擦肩而过。

从前有个人老是去庙里烧香拜佛，一天，他的诚心终于把庙里的菩萨感动了。菩萨显灵告诉他：“你放心吧，你的富贵还没有到来，你将会有机会得到一大笔财富，娶一个漂亮的妻子，你们过着幸福的生活。”

这个人听罢，就高兴地回家，开始等待他的这个机会，可是一生都过去了，他仍然是孤身一人，仍然没有大富大贵起来，他还是一个普通的平凡人。他觉得是菩萨欺骗了他，于是在临死的那天晚上，他又跑到庙里，这次他是想来责备菩萨的。

他愤怒地说道：“你一个神仙说话不算话，你说过给我一大笔财富，让我娶一个漂亮的妻子，还让我们幸福地生活，可是，你看，我现在要死了，也没得到什么幸福。”菩萨回答他：“我并没有说我给你机会和幸福呀，我只是提醒你，是你自己没有好好抓住，让这些都从你身边溜走了。”这个人听了很迷惑，他说：“我不明白。”菩萨又说道：“你记得，20 年前，你碰到一次发大财的机会，那是一个良好的商机，可是你当时给自己找了好多借口最终没有去行动，其实是你自己心里害怕失败而不敢尝试，是吗?”这个人想了想点点头。“后来，你把这个商机不小心给一个朋友说漏了嘴，他就去行动，并努力地去做了，最后他成了你们那一带有名的富商。”这个人眼里闪过一丝悔意。

“还有，你记得 30 年前，你们那里有一次大地震，当时好多房屋倒塌，好多人被压在了底下，当时你经过一间倒塌的屋子时，看见一个满脸黑灰的女孩在底下呼救，你看了一眼，心里犹豫了一下，但是你最终没有去救她，因为你害怕你钻进房子底下后，房子会彻底地压下来把你压死。后来，又有一个小伙子经过，他毫不犹豫地钻进去把那个女孩救出来了，地震过去后，他们俩就相爱结婚了，幸福地度过了一生。你知道她是谁吗?”“不知道……”这个人头低着，他实在没有力气了。“她就是你后来认识的一个朋友××的妻子，她是不是很漂亮，也很贤惠?”“是的。”这个人终于控制不住了，眼泪一滴一滴地流下来。“其实只要你去救她了，她就会是你的妻子，你们会生好几个小孩子，幸福地过一辈子的。而你就是因为害怕、因为自私、因为怯懦，才失去了一次又一次的机会。”

我们很多人的一生也许就像这个人如此度过，像他一样一直在等待，或者因为我们害怕、因为一念之差而白白地跟多少机会擦肩而过，从而失去多少成功、多少幸福而后悔莫及。

有人曾经说过：每个人，一生总有一次机会，如果把握得住，名利富贵唾手可得。其实，人生中有很多机会，有的是我们没有发现，有的是我们没有抓住，有的是抓住又溜掉了。可见，我们不仅要懂得不放过任何机会，还要明白机会只会降临给那些有准备的人。

6. 不要让懒惰毁灭自己

“我懒得去上课”，“我懒得去取钱”，“我懒得去看望朋友”……我们经常听到“我懒得……”这句话，有时候是从我们自己嘴里脱口而出的，在生活中懒惰好像与我们如影随形，不能摆脱。其实，懒惰是人的本性，每一个人都有着天生的懒惰心理。懒惰像“细菌”一样隐藏在我们身体里的每一个细胞，一不小心就会占据我们的心灵。克雷洛夫言：懒惰等于将一个人活埋。懒惰是我们最大的敌人，可以毁灭一个人的理想与成功，乃至毁灭一生。

小时候我们都学过这样一篇课文名叫《寒号鸟》，内容是这样的。

山脚下有一堵石崖，崖上有一道缝，寒号鸟就把这道缝当做自己的窝。石崖前面有一条河，河边有一棵大杨树，杨树上住着喜鹊。寒号鸟和喜鹊面对面住着，成了邻居。

几阵秋风，树叶落尽，冬天快要到了。

有一天，天气晴朗。喜鹊一早飞出去，东寻西找，衔回来一些枯枝，就忙着垒巢，准备过冬。寒号鸟却整天飞出去玩，累了回来睡觉。喜鹊说：“寒号鸟，别睡觉了，天气这么好，赶快垒窝吧。”寒号鸟不听劝告，躺在崖缝里对喜鹊说：“你不要吵，太阳这么好，正好睡觉。”

冬天说到就到了，寒风呼呼地刮着。喜鹊住在温暖的窝里。寒号鸟在崖缝里冻得直打哆嗦，悲哀地叫着：“哆罗罗，哆罗罗，寒风冻死我，明天就垒窝。”

第二天清早，风停了，太阳暖烘烘的。喜鹊又对寒号鸟说：“趁着天气好，赶快垒窝吧。”寒号鸟不听劝告，伸伸懒腰，又睡觉了。

寒冬腊月，大雪纷飞，漫山遍野一片白色。北风像狮子一样狂吼，河里的水结了冰，崖缝里冷得像冰窖。就在这严寒的夜里，喜鹊在温暖的窝里熟睡，寒号鸟却发出最后的哀号：“哆罗罗，哆罗罗，寒风冻死我，明天就垒窝。”

天亮了，阳光普照大地。喜鹊在枝头呼唤邻居寒号鸟。可怜的寒号鸟在半夜里冻死了。

寒号鸟因为懒惰，竟然活活冻死了自己，失去了宝贵的生命。曾有人说过：懒惰是很奇怪的东西，它使你以为那是安逸，是休息，是福气，但实际上它所给你的是无聊，是倦怠，是消沉。毋庸置疑，懒惰的人就像那只寒号鸟，自以为是在享受，其实直到自己的生命结束，才知道为时已晚。

民间流传着这样一个搞笑却寓意深刻的故事。

有个人好不容易娶了个媳妇，却发现是个懒媳妇。平常家里一切家务都是丈夫来干包括做饭。有一天这个人要出去办事情，需要花费几天时间，他就给懒媳妇做了一个大饼挂在她的脖子上，然后放心地走了。可是回来以后，媳妇还是饿死了。原来，媳妇只吃掉大饼的前面，而脖子后面的原封不动。

这位媳妇的懒惰恐怕是无人能及，懒到不想转过后面的大饼，竟把自己活活饿死，真的是可笑又可悲。总之，懒惰是最害人的，懒惰的人轻则让自己没有收获；重则会损失惨重，甚至失掉自己最宝贵的生命。因此，我们一定要学会克服自己的懒惰，具体有以下几大招。

1. 勤奋是懒惰的克星和良药

俗话说："一个人的成功等于99%的努力加1%的灵感。"可见，勤奋努力是一个人成功的主要因素。一分耕耘才会有一分收获，不劳而获，坐享其成只是我们幻想的美梦。只有脚踏实地和孜孜不倦的努力，才会到达成功的彼岸。

2. 培养自己的毅力和坚持性

日常生活中，我们要养成认真对待每一件小事的好习惯。不管是学习还是工作中，当遇到困难和挫折时，对自己说"坚持就是胜利"。任何成功都不是偶然的，更不是唾手可得的，而是需要我们始终不渝的坚持和努力。坚持到底，你将会看到胜利的曙光。

3. 培养自己的责任心

一个有责任心的人不仅是对别人负责，更是对自己负责。有了责任心，才会不断地鞭策自己，提醒自己，不断地进步。我们努力获取成功和事业，除了给亲人朋友带来幸福，最大的受益者其实是我们自己。

4. 督促、逼迫自己按时完成任务

对付懒惰的毛病，一定要改掉一些坏习惯。比如，今天的事情拖到明天才做；想要玩耍，就找借口说没时间等。切记"今日事，今日毕"，"言必行，行必果"。不要等到落得个"万事成蹉跎"的下场时，让自己后悔不已。

7. 人生需要及时努力

古诗汉乐府《长歌行》中有一句诗词：少壮不努力，老大徒伤悲。就是告诫后人在年轻的时候需要及时努力行动，不然等到老年时一切都为时已晚，只能白白地悲伤后悔。时光是最残酷的，只会一去不复返，人生又是短暂的，因此，我们一定要珍惜生命，抓住时机，及时努力奋斗。

大教育家孔子曾经指出："四十五十而无闻焉，斯亦不足畏也已。"意思是说如果人到了四五十岁，在社会上还是没有什么作为，那么一辈子恐怕是白活了。民族英雄岳飞在他的名作《满江红》里也有一句，“莫等闲，白了少年头，空悲切!”令人深思，而他自己短暂而光辉的一生，更给予后人有力的鼓舞和鞭策。人的一生，前半生是最宝贵的时间，遍观古往今来的成功人士，无不是在少年时期就立下雄心壮志，然后朝着自己的目标努力奋斗，最终得以实现。

聪明的人珍惜时间，愚蠢的人浪费时间。有人说：时间就是金钱，就是财富。其实，我们不光需要在年轻时努力，更要懂得不去浪费生命中的每一分每一秒，运用好生命中的每一天。每天都是崭新的一天，需要我们勤劳灵巧的双手去描绘。

鲁迅是一个惜时如金的人。有一次，鲁迅到理发店去理发，理发师认出来是鲁迅，就好心地想给他理一个漂亮的发型，当然需要花费的时间也多一点。理完发后，鲁迅给理发师付了五毛钱。理发师疑惑不解地说道：“是一元钱。”鲁迅回答：“非常感谢你给我剪了漂亮的发型，不过你浪费了我的时间。”

鲁迅为了时间全然不顾形象地跟理发师“斤斤计较”，可见他对宝贵时间的珍惜。他的做法不仅不会招人笑话，只会让我们肃然起敬，敬佩他惜时如金的精神。同样，另外一个伟人也是因为时间对自己的助手“苛刻不已”，那就是举世闻名的发明大王爱迪生。

爱迪生从小被人们认为是“低能儿”，一生只上过三个月的小学，他的学问全靠自己努力所学，当然还离不开他母亲对他的教导。长大后的爱迪生对科学实验产生了极大的兴趣，他经常不分场合、时间地做实验，有一次甚至利用火车上卖报纸的空闲时间来做实验。

后来，爱迪生自己建立了一个实验室，开始一心一意地做研究和发明的工作。爱迪生经常对他的助手说：“人生最大的浪费莫过于浪费时间了，人生太短暂了，我们必须要多想办法，用极少的时间做更多的事。”

有一次，爱迪生和助手在实验室里做实验。他一边递给助手一个没上灯口的空玻璃灯泡，一边说“你量一量它的容量”。可是过了老半天，当爱迪生头也不抬地问容量是多少时？没有回答。爱迪生抬头一看发现助手正在拿着软尺认真地测量灯泡，还俯在桌子上计算着。爱迪生大叫起来：“时间，时间，你浪费了多少时间?”然后走过去，拿起那个空灯泡往里面灌满了水交给助手：

“把水倒进量杯里，马上告诉我它的容量！”助手立刻报出了数字。

爱迪生说：“这么容易的测量方法，还用得着软尺测量和计算吗？你怎么不用大脑想想？”这时，助手红着脸低下了头。爱迪生又喃喃地说：“人生太短暂了，我们不能浪费时间呀。要抓住时间，努力做事情。”

爱迪生爱惜时间的程度让多少人惊叹呀。他的一生都花费在做实验上，一天24小时当中18小时都在做实验，忙得连换衣服的时间都没有。对于时间，他对别人“苛刻”，对自己更“苛刻”。功夫不负有心人，他的努力没有白费，最终成了全世界人民爱戴的发明大王。他在一生中发明了电灯、电报机、留声机、电影机、磁力析矿机、压碎机，等等，总计两千余种，为全世界做出了巨大的贡献。

一寸光阴一寸金，寸金难买寸光阴。时间是宝贵的，生命也是宝贵的。希望我们每一个人都利用好自己生命中的分分秒秒，正如海伦·凯勒所说：“把活着的每一天看作生命的最后一天。”时刻提醒自己，时刻鞭策自己，做一个珍惜时间，勤奋努力的人，去创造有价值的人生。

第十四章

抛弃自卑

——将自卑化为强大动力

有些人总是喜欢拿自己的短处跟别人比，以至于让自卑的种子在内心生根发芽，遮住了自己骄傲的心灵。“金无足赤，人无完人”。每个人生来都是不完美的，每个人都会有大大小小的缺点和不足。然而，每一个人又是独特的，都是独一无二的，所谓“一花一世界，一树一菩提”。切莫让自卑的阴影遮住我们的眼帘，看不到生活的希望。

爱默生言：自信是成功的第一秘诀。让我们勇敢地走出自卑的陷阱，抛弃自卑的心理，挖掘自信的源泉，相信“天生我材必有用”，学会超越自我，把自卑化为强大的动力，促使自己走上成功之路。

1. 别掉进自卑的泥潭

生活中，有很多人因为富有、漂亮、高贵而趾高气昂；然而也有很多人因为贫穷、丑陋、弱势而感到自卑。有的人甚至认为自己是全天下最卑微的人，犹如脚底下脆弱的小草，任人践踏。其实，很多时候是我们“自作自受”，轻易赋予他人践踏我们的权利，因为内心严重的自卑我们就轻视自己，放弃自己，自甘堕落。自卑是一种可怕、扭曲的心理，我们坚决要杜绝。

曾经有一位父亲带着儿子去参观荷兰画家梵高的故居。当儿子看到眼前破旧简陋的屋子，以及那张可怜的小床和那双开了口的皮鞋时，惊讶地问父亲：“梵高不是卖了好多画，他应该是百万富翁呀?”父亲回答：“不，梵高很穷，是穷得连媳妇都娶不起的人。”

后来，父亲又带着儿子去参观丹麦伟大的童话家安徒生的故居。儿子又困惑地问道：“安徒生不是应该有一座很大的城堡或者皇宫吗?”父亲回答：“不，安徒生只是一个鞋匠的儿子，他从小就住在这栋小阁楼里。”

儿子长大后，成了美国历史上第一位获普利策奖的黑人记者，他的名字叫伊东布拉格。而他那位说“不”的父亲只是一名水手，在他小时候每年带他往来于大西洋各个港口。20 年后，伊东布拉格在回忆自己的童年时，说道：“那时候我的家里真的很穷，我的父母都是靠做苦力挣钱。从小，我就认为像我们这种地位卑微的黑人是不会有什么前途的。幸亏我的父亲知道梵高和安徒生的故事，他让我明白上帝是公平的，没有看轻卑微，而一直是我自己内心的自卑在作祟。”

我们可以找到很多说明自己自卑的原因，同时痛恨这些原因。岂不知，这些因素只是我们的一个借口，根本原因是我们自己的内心太看低自己。

据心理学家研究表明，自卑的人往往有两个突出的心理特征：一是内心十分的脆弱，很敏感，没有足够的自信。不管是想问题还是看待事情，都会用消极的态度和心态，总觉得自己什么都比别人差，总觉得自己什么都做不好，总是害怕丢人，看到的永远是自身的缺点和缺陷。二是经常对自己有着过高的期望。比如总是想让自己是最优秀的，总是希望给别人留一个好印象，总是在意别人对自己的评价，这些人更多时候都是活在别人的世界里，而不是自己的世界里。这种过低的自信心与过高的欲望很容易造成心理上的落差，从而就形成了自卑，让自己掉进自卑的泥潭里无法自拔。这时如果不懂得自救，只会越陷越深，比如有些人因为失败后就产生挫败感和自卑感，面对生活中的人，就会觉得别人无意中的一个眼神、一个笑、一句话，都是对自己的嘲笑和贬低，从而更自卑，这样一直恶性循环，只会让自卑的淤泥把自己活埋，如出现自闭症、社交恐惧症等。因此，自卑不仅影响我们的生活，还有人际、事业以及成功。

如果我们一直沉迷在自卑的阴影中，无异于是给自己套上了无形的枷锁。那么，怎样才能避免掉进或者走出自卑的泥潭呢？

1. 正确认识自己，认识自卑

认识自己的优点和缺点，认识自己所拥有的一切，把自己放在合适的位置上，才不会看轻自己。至于自卑，适度的自卑并不是坏事，有时候自卑会成为我们的动力，让我们认识到自己的缺点，取长补短弥补自己的不足，激励我们不断进步和前进，超越他人。

2. 建立自己自信的围墙

一个人没有了自信等于在黑暗中摸索着前进，自信是人生的指明灯，引导我们走向胜利。在日常生活中时刻不要忘了鼓励自己，夸奖自己，对自己说声：我可以的或我真棒！当发现自己失去自信时，就换个角度思考，努力发现自己的优势，如拿自己的优点跟别人的缺点相比，不妨自恋一回；当这件事情失败时，就试着做另外一件自己擅长的事情，这样可以找回自己的自信。

3. 不要活在别人的世界里

这就要求我们正确对待别人的评价。当别人夸奖时，不要骄傲；当别人批评时，也不要自卑，而是冷静客观地对之。对于我们的优点尽情发挥，缺点则努力改正，积极进取。每个人都不是十全十美的，总会有小缺点，敢于正视自身不足的人才是最优秀的；不要老是攀比，攀比就容易产生自卑、忌妒、虚荣等消极心理，要懂得知足者长乐的道理。

2. 相信自己是最棒的

一个贫困潦倒的乞丐坐在马路边上，对面是一位画家的工作室。画家透过窗户，正在给乞丐画肖像素描，乞丐的眼神是屈服于生活的无奈和灵魂深处透出的绝望。

很快肖像就画好了，画家盯着看了一会儿，眉头一皱，突然想改动一下。他首先在乞丐浑浊的眼里添加了几笔，双眸顿时闪亮起来，透出一股桀骜不驯的倔犟；然后拉紧乞丐脸上松弛的肌肉，瞬间给人感觉满脸充满钢铁般的意志和坚韧的精神。

当画家对自己的作品感到满意时，就从窗户里招呼对面的乞丐到他家来。乞丐上来后，画家把他引到那幅画的面前。乞丐审视了老半天，并没有认出这是自己。“他是谁呀?”乞丐迷茫地问。画家笑而不语。“这，这……是我吗?”乞丐在重新看了看画后支支吾吾地说。说完后，他满脸通红。“的确是你，这就是我眼中的你。”画家笑着说。“这是我吗？真的是我吗?”乞丐不敢相信地惊叫起来。一阵兴奋后，他冷静下来，挺了挺腰杆，正色道：“如果这是您眼中的那个人，那他就是将来的我。”

善良的画家拯救了乞丐的灵魂。一幅改动过的画唤起了乞丐的自信，让他发现自己原来可以这么棒，一个乞丐身上也存在杰出的品质和深厚的潜力。只要相信自己是最棒的，就应该直起奋进，竭尽所能，迈向成功。

其实我们每一个人心里都有一幅宏伟蓝图，都有一幅自画像。如果你想象自己是最好的，那就是最好的。相信自己让我们充满斗志，不断进取，勇于开拓创新的自我，挖掘出巨大无比的潜能。正如美国哲学家爱默生言：“人的一生正如他一天中所想的那样，你怎么想，怎么期待，就有怎样的人生。”而另一位美国人正实践了这一说法，他就是美国有名的钢铁大王安德鲁·卡耐基。

安德鲁12岁时，从英格兰移居到美国，刚开始他在一家纺织厂当工人。但是安德鲁并没有灰心，而是给自己定下一个很大的目标：做全厂最出色的工人。因为安德鲁心中一直这样想，他的目标果真实现了。后来，安德鲁又辗转成为一名邮递员，他又给自己定下目标：要成为全国最优秀的邮递员。最终他的这一目标也实现了。安德鲁一生不管在什么环境下都会塑造最棒的自己，在“相信自己是最棒的”这一座右铭的鼓励之下，他最终成为美国最有名的钢铁大王。

我们每一个人都是这个世界上独一无二的，都是不可替代的。我们也许不是别人眼中最棒的，但是在自己眼里绝对是最棒的；我们也许不是各方面最棒的，但是在某个方面是最好、最出色的，那就应该相信自己，相信自己是最棒的。

相信自己是最棒的，勇于挑战自己，充分发挥自身潜力，做好身边的每一件小事，开拓创造最好的自己。相信自己是最棒的人不求最好，只求更好；不求永远胜利，只求曾经努力。

一天，一个公司的总经理对公司里最优秀的三个部门经理说：“现在给你们一个机会，我将会把整个公司都给一个人，但前提是你们要拿自己的钱先去办一个公司，并且能够成功。”三个人听完面面相觑，一阵长久的沉默。这时，只有一个部门经理接受了挑战。而当总经理再问其他两个时，他们都无力地摇摇头。协议达成后，这位部门经理就开始努力，一年后，他果真成功了。当有人问到他的秘诀是什么时？这位部门经理回答：“我相信自己，一定能行。”自然地，他成了公司的总经理，而原先的两位部门经理继续是他的部下。

的确，一个人只要有勇气和自信，就会有迎接挑战的动力。首先我们要相信自己能行，相信自己是最好的，那么就会战无不胜，就会实现自己的目标，走向成功。

自信就犹如茫茫人生中的一盏指明灯，没有自信就如同处于一片黑暗之中。自信是成功的前提，拥有了自信，就相当于拥有了成功的一半机会。因此无论何时何地，都要充满自信，相信自己，对自己说：我是最棒的！

3. 不完美才是人生

生活中有很多人渴望完美，追求完美。家庭婚姻完美，爱情完美，工作完美，生活完美，然而事情总不能如人愿。事实上，世界上没有任何一件事是完美的，没有任何人是完美的。因为人生本来就不完美，正如季羡林大师所说："不完满才是人生。"

古人说：月有阴晴圆缺，人有悲欢离合。大千世界万物都遵循着变化的规律，今晚月亮是圆的，明晚就不是了；今天大家高兴相聚，明天就悲伤地散了。人生也不是事事如意，事事完美。因此，一定要接受不完美的自己，接受不完美的人生，而不是苦苦追求完美，结果落得个更加不完美的下场，让自己后悔终生。

从前有位富商，他有一位美丽的妻子，他的妻子美貌无比，从头到脚都很完美。唯一美中不足的是她的一只耳朵少了半个耳垂，这是她小时候骑马摔下来跌掉的。其实只要富商的妻子把美丽的长发披下来，谁也发现不了。可是他妻子却对此苦恼不已，天天对着镜子照来照去，伤心不已。有时候实在太伤心了，他妻子就会失去控制，大发脾气。对此富商是看在眼里，疼在心里。要知道富商是有多么爱他的妻子呀。

一天，富商到外地去经商，路过一个贩卖奴隶的市场。看到人群都兴高采烈地围观着，于是他也过去凑热闹。

这时，一个奴隶贩子拉出一个年轻的女奴隶，大声叫卖着。富商望过去，这是一个很年轻的女子，可惜他只能看到她的侧面。突然，富商两眼发光，他发现了一个美妙的细节，同时想到了一个绝妙的主意：那个女奴隶的耳朵长得可真美，真迷人，我何不把她买回去呢。富商想到这里，当机立断地就把那个女奴隶买下来。

富商在路上一边走，一边高兴地想：这可真是天赐的礼物啊，我一定要给我妻子一个惊喜。

回到家后，富商迫不及待地就把妻子叫出来："亲爱的，快看，我给你带回来一份天大的礼物。”她的妻子本来在镜子面前唉声叹气，听见丈夫回来，急忙从卧室里赶出来：“是什么礼物呢？什么礼物也不可能让我变得完美无缺。”这时，商人已经把那个女奴隶的迷人的耳朵割下来了，给他的妻子递过去，“看，多迷人的一只耳朵呀，而且跟你的那只正好般配。”商人兴奋地说道。他的妻子迷惑不解地盯着那只迷人的耳朵，不知道丈夫要搞什么鬼。突然，随着她一声惨叫，商人已经把妻子的那只只有半个耳垂的耳朵割了下来，拿过来女奴隶的那只迷人的耳朵往妻子的耳根贴，可是怎么也贴不上。

这时，他的妻子由于失血过多，晕死过去。商人也才明白过来，不管他自己怎么努力也不会把那只迷人的耳朵贴到妻子的耳根上去，而他妻子那只残缺的耳朵再也长不回去了。

很多人看了这个故事会问：世界上怎么还有这样愚蠢的人？却不知自己在追求完美时也是同样的愚蠢。对完美苛求的人，只会把自己陷在“不完美”的自卑泥潭中不能自拔；只会因为追求完美做出疯狂的举动，最终使事情更糟而后悔不已。只会像捡贝壳的小男孩，到头来一无所获，两手空空回家了。

一个小男孩在沙滩上捡贝壳，贝壳好多，大大小小地铺满了沙滩。小男孩捡起一个看看，心想我要捡最大最好看的，于是就随手扔掉了手中的这个。就这样，捡起来又扔掉，捡了一下午，小男孩还是没有捡到自己心中想要的那个。眼看着夕阳下山了，夜幕要降临了，小男孩只好耷拉着脑袋回家了。他想着明天还要来捡，一定要捡到最完美的一个……

小男孩能捡到最完美的那个贝壳吗？恐怕不能吧，因为地球上根本就没有最完美的贝壳。这个世界没有绝对的完美，也没有绝对的不完美。也许我们时刻在抱怨和苦恼的不完美在某些人眼里是美的，因为这才是我们的独一无二，是我们的个性，是我们的与众不同。不然断臂的维纳斯怎么会有那么多的人喜欢和崇拜呢？有时候残缺也是一种美，是一种独特的美。聪明的人不会跟自己过不去，他会理智地选择走出不完美的心境，包容别人的缺点，接纳自己的缺陷，爱不完美的自己，爱不完美的人生。这样的人才真正悟出了生活的真谛，让自己活得自在、快乐、潇洒。

4. 追寻并实现自我价值

世界上万事万物的存在都有它的意义和价值，我们人类更是如此。因此，每一个人活着都要努力追寻自己的价值，让自己的一生过得充实有意义，不要到生命失去的那一天才恍然大悟，后悔万分。

寺庙里来了一个乞丐，这个乞丐只有一只胳膊。乞丐向方丈乞讨，方丈看了看这个断臂的乞丐，目无表情地说："后院里有一堆砖头，你把它搬到前院里来，我就给你饭吃。"乞丐听了生气地说："你这个和尚怎么这么没人情，我只有一个胳膊，你还让我搬砖头。"方丈严肃地说道："别的有一只手的人照样自己活着，自己谋生。"

乞丐听罢，不再争辩，而是径直走到了后院开始搬砖头。这个乞丐足足搬了一下午，才把砖头全部搬完了。而方丈不仅好好招待了乞丐，还给了他一些银子。乞丐感激地说："谢谢您!"方丈笑着说道："谢什么，这是你用自己的劳动成果换来的。"乞丐若有所思地望着方丈又说："我一定不会忘记您说的话。"乞丐说完，给方丈深深地鞠了一躬，然后离开了。

一天，寺庙里又来了一个乞丐行乞，不过他四肢健全。方丈指着前院的那堆砖头说："你把这些砖头搬到后院，我就给你饭吃。"乞丐听了瞪了方丈一眼，说道："你个老和尚想要廉价劳动力？没门!"说完，头也不回地就走了。

这时，方丈身旁的一个小弟子不解地问："师父，你上次不是让那个乞丐把砖头从后院搬到前院，现在怎么又让这个乞丐搬回去呢?"

方丈答："孩子，并不是师父想折腾他们。这些砖头放在前院和后院对我们来说都一样，而对于乞丐来说，搬与不搬却有着很大的区别。"

几年后，一个气轩昂然、气度不凡的中年人来到寺庙拜访方丈，唯一美中不足的是这个人只有一条胳膊。原来，他就是那个搬砖头的乞丐，如今乞丐已经变成了一个富有的商人。自从方丈让他搬完砖头，又给了他钱后，他就拿着这些钱从小本生意做起，几年后，凭借自己的吃苦耐劳和努力拼搏，终于做起了大买卖。他拜访了方丈后，方丈把他送出大门口，这时，远远的路边坐着一个乞丐，这个乞丐就是当年那个四肢健全的乞丐。

断臂的乞丐在方丈的鼓励和教育之下，发现了自己的价值，并开始努力追寻，最终实现了自我价值。而与之相反的那个四肢健全的乞丐却没能明白方丈的良苦用心，白白放弃了一个挖掘和实现自我价值的机会，最终只能潦倒贫困一生。生活中我们很多人也许像那名四肢健全的乞丐，虽然有着贵人的指点和帮助，但是仍然不思进取，不愿意勇敢地追求自己的价值。这样的人注定一生只会庸庸碌碌，没有成就。

当然追寻自我的价值并不是获得多少财富。有些人在追求个人价值的过程中，往往注重金钱、名誉等物质的东西，甚至让自己深陷其中。这些都是不可取的，也是扭曲的自我价值。一个人的价值，并不是我们享受多少，索取多少，而是付出多少。爱因斯坦说：一个人的价值，应该看他贡献什么，而不应当看他取得什么。因此我们在追寻自我价值时，首先要认清自我价值。

生活中，很多人苦恼不能成功，不能实现自我的价值，却不懂得回头看看是否自己一直都是在盲目地追求，盲目地坚持。或者我们一开始就根本没有认清自我的价值，自我的能力，所以才导致迷茫或到头来一无所获。因此，倘若有时候我们自身没有能力发现和实现自我价值时，不妨寻求他人的帮助，俗话说“当局者迷，旁观者清”。寻求帮助是一种智慧的选择和成熟的心理，我们生存在社会这个大家庭中，只有互帮互助，才能更好地实现自我人生价值，才能更多地为社会奉献。

5. 把自卑化为强大的内驱力

有人说：自卑是一把潮湿的火柴，再也燃不起兴奋的火花。果真如此吗？的确，自卑是一种可怕的病态心理，可以摧毁一个人的身心。尤其是那些长期被自卑阴云笼罩的人，不仅产生消极的心态，斗志也被逐渐腐蚀。我们若不想被自卑毁灭，那就战胜自卑，最好的一个方法就是把自卑化为自身的强大内驱力，让自卑为我们服务。

美国伟大的总统之一林肯，出身很低贱，他的母亲是一个私生女，父亲是一个农民，时常给别人做一些苦力活赚钱养家。由于家境贫寒，林肯从小就没有受过什么教育，而且他的长相丑陋，走在大街上没有人会多看他几眼。因此，林肯一直就很自卑，在25岁之前，他一直四处谋生，没有固定的职业。但是林肯一直是个热爱读书的青年，从书本中他学到了很多的知识，明白也许自己的出身不好，长得没有别人漂亮，得到的没有别人多，但是他可以通过自己的努力，通过追求自己的目标去实现自我价值。

林肯坦然地接受命运赐予他的一切，他承认自己比别人差，但是他把比别人差的事实化为自己的动力，冲破自卑的束缚，把全部精力花费在所追求的伟大梦想上，后来终于成为美国人民所爱戴和敬仰的总统，也被全世界的人民所尊敬。

林肯没有被自己的自卑所压倒，而是化自卑为强大的内驱力，扼住自己命运的咽喉。这首先得益于他能够正视自己的缺点和不足。据说林肯在填写国会议员履历表时，仍然不忘填自己的缺点。可见，林肯是一个多么理智和聪明的人。

要想把自卑化为强大的内驱力，另一个办法就是拿自己的优势去压倒缺陷和不足。一个人只有时刻不忘记自己的优势所在，才能正确地把控自己的人生。

一个叫茉莉亚的小姑娘，小时候长得特别可爱。然而，命运却如此地捉弄她。在茉莉亚五岁的时候得了脑性麻痹症，从一个漂亮的小女孩变成了一个人见人怕的“丑女”。此病状确实有点吓人，因为不受大脑控制，肢体失去了平衡感，手和脚就会经常乱动，而且动作极不协调。

从此，小茉莉亚的周围再也没有小朋友围着她，相反，大家都纷纷躲着她。茉莉亚知道自己变得很丑后，就开始自卑，再也不敢出门。

幸亏茉莉亚有一个聪明的母亲。一天，母亲带着茉莉亚在院子里散步。这时，一只小麻雀一蹦一跳地蹦到她们的面前，那个样子真是滑稽。茉莉亚定睛一看，原来小麻雀失去了一只腿，只剩下一只细细的腿支撑着身体，随时随地都可能摔倒在地。茉莉亚呀呀地指给母亲看，母亲笑着说："你看小麻雀多勇敢呀，失去了一条腿还是自己出来觅食。我们的茱莉亚也要像小麻雀一样，长大了一定会有出息的。"

茱莉亚从此记住了母亲的话，开始努力奋斗。她靠着自己的顽强意志和毅力，终于考上了美国一所著名的大学，后来还获得了艺术博士学位。茱莉亚靠着自己手中的画笔和良好的听力，赢得了许多人的尊重。

有一次演讲会上，一个学生看着茱莉亚的样子吃惊地问："您好，我想问一下您从小长成这个样子，您是怎么看待自己的呢？"在场的所有人都向这个不谙世事的学生投去责备的眼光。但是茱莉亚脸上没有一点愤怒和难堪，她很镇定地转过身在黑板上写下几行字："一、我的个性很可爱；二、我的腿好修长很美；三、我的爸爸妈妈很爱我，我也爱他们；四、我会画画，会写作；五、有很多人喜欢我，尊敬我……"最后茱莉亚写下一句话，我所看到的都是我的好，不看我的不好，因此我一点也不自卑。

茱莉亚此时真可谓是"无声胜有声"。她的无声话语不仅震惊了全场的人，更让我们所有人为她鼓掌。她道出了我们所有健康的正常人无法说出的人生真谛：不要逃避和否认自身的缺陷和缺点，而是坦然地接受，勇敢地面对。更重要的是不要时刻盯着自己的这些不足，而是懂得把它们抛在脑后，让优势充满自身的力量，增强自己的信心，从而拼搏出一片自己的天地。

6. 时常地"犒劳"自己

我们经常忙忙碌碌，兢兢业业，为了我们的梦想和生活，奋斗拼搏。我们时刻对自己说：你一定行的。但却忘了在我们成功之后说声：你真棒！我们时常只看到别人的优点和长处，却忘了自身的优势和成就。人生是需要努力和谦虚的，但是也需要骄傲和奖励。因为骄傲和奖励也是我们前进的一种动力，也是我们自信的来源。在日常生活中，不妨时常地找一个奖励自己的理由，然后好好地"犒赏"自己。

但是，我们有什么理由奖励自己呢？其实，奖励自己并不需要什么大的、特别的理由。生活中我们随时都可以奖励自己，比如学习进步了，交了一个新朋友，工作效率提高了，取得一个小成就，等等。这些都是使人高兴的事情，都值得我们奖励自己。奖励自己有时并不需要跟别人比，只跟我们自己比。只要后一秒的自己比前一秒的有进步，这就是我们的成功，我们就可以问心无愧地奖励自己，庆贺自己。

奖励自己也并不难，并不需要奢侈品，也不需要多少金钱。一束鲜花，一包巧克力，一顿美餐，一件喜爱的衣服，甚至是小睡一会儿，只要满足我们的小需求，满足得及时，让我们感到身心舒畅，就是最好的奖励。这些微不足道的奖励，在平日里的积累之下，会无形地变成我们的力量，培养出一颗自信的心灵。让我们时刻都感受到自己的优秀，以积极的心态看待生活中的每一个挫折和困难，感受到更多的美好和快乐。

在我们取得成就和获得胜利时，需要别人的掌声和喝彩，但更需要我们自己的肯定和认可。奖励自己是善待自己，是对自己的认可和信任，是让自己学会品味生活的甘甜滋味，学会享受成功后的喜悦心情。

奖励自己是有必要的，是一种乐观的心态，是一种智慧的体现。当我们为获得一个小成就奖励自己时，潜意识里就会相信自己下一次目标一定会成功，所以就会带着自信满满和愉快的心情朝下一个目标迈进，这样一直继续，就会轻易地攻破一个又一个难关，最终走向成功。

第十五章

战胜挫折

——从摔跤中学会走路

人生犹如一座大山，而世界上有三种人。面对“大山”，一种人不敢尝试，选择放弃；一种人只会“望山兴叹”，做做白日梦；而另外一种人则是不畏艰辛，不断攀登，不断征服，从而登上山顶，实现“一览众山小”的宏大志向。相信我们每一个人都愿意做最后一种人，谁不想成功？谁不想实现梦想？

这就需要我们有一颗强大的心，有敢于尝试挑战的勇气，有坚持不懈的精神。把每一个挫折都当做成功的垫脚石，每一次的跌倒后，都勇敢地站起来，正如张海迪所言：即使跌倒一百次，也要一百零一次地站起来。纵使人生这座“大山”上有太多的沟沟壑壑，坑坑洼洼，也不要退却，坚信在一次次的摔跤中总会学会走路，学会奔跑，让我们逐渐成熟，获得成功。

1. 庆幸早年的挫折吧

一个湖畔上有两棵树。一棵已经活了几十年了，树桩粗如熊腰；而另一棵才刚刚由小树苗长大，细得宛如手臂。一天，工人们来给湖底清淤泥时，觉得两棵树很碍事，就砍掉了。等到他们离去后，人们就看见光秃秃的两个树桩杵在那里。

又一天，来了一个花木工人，要在湖边重新植树。在那两个树桩快要被挖掉的时候，一个散步的老人走过来说："大的不敢保证，小的留下一定可以活。"花木工人听了老人的话就把两棵树桩都留下来了，然后收起工具走了。

一个月后，小树桩和大树桩上都长出了嫩芽。只不过在一年后，小树桩上的嫩芽变成了如手指般粗的枝条；而大树桩上的嫩芽却长成了茂盛的灌木，显得那么凌乱。

花木工人想着肯定是大树桩上的枝条太多，营养成分不够，所以才长不粗。于是他就把大树桩上的枝条修剪掉，只留下最长的一根，希望它可以长粗。

然而，过了一段时间后，修剪后的大树桩又抽出许多嫩芽，于是花木工人又来修剪。这样过了两年后，这棵大树桩在最后一根枝条枯萎后，就悄无声息地死了。

这天，花木工人来挖掉那棵枯死的大树桩，那个散步的老人又走过来了。花木工人就上去请教老人，因为他困惑这棵大树桩为什么会死？只听老人一边叹息一边说道："这树和人一样，必须要早年受到一些挫折。年轻时候吃点苦是幸运的，哪怕遭遇失败了也无妨，可以从头再来，还可以在失败中学到很多经验。如果到了老的时候才遭受灾难，那就可怜了。因为已经没有从头来过的勇气和精力了。

花木工人听罢，若有所思地看着旁边已经长成碗口粗的小树，一阵微风吹过，小树的枝条在风中有力地摆动着。

人生在世，谁都会遇到一些困难和挫折，但它们到来的日子却是不同的。有些人是在成长的过程中遇到各种各样的困难，有些人是从小就遭受一些苦难，而有些人则是在人生的半路上才受挫。然而，我们更应该庆幸那些早年就经历的人。试看古今中外有多少名人在童年和少年时都遭受到挫折，从而从小就培养了他们坚强的意志和抵抗挫折的承受力。如美国总统罗斯福，著名作家海伦·凯勒，中国的残疾作家张海迪等，他们无一不是在童年时就得了疾病，造成了身体上的缺陷。然而，残酷的命运并没有击败他们，而是他们返身扼住命运的咽喉，做了命运的主人。

艾莉的上半辈子很幸福，从小生活在阔绰的家庭，家里只有她一个宝贝女儿，父母把她当做掌上明珠，在进入大学之前，艾莉都不知道怎么去洗自己的衣服。求学过程也很顺利，毕业后，艾莉就嫁给了家里给安排的门当户对的丈夫。艾莉觉得这样也很好，丈夫不仅很体贴，而且是既能主外又能主内，何况家里还有保姆帮忙。

艾莉就像小白兔一样过着受保护的生活，从来没有为现实烦恼过。她不懂得人间疾苦，不懂得男人和女人结婚了为什么要离婚？孩子上学后，开家长会，艾莉跟一些太太聊天时，听到她们的诉苦，艾莉就觉得不可思议，她总是会说："何必让自己那么愁呢？把一切都交给先生打理不就是了，女人不能太精明。"

大家都羡慕艾莉是个好命的女人，一生那么幸福。

在艾莉45岁这一年，儿子已经念了高中，女儿念初中。然而，家里忽然有了变故。艾莉的丈夫马克在健康检查之后，发现自己得了肺癌，已经是第三期了。

艾莉受到了很大的惊吓，每天以泪洗面，一遇到亲友探病，连声叹息。半年过去了，艾莉还是不能接受这样的事实，她经常哭诉着说：以前一直依靠着丈夫，也没有出去工作过。现在如果丈夫真的走了，她真的不知道该怎么办。她不会挣钱，不会抚养孩子，不会开车，甚至连水电费都没有缴纳过，这样，她一个人怎么活呀……

丈夫马克一直坚强地面对自己的病情，对于太太的低落情绪却无可奈何，有时候甚至反过来照顾她。好在艾莉的儿女们已经长大，足够自己照顾自己了，而且他们也很坚强，在帮忙料理生病的父亲后，开始打点起自己的生活。

有天，艾莉的女儿又听到妈妈在唉声叹气，就板起脸来教训妈妈：“妈妈，您已经活了一把年纪了，怎么遇到事一点主见都没有，您要学会一个人解决事情，面对困难，您才45岁，一切都来得及。我和哥哥自己会照顾自己的，您为什么把自己说的像快要进坟墓的废人一样？您这个样子，只会增加爸爸的负担。”

艾莉听了女儿的“训斥”，大受刺激，她开始学开车，学着料理家务，怯生生的小白兔闯进了丛林之中，开始了野外求生训练，她甚至壮着胆开始独自一个人送丈夫到医院了……

我们需要为艾莉庆幸，还好她不是在六七十岁才遇到这些挫折，到那时候“小白兔”已经没有精力学这学那的了，恐怕更不能坚强地面对这些困难了。所以我们应该羡慕那些年轻时就遇到挫折和困难的人，这样就可以早点成熟，早点强大，练就一颗钢铁般的心。

2. 挫折也是一笔财富

古人言：“吃一堑，长一智。”马克思说：“人要学会走路，也要学会摔跤。而且只有经过摔跤，才能学会走路。”人生只有经历了，才会长一些见识，才会不断进步，使自己走向成功。即使是一些恼人的挫折和失败的经历，对我们来说也是难得的财富，正所谓“不经历风雨，哪能见到彩虹?”

50年前，有一个叫卡尔的美国人。家里经营着一家杂货店，但是生意一直不景气。一天，年轻的卡尔就对自己的父母说：“既然杂货店生意不好，那就想想别的办法，重新做一个生意。”

细心的卡尔早就发现他家附近的那几所大学里，经常会有学生跑出来吃快餐。卡尔就想着自己也可以开一家快餐店，但是如果跟其他快餐店一样的话，就会有竞争。

卡尔经过研究后决定开一家比萨饼屋，因为到目前为止那里还没有人开一家呢。说干就干，卡尔就在自己的杂货店对面开了一家比萨饼屋，并且装修得精巧温馨，十分符合年轻人高雅的情调和口味，很受学生们喜欢。不到一年，卡尔的比萨饼屋生意越来越红火，每天顾客爆满，并且成为附近的名吃。卡尔尝到甜头，又开了两间分店，生意也很好。

这时，卡尔的胃口越来越大，他随即在俄克拉荷马又开了两家分店。然而，事与愿违，坏消息很快传进卡尔的耳朵里，在俄克拉荷马的两家分店出现严重亏损，因为比萨饼很难卖出去，每天准备500份，结果只有一半才能卖出去；卡尔就减少量，只准备了200份，还是如此；后来卡尔干脆只准备了50份，可是卖到的钱连房租都付不起；最后甚至每天店里只有几个顾客来光顾。

卡尔郁闷了，同样是旁边有大学，同样卖比萨饼，为什么两个城市的差别这么大呢？一定是哪里出现了问题，卡尔仔细研究了一番，发现两个城市果然不能同等对待，因为学生们的饮食和趣味方面存在很大的差异。另外，比萨饼屋的装潢和配置方面也犯了错误。卡尔迅速改正，生意果真就好转起来。

同样在纽约，卡尔也吃了苦头。虽然事先卡尔已经做了很认真细致的调查，但是仍然打不开市场。卡尔最后还是发现了原因：原来是比萨饼的硬度不合纽约人的口味。卡尔就立即研究新配方，改变比萨饼的硬度，最后比萨饼成为纽约人早餐的必备食品。

19年后，美国到处都是卡尔的比萨饼店，共计三千余家，总值三亿多美元。卡尔说："我每到一个城市开一家新店，十分之九是失败的，最后成功是因为失败后我从没有想过退缩，人生不能确定什么时候成功，你必须先学会失败，失败也是一笔财富。"

的确，正如卡尔所说，失败也是一种财富，也是成功的一个阶梯。"苦难是黄金，蹉跎是财富"。一个人只有经受过一些挫折和困难，才会积累足够的经验和力量，才会有勇气和激情去迎接下一个挑战。

苏联伟大的作家奥斯特洛夫斯基一生经历了我们无法想象的挫折和坎坷。他自幼家境贫寒，只念过三年小学，11岁便开始当童工；15岁便上战场，在枪林弹雨中奔跑；16岁时，腹部与头部严重负伤，导致右眼失明；25岁时身体瘫痪。面对着命运的严峻考验，奥斯特洛夫斯基没有退缩，而是像一名真正的战士跟命运展开英勇的斗争。面对贫困的生活，他没有利用残疾军人的优待向祖国伸手，而是自食其力，另外他如饥似渴地阅读世界各国文学名著，还读完了函授大学的全部课程。当奥斯特洛夫斯基觉得自己已经达到一定的文学修养后，他就开始写了一本中篇小说，寄给了一本杂志社，但是却如落入茫茫大海，杳无音信。但是，他并没有灰心丧气，而是告诉自己：任何事情都没有那么容易成功的。他一边忍受着病痛的折磨，一边又开始了另外一本书的创作。终于在1932年，奥斯特洛夫斯基完成了《钢铁是怎样炼成的》一书。小说获得了巨大成功，受到同时代人的真诚而热烈的称赞。然而，奥斯特洛夫斯基却在病痛的折磨下，在32岁时就英年早逝。

在一连串的打击和挫折之下，奥斯特洛夫斯基不仅没有倒下，却越战越勇。他是一名真正的战士，伟大的战士，值得我们每一个人学习和敬仰，在他短暂的生命中给人类留下了宝贵的财富。

我们很多人抱怨成功离自己太遥远，为一些小失败和小挫折而烦恼。看看那些成功的人吧，在他们成功的背后经历的苦难和痛苦，是我们无法想象的。上帝给我们每一个人的机会都是平等的，有些人没有抓住成功的机会，并不是说他们缺少智慧，而是缺乏面对挫折，打败困难的勇气。人生的道路本来就充满了荆棘，只有在不断地冲破一个又一个挫折时，我们的生命才会变得坚韧起来，这就是我们生命所接受的最大一笔财富。

3. 别在挫折面前乱了阵脚

一天，一个农民拉着一头驴子，却不小心让驴子掉进了一口枯井里。驴子在枯井里面传来“嗷嗷”的惨叫声，农民在井边上急得团团转，但就是没有办法把驴子救起来。过了好几个钟头后，驴子的声音已经叫得嘶哑。农民也改变了自己的想法，他认为：反正这头驴子已经老了，这口枯井也该填平了，这岂不是一举两得，就不用费尽心思救驴子了。

打定主意后，农民就把全村的人叫来帮忙往井里铲土把驴子埋掉。当大家拿起铁锹往井里填土的时候，井底的驴子很快便意识到要发生什么事情，又惊慌地开始大叫。眼看着一铁锹一铁锹的土从头顶上散落下来，驴子的眼里露出绝望的眼神。可是一会儿，它突然安静下来，不再嘶叫。大家都觉得很奇怪，还以为驴子叫得累死了，于是纷纷把头伸进井里一看：驴子正在用蹄子狠狠地踩脚底下的土，而且它还不忘抖下背上的土，让其掉到地上，再用蹄子重重踩平。

在场的人都看得惊呆了，他们根本没有想到一个驴子会想到用这个办法。农民这时也显得很高兴，心想自己家的驴子真聪明。于是他招呼大家赶快填土，好让驴子出来。就这样，过了没多久，驴子像坐着电梯一样把自己从井底升上来，然后纵身一跳，跳出了井口，欢快地跑起来，留下一群惊愕的人……

生活中，我们很多人也许会像这头驴子一样一不小心掉进枯井，各种各样的困难和挫折会如“尘土”一般纷纷落在我们的头上和身上。有时候我们会绝望，会痛苦，会以为自己不能渡过难关。但是，只要我们冷静下头脑，就会找到解决的办法，就会抖落身上的尘土，把它重重地踩在脚下，然后纵身从苦难的枯井里逃脱出来。

真正能救我们的只有我们自己，真正能打败那些挫折和失败的是我们自己，从中可以汲取教训和惊喜的也是我们自己。我们要时刻明白：生活中遇到的每一个挫折和困难，其实都是我们人生历程中的一笔财富，都是我们走向成功的一块垫脚石。记住在困难和挫折面前一定不要乱了阵脚，一定要强大起来才可以自救。

洛克是一位刚进入商场的商人，他雄心勃勃决定大干一场。他和他的合伙人购进了一批杂粮，准备大赚一笔，结果一场突然来袭的霜冻冰冻了他们的美梦。而且更加可恶的是有失德行的供货商还在杂粮里面掺杂了杂粮的梗、叶子，甚至是沙土。合伙人大骂一顿后绝望地骂天骂地，捶足顿胸。但是，洛克知道，此时一定不能在这些问题面前乱了阵脚，不然失败得会更惨。洛克冷静下来，经过一天的沉思终于想到了解决的办法，但是首先还是得需要钱。洛克的钱都砸在了杂粮上面，哪里可以再拿得出来一笔钱。洛克最终想到了自己的父亲，他再次硬着皮头跟父亲开口借钱，尽管父亲很不情愿，但毕竟是自己的儿子不能见死不救。

洛克拿着这笔钱开始给自己的杂粮打广告，做宣传。让那些潜在的客户知道他们不仅可以提前供应大量的农产品，同时还可以提供大笔的预付款。同时，洛克又雇用工人把杂粮里面的“垃圾”统统捡了出来，他可不想昧着良心赚黑钱。

结果，洛克拯救了自己和合伙人，那一年，他们的赚钱梦想没有被“杂粮事件”影响和破灭，虽然只是赚了一小笔，但是洛克知道，自己以后一定会把生意越做越好。

也许有很多人像洛克一样，自己白手起家，抱着雄心自己创业，希望能干出一番大事业来，尤其是刚毕业的大学生。但是由于经验不足或资金缺乏，往往会遇到很多意料不到的困难和挫折。这时，一定不要在这些苦难面前乱了阵脚。各种各样的难题算什么？一次的失败又算什么呢？试想古今中外，有多少成功人士，生意大亨，不是在闯过一个又一个的难关之后，才达到胜利的彼岸，他们每一个人成功的背后都是无人知晓和想象的艰辛。

曾有一个有名的商人这样教导他想创业的儿子：“你要知道，你可能会失败，并且败得很惨。但是你一定要做一个聪明的失败者，知道向失败学习，从失败的经验中汲取成功的因子，用自己想不到的力量去战胜那些困难，才能开创自己的一片新天地。”的确如此，人常说：困难像弹簧，你硬它就软；你软它就硬。要想不被突然蹦起的困难弹簧所伤到，我们就要学会强硬起来。那么首先别在它的面前乱了阵脚，从而轻松地控制它，压倒它。

4. 坚持下去，一定会有奇迹

我们都明白一个道理：做任何事情都贵在坚持，坚持下去，说不定就会有奇迹发生。成功也是如此，事实上我们期盼的许多成功都不是偶然的，除了要有坚定的目标，良好的机遇和探索的勇气，最关键的是贵在坚持。志向再宏大，梦想再美好，如果不懂得坚持，遇到挫折和困难就选择放弃、半途而废，那么成功只会离我们越来越遥远。

俗话说："水滴石穿，绳锯木断。"其中的奥秘就是坚持。自古以来，凡是能够成功，取得辉煌成就的人，无不具有坚持精神，最终才实现自己的梦想。每一个人的成功都不会一帆风顺的，当一个又一个的困难和挫折迎面扑来时，我们不仅要懂得鼓起勇气战胜它们，更要懂得在打败它们后继续坚持下去。有了坚持的信念，我们才会不断进步和前进。

古希腊大哲学家苏格拉底在开学的第一天，对教室里坐满了的学生说："今天我们不上课，只做一个简单而有趣的游戏，非常简单。"

学生兴致勃勃地等待着，只见苏格拉底一边做着示范，一边嘴里说："就像这样胳膊尽量往里甩……从今天起，每天做 300 下，大家可以做到吗？"话音刚落，学生就哄堂大笑："老师，这么简单的事，谁做不到。"过了一个月后，苏格拉底问学生们："大家有没有在做那件简单的事？谁坚持了？"这时，教室里有 90％的学生都骄傲地举起手来。又过了一个月，他又问，这次举手的比上次少了 10％。

一年后，苏格拉底又在问："请问同学们，谁还在坚持做那项简单的运动呢？"这时，教室里只有一个学生举起手来，这个学生就是后来也成为古希腊伟大哲学家的柏拉图。

法国伟大的启蒙思想家布封曾经说过："天才就是长期的坚持不懈。"柏拉图也许根本不是我们眼中的天才，但是，他却是与众不同的，他的与众不同就是懂得坚持，是坚持让他成为苏格拉底的得意门生，是坚持让他变得与自己的老师一样伟大。可知，坚持的力量有多么强大，它可以让一个普通的人变成天才，也可以让一个天才变成普通人。

一位著名的推销大师，即将告别他的事业生涯。他在城中最大的体育馆，准备进行一场职业生涯的演说。到场的人密密麻麻，大家都想听一听大师的成功秘诀究竟是什么。

可是当大家热切地期盼时，舞台的大幕徐徐拉开后，出现的是在舞台正中央吊着的一个巨大铁球。接着一位老者缓缓走出来，大家惊奇地望着这个巨大的铁球不知道他要干什么。老者指着旁边的一个大铁锤说："大家谁可以拿着这个大铁锤把这个铁球敲得让它荡起来呢？"

老者话音刚落，就有许多年轻人纷纷跑上来大展身手。可是铁锤虽然把铁球敲得震耳欲聋，但是铁球却丝毫不动。一个又一个的年轻人试过后都垂头丧气地走下舞台，最后终于没人敢上来，大家静静地等候老者的答案。

这时，老者从衣服兜里拿出一个小铁锤，观众爆笑，老者不理，径直走到大铁球旁，认真地敲起来。小铁锤碰上大铁球，发出像蚊子一样的嗡嗡声。十分钟过去了，观众停止了笑声，老者还在认真地敲打着。20 分钟过去了，在场的观众开始各做各的事情，有说笑的，有吃零食的，有的甚至起身离开……30 分钟过去了，观众终于按捺不住，开始躁动起来，有人开始大声喊叫，有的人干脆叫骂起来："什么鬼玩意儿呀！"然后忿然离去。但是老者好像根本没有听见这些声音，一如既往地敲打着大铁球。

又过了十分钟，突然，坐在第一排的一个小孩叫起来："球动了！"刹那间，全场的人安静下来，屏住呼吸，瞪着眼睛观察大铁球。果然，大铁球在老人一锤又一锤的敲打下，越荡越高，它带动的气流像一阵风吹乱了老者的头发。足足过了五分钟，全场的人才反应过来，爆发出雷鸣般的掌声。

这时，老者开口只说了一句话："看吧，成功道路上要的是耐心，是坚持；只要坚持，就会有奇迹发生。"

坚持并不是盲目地坚持，而是带着信念地坚持，是不断摸索和总结的坚持。那些运动场上叱咤风云的运动员，更多的是平时的不断训练、不断培养、不断坚持，才把自己造就成运动天才；那些在舞台上演技鬼斧神工的演员们，哪一个不是在台下不断摸索，不断刻苦地学习，才让观众看到自己最精彩的表演。俗话说"台上十分钟，台下十年功"，正是这个道理。成功不是偶然的，机会也不是随时可遇的，而是青睐那些时刻准备，一直坚持的人们。我们只要相信：坚持下去，就一定会有见证奇迹的那一天。

5. 永远不要放弃尝试的勇气

我们可以放弃难得的机会，可以放弃早已期盼的成功，但是永远不要放弃尝试的勇气。失败了可以重新再来，机会错过了可以努力再求，但是勇气失去了就如同一个人的"形在神不在"。

一天，一只小老鼠告诉自己的父母，他要去旅行，去看大海。她的父母听到后吓得大叫起来：“你疯了吗？这个世界上恐怖的人和事太多了。你不仅会失败，说不定连自己的小命也会丢掉！”

“我不怕。”小老鼠坚定地说，“我长这么大，都没见过大海。现在是时候动身了，我可不想老了才后悔。”

小老鼠告别了父母后，第二天天一亮就起程了。没想到，当它翻过一座山，来到一片森林边上时，一只大猫突然从树背后蹿出来，说要吃掉老鼠。小老鼠吓得赶紧狂奔起来，最后总算逃脱保住了性命，但是心爱的尾巴却被猫咬了一截。小老鼠难过极了，但是它忍着痛继续赶路。

傍晚时，小老鼠来到一片田野边上，却被一只大狼狗袭击。刚逃脱了，空中一声厉叫，一只可怕的老鹰从空中扑下来，小老鼠吓得赶紧钻进一个洞，才又活了一命。一天下来后，小老鼠浑身是伤，又累又饿。当它休息的时候，望着满天星星开始想念它的父母。

第二天，小老鼠又开始勇敢地动身了。第三天，第四天……不知道经过了多少天，经历了多少坎坷和挫折，在一天的傍晚，小老鼠爬过最后一座山时，终于看见了一片晚霞荡漾在一望无际的海边上。

小老鼠高兴地呼喊起来，它终于来到大海边，终于看见大海了。

生活中，我们会像小老鼠一样有着自己的梦想和目标，想让它们一个个都如愿以偿地实现。但是我们经常缺乏勇气，当面对机遇，我们经常会因为胆怯而放弃尝试和挑战。这时，我们不妨学习小老鼠的精神：不害怕失败、不害怕困难和敢于尝试的勇气。

美国经济大萧条时，一位名不见经传的名叫斯帕克的年轻艺术家正住在多伦多。这时的斯帕克穷困潦倒，要靠家里的救济才勉强度日。

斯帕克精通于木炭画。虽然他画得很好，但是因为时局太糟了，大家根本无暇买他的画。而有钱人又有谁会去买一个无名小卒的画呢？

斯帕克知道，穷人不会买他的画，有钱人更不会买他的画，但是希望只能寄托在有钱人身上。可是谁是有钱人？怎么才能认识他们呢？

斯帕克盯着一大推报纸苦苦思索。这时，他的眼睛落在一张大大的照片上，那是一位来自加拿大的一家银行总裁的肖像。斯帕克突然兴奋地跳起来，他灵机一动，何不从这些名人身上下手呢？

斯帕克照着报纸上的头像开始画起来，画完以后，他拿出一个相框把画装起来。斯帕克对自己的杰作很满意，他看着这幅画，好像看到了自己的未来和希望。但是问题又来了，怎么才能交给画里的人呢？

斯帕克认识的人里面没有一个是有钱人或是名人，引见是不可能的；如果直接约见面，人家是无论如何也不肯的；写信也肯定会如同沉入大海。斯帕克又开始苦思冥想，最终他凭借自己对人性的略知一二，觉得这些人应该对名利很看重，因此他准备投其所好。

斯帕克决定尝试一下，哪怕失败总比放弃好。而且他打算通过一条独特的途径采取行动。斯帕克把自己武装起来后，来到了那位大人物的办公室，但是秘书把他挡在门外说没有约见，总裁不想让打扰。

“噢，真是遗憾。”斯帕克说。“我只是想给他看看这个。”说着打开了那幅画。秘书一见，眼神温和了许多，随后犹豫又客气地说：“我去跟总裁通知一声。”一会儿，斯帕克就顺利地进了总裁办公室。

当他进去时，总裁正欣赏那幅画，看见斯帕克进来时，兴奋地问道：“是你画的吗？棒极了，你要卖多少钱？”斯帕克小心翼翼地说道：“50 美元。”没想到总裁一口答应了。之后，通过总裁的“传播”，有很多名人找斯帕克画画，他终于不用过穷日子了。

斯帕克为什么会成功呢？

是因为他坚持、刻苦努力？是因为他聪明？还是因为他有交际的能力，能够投其所好？恐怕这些都是他成功的因素。但其中最关键的一点就是他敢想敢做，勇于尝试的勇气。不去尝试，不迈出第一步，我们永远不知道自己有多少能力，永远不知道自己离成功有多远。很多事情是未知的，我们猜测不到，但是我们可以预想，可以大胆去尝试，记住无论何时永远不要放弃尝试的勇气，它是我们前进的动力和战无不胜的力量。

6. 修炼惊人的逆境情商

不管是处于生活中还是职场上，我们都会觉得有一股无形的压力围绕着：交际问题，工作问题，情绪问题……解决这些问题，就需要我们修炼一身高的“AQ”功夫。

什么是“AQ”？AQ 即 Adversity Quotient，就是“逆境情商”，具体指我们面对逆境时的处理能力。据 AQ 专家保罗·史托兹博士的研究，低 AQ 的人遇到困境时，会感到沮丧迷失、处处抱怨、逃避挑战，并且缺乏创意。而高 AQ 的人则相反，以弹性面对逆境、积极乐观、接受困难的挑战、发挥创意找出解决方案。

很多年前，非洲草原上发生过一次大旱灾难。很多草木枯死，很多水塘干涸，唯一留下的就是一个最大的水塘，也干涸得只剩半里不到。

于是，草原上的飞禽走兽都为这个水塘争得你死我活，鳄鱼、斑马、羚羊、狒狒还有各种鸟儿一个个都像仇人，见面就厮打。当羚羊和斑马扭打时，躲在水里的鳄鱼就来个“螳螂捕蝉，黄雀在后”。

后来，水塘里的水也干得一滴不剩了，庞大的鳄鱼也被毒辣的太阳活活烤死了，鸟儿都渴死了。只有大狒狒喝饱了水后，跑到草原边上的一个大树下，靠着吃树叶填饱自己的肚子。强壮的狒狒在苦熬了一段时间后，终于等来了雨季，活了下来。

食肉动物狒狒在恶劣的环境之下，靠着自己强壮的身体和适应环境变化的超强能力，度过了大灾难。而凶恶的鳄鱼由于不会随机应变，也难逃死劫。正如著名管理学家大卫所说：“那些能够幸存的物种，不是最强的，而是能够适应变化的。”我们人类也应该学习狒狒，学会在逆境中成长，学着跟随着环境的改变而调适自己，学着修炼自己的“高逆商”。

如今在生活和职场中，出现许多“症”，社交恐惧症，抑郁症，强迫症……这些不仅影响人们的身心健康，还影响到生活、事业等各方面。心理学家指出：很多人，尤其是白领，虽然外表光鲜亮丽，但是就像草莓一样，好看却脆弱，一碰即碎。因此，有人称这类人为“草莓族”，急需提高逆境情商。

吴丽就是典型的草莓一族。吴丽就职于一家外企，从事高级会计的工作。平时上下班很规律，高待遇、高福利的状态，吴丽很是满意。但是有一段时间，由于受到时局的影响，公司的效益急剧下降，公司开始大幅度裁员，但有一段的考核时期。面对此种情况，吴丽更应该努力工作，好好表现。但是由于害怕和担心被辞退，吴丽食不知味，夜不能寐，身体一直处于不佳的状况，白天的工作也受到了影响。她不是工作中出现错误，就是开会精神不能集中。一个月后，公司裁员名单出来了，吴丽果然在名单上。

就这样一个极好的“饭碗”被打破了，吴丽不能接受，但是又没有办法。她从以前别人羡慕的“高高在上”一下子跌落到低谷。吴丽把自己关在屋子里，整天愁眉苦脸，不久就患上了轻微的抑郁症。她的妈妈看在眼里急在心里，但是吴丽就是不出家门，她的理由是怕亲戚朋友笑话，还怕碰见那些行走在大街上的白领。

吴丽处在这种逆境中，面对一次的打击和失败，就失去了再找工作的勇气，不仅让自己处于糟糕的心情中，还给家人也带来了困扰。也许很多人有像吴丽的这种遭遇，工作上出现问题，被老板炒鱿鱼等。但是我们要明白，现代社会竞争激烈，我们如果没有足够的能力和强大的内心，随时都有可能被淘汰出局。其实，有时候未必是我们的能力太差，最关键的是我们心态太糟，逆境中的情商太弱。

英国哲学家培根说过：“超越自然的奇迹多是在对逆境的征服中出现的。”在生活中我们不可能一帆风顺，总会遇到各种各样的困难和挫折，总会有一段时间处于逆境之中。我们若想战胜这些，就一定要有良好的心态和足够的逆境情商去征服。那么，怎样才能修炼自己的高逆境情商呢？

第一，凡事不抱怨，真正的强者是没有时间去抱怨的，也不会去抱怨。高AQ的人就是真正的强者，他们遇到任何事情都会冷静面对，想办法去解决。打败困难和挫折的唯一办法就是找到解决的办法，突破困境的“瓶颈”。

第二，修炼自己的幽默功力。凡是幽默的人都拥有着良好的心态，时刻拥有一副好心情。他们不仅让自己愉快，还给别人带来快乐。和幽默的人一起做事情，不仅乐趣多多，还能化解一切苦闷的气氛和情绪，而且更加有动力去做好事情。

第三，凡事拥有乐观的态度。学会换个角度思考问题，应该学会知足和往好处想。比如公司里突然减薪，不要抱怨，应该庆幸没有裁员。等公司的困难过去了，加薪的好事在后头呢。凡是在逆境中懂得寻找机会的人，才是高AQ的最佳表现。

下篇

拥有好心态，做幸福的自己

人常说：心态决定命运。有什么样的心态，就有什么样的命运。拿破仑·希尔曾经说过：人的身上有一个看不见的容器，一边装着“积极心态”，是获得财富、成功、幸福和健康的力量；另一边装着“消极心态”，会剥夺一切使自己的生活有意义的东西。可见，我们若不想失去一切，失去快乐幸福，就要积极修炼自己的好心态。

很多人并不是缺少幸福的智慧，而是没有拥有一副好心态。要想拥有好心态我们就必须学会把生命中的每一次苦难都当做一种财富，学会用简单的思维考虑问题；学会坦然面对得与失，淡然面对名与利；学会忍耐与宽恕；学会感恩与珍惜；学会不时地清理心灵的“垃圾”，学会打开心扉，让阳光照进来，让我们的心态也染上阳光的色彩，丰富我们的生活，快乐与幸福还远吗？

第十六章

淡定

——淡然自在享人生

“采菊东篱下，悠然见南山”是我们人人都向往的生活。然而，现代社会的高压力、快节奏不仅压迫得我们喘不过气来，还失去了好多闲暇的时间。我们都是凡夫俗子，在尘世中为一切奔波。有的人身心劳累，有的人却依旧逍遥自在，其中的秘诀就是有一颗淡定的心。

淡定是一种看遍世界后内心坦然的人生境界，是给自己的心灵找一片净土，是学会忙里偷得半日闲，是看淡功名利禄。人生漫漫长路，面对纷纷扰扰的诱惑，面对沸沸扬扬的躁动，让我们学会从容淡定，淡然自在地享受人生的乐趣。在红尘闹市中，获得“淡泊而明志，宁静而致远”的人生境界。

1. 简单生活也是一种幸福

同样的世界，同样的时间，同样的人类，却有着不同的生活，复杂和简单的，因此，出现了幸福与不幸福的人。

有一个美国商人来到墨西哥海边一个小渔村的码头上，他看见一个渔夫划着小船靠岸了，船头上放着几条大黄鳍鲔鱼。

美国商人走过去跟渔夫打招呼，顺势恭维了一番渔夫能抓到这么珍贵的鱼，又问："捕这些鱼肯定要花费很长时间吧?"不料，渔夫答："才一小会儿的工夫。"商人惊讶地望着渔夫，又说："那你为什么不再多捕点鱼呢?"渔夫不以为然地说："这些鱼已经够我们一家人吃一天了。"

美国人看了看正当空的太阳，又问："现在才刚刚中午，那么你在一天剩下的时间里都干什么呢?"

渔夫答："很简单呀，我每天睡到自然醒，然后出海捕鱼，回去后妻子做饭，我就和孩子们玩，吃完午饭，睡个午觉，傍晚去村子里转悠，和邻居喝点小酒，玩一会儿音乐，聊会儿天。日子简单却充实。"

美国人听完笑着说："你可以把这么多时间拿来挣钱呀。我是美国哈佛大学企管硕士，我可以给你出点主意，你每天只要多花点时间去捕更多的鱼，卖成钱就买一个大点的船，自然可以抓更多的鱼，再买大船，这样慢慢地你就可以拥有一个渔船队了。然后把鱼直接卖给加工厂，这样你自己就可以开一家鱼罐头工厂了。你就可以走出小渔村，搬到墨西哥城里，然后走出墨西哥，到全世界……"

渔夫问："那需要多长时间?"

美国人答："15到20年。"

渔夫说："然后呢?"

"然后，你就可以在家享清福了。你可以把公司交给其他人来管理，你可以投资股票，等股票上市，就把公司股份卖给投资大众，到时候你就可以挣更多更多的钱，上亿万……"

“然后呢?”

“然后，你就可以退休，搬回到海边的小渔村，每天睡到自然醒，出海随便抓鱼玩，尝个鲜，你跟妻子抱着睡午觉，下午去村子里晃悠着喝点小酒，唱唱歌。”

渔夫疑惑地说:“我现在不就这样吗?”

木讷的渔夫看起来愚笨，美国商人看起来精明，但是真正意义上渔夫比美国商人要聪明得多，而且渔夫拥有的快乐和幸福也比美国商人多。在渔夫的眼里每天享受着规律的简单生活，每天和孩子老婆在一起就是最大的幸福。

当然，我们每一个人追求的生活和幸福都不一样，有的人觉得生活简单就会很乏味，就会活得很空虚、很没意思。其实简单生活并不是说粗茶淡饭、没有工作、没有事业、没有成功、没有惊喜，简单生活是一种在喧嚣的尘世中追求思想简单和保持心灵简单的简单境界。

一位名叫伊莱恩·詹姆斯的美国女士，写了一本名叫《生活简单就是享受》的书。在书中作者告诫人们生活在如今科技先进却又纷繁复杂的社会中的现代人，一定要学会简单生活，享受简单生活的幸福。

作者并没有提出一些大而无当的原则，也没有发出一些毫无价值的议论，而是从人们生活的最基本的四大要素——家庭、生活方式、财务、工作着手，以最贴近人们的现实生活入手，提出了让人们学会简单生活的100种方法。如：怎样打扫房子？怎样购物？怎样处理人际关系？怎样丢掉清理一些杂物？怎样合理安排自己的时间等。教会人们不要被复杂凌乱的杂物占据生活而苦恼，追求简单的生活、简朴的生活、淡泊的生活，在简单中领会生活的真谛。

此书一出就成了一部风靡欧美及港台的心理健康图书，人们纷纷学习和效仿作者提出的简单生活100招，尤其是最普遍的普通上班族，在社会的重重压力之下他们想要找回自己的简单快乐，简单幸福。

其实作者本人也是在追求简单生活中大获感悟才写出此书。作者也曾是商场女强人，有着自己的成功事业，但是逐渐地她厌烦了纷繁复杂的生活，想要享受简单生活。于是就花费了三年的时间，开始简化自己的生活，她成功了并把自己的心得撰写出来与世人分享。如今作者和先生吉伯斯在加州定居，享受简朴自在的生活。

哲罗姆·克拉普卡·哲罗姆言：“让你的生命之舟轻装前行，只装上你需要的东西——一个朴实的家，简单恬淡的快乐，一二知己，你爱的人和爱你的人，一只猫，一条狗，烟斗一二，够吃的食物，够穿的衣服，水要多带一些，因为口喝可是要人命的。”原来生活就是如此的简单，我们需要的也是如此的简单。

俗话说：境由心造。如果我们的心灵重荷累累，就不能体会到简单的奥妙，享受简单的幸福。因此，我们要学会简单生活，首先必须让自己的思想简单化，让自己的心态简单化，让自己的心灵简单化，欲望少一些，自由多一点；攀比少一点，放弃多一点，这才是简单生活的“高境界”。

2. 学会承受心灵的苦难

人生旅途中有太多的磨难挫折，有太多的不如意事，给我们的心灵带来大大小小的创伤。天下没有一帆风顺的人生，只要我们学会承受生命的苦难，心灵便会越来越强大；学会承受心灵的苦难，那么我们的人生便会越来越美好。

只有敢于接受挑战，敢于承受这些困难，才能化解。人生在世，艰难险阻是难免的，成功也是没有捷径的。一切困苦都是对我们的考验，如孙行者，只有经过了炙热难忍的熊熊烈火才练就出一双火眼金睛；唐僧经历了九九八十一难，最终才成为真佛。

世界超级小提琴家帕格尼尼，从小就开始经受苦难，他的一生，一直承受着巨大的苦难。帕格尼尼四岁时，苦难便降临了。他患上了麻疹和可怕的昏厥症，险些失去生命；稍微长大了几岁，他又患上了严重的肺炎；到了中年时，他的口腔被感染，舌头溃烂，牙齿全部被拔掉。紧接着他又患上了可怕的眼疾，最终视力模糊到差点不能走路。50 岁后，他浑身都是病，关节炎、肠道炎、肺结核等各种疾病像魔鬼一样折磨着他。后来，他完全说不出话来，只能由儿子来记录下他的思想。57 岁，他终于结束了自己苦难的一生，与世长辞。

这样苦难的一生，帕格尼尼却用超凡的毅力和淡然的心态战胜它们。为了学琴，他把自己封闭起来，每天狂练十个小时的琴，甚至忘记了饥饿。13 岁时，他的身边除了一把琴陪着他流浪各地，一无所有。终于，在他的血汗之下，创作出来一首又一首的经典乐曲。15 岁时，他成功举办了自己的一次音乐会，震惊了全世界。罗拉听到他的演奏时，惊异地从病床上跳起来，浑然不知；维也纳的一个人听到他的琴声，大叫“他简直就是一个魔鬼”，然后匆匆逃走了。

在一生的苦难中，帕格尼尼练就成为一个音乐巨人，他把心灵的苦难化作强大的力量，一步一步走向自己的成功。俗话说“艰难困苦，玉汝于成”，只有经历了磨难，才会让自己成为一块价值连城的美玉。对于人生，苦难是一种必修课，苦难使我们成长，苦难使我们的心灵更加强大，苦难使我们的生命更加有意义，苦难使我们走向辉煌的成功。学会承受心灵的苦难，让心灵处于天堂的世界里。

3. 不时地清理“心灵垃圾”

我们知道，房屋、大街时间久了没打扫，就会堆积许多的垃圾，铺满厚厚的灰尘。其实，我们的心灵也是如此，在尘世中行走久了就会被各种“垃圾”堵满。如挥不掉的心理阴影，曾经受过的伤害，难以启齿的糗事，无止尽的欲望，这些心灵垃圾会像雪球一样越滚越大，最终成为心灵的重荷。不仅影响我们的身心健康，严重者会无法过正常的生活。

只有及时清理了心灵上的垃圾，才会让我们的心灵处于一片洁净之中，处于安宁的气氛之中；只有定期打扫和洗涤自己的思想，才会让思想正常，才会少犯错误、少干蠢事；才能更好地工作、更好地享受生活；才能使人生之路顺畅无阻。

一位学识渊博的老教授退休后，准备巡回拜访。他访问偏远山区的学校，把自己丰富的教学经验传授给当地的老师。大家早已耳闻教授不仅学富五车还待人平和，一见果然是如此的和蔼可亲。于是教授得到了大家的热烈欢迎，还有很多学校的老师和学生都热切期盼他的到来。

有一次，教授来到某个贫困的山区。在结束了拜访之后，他准备辞行。这时，无论是老师还是学生都恋恋不舍，许多小学生哭喊着不让教授走。教授爱怜地摸着孩子们的头，心中不免为之所动。于是他对孩子们说："我下次还会来的，但是有一个要求，那就是你们必须把自己的课桌都收拾得干干净净。那么，我就送给你们一份神秘的礼物。"

老教授离去后，孩子们每到星期三就把自己的课桌收拾整洁，等待着他的到来。因为每个星期三是老教授拜访的日子，但是不能确定哪个星期三他才会前来拜访。

但是，有一个学生却跟其他孩子的想法不一样。他一心想着要得到教授的神秘礼物，就觉得自己要做好万分的准备。于是，他每天早上都会把自己的课桌收拾得干干净净。但是还不到下午，课桌又会变得十分凌乱。这个学生害怕老教授下午会来，于是下午时也会收拾一次。但是学生又担心教授在一小时之内会出现在教室里，仍会看到自己的课桌凌乱不堪，于是他又对自己说："不行，得每隔一个小时收拾一次。"

一直到最后，这个学生又想到要是教授随时来到他的课桌面前怎么办？还是会看到他的桌面不是那么整洁，终于他决定自己需要随时地收拾课桌。他把用过的东西随时地放回原处，这样，就可以时刻保持干净，随时欢迎教授的到来。

直到最后，这个小学生也没有得到教授的神秘礼物，因为教授再也没有来拜访。但是小学生一点也不失望，不难过，因为他得到了另一份神奇的礼物。

这个小学生的神奇礼物不仅是课桌的干净整洁，更是心灵上的干净整洁。我们也要像这个小学生一样随时清理自己心灵上的垃圾，保持心灵的干净。

然而，清理心灵上的垃圾并不像日常生活中打扫那样简单。它需要时间大河的淡化和清洗，需要心灵的挣扎和奋斗。而且人们经常不愿意正视或者不敢面对自己的心灵，比如清理干净就是一个未知的开始，我们害怕未来会更加艰辛；比如我们还不确定自己想要什么，害怕决定后的得失；

也许是我们想去好好清理，但是却无从下手；有时是剪不断理还乱。总之，我们因为害怕选择逃避，选择麻木，选择忍耐，最终让自己的心灵更加沉重。因此，不时地清理心灵垃圾是至关重要，是不可懈怠的。那么，怎样才能更好地清理和疏通心灵的垃圾，让自己的心灵时刻保持干净呢？

1. 当发现自己的心里感觉堵得慌，或者情绪经常不定期地变化时，那就是“心灵垃圾”在作怪。这时，努力让自己静下心来，仔细梳理一下最近都遇到什么问题？具体地罗列出来，或者写在纸上，然后好好想想解决的办法或者释放的方式。对于我们无法改变的事实就坦然地接受，用一颗平常心去面对；对于我们可以解决的事情，就保持乐观积极的态度去战胜，去化解；对于我们需要宣泄的情绪垃圾，就找到适合自己的方式痛快地发泄出去。

2. 用美妙的大自然融化我们心中的“冰雪”。当感觉劳累时，出去散散步，呼吸一下新鲜的空气，听听鸟儿的鸣叫，欣赏美丽的花朵；隔一段时间去旅行，在旅行的途中更容易忘记一些记忆和丢掉内心的垃圾；如果实在没有时间，那就提高自己的想象力，闭上眼睛幻想一个美好的地方，幻想自己一直想实现的梦幻之旅。神游在自己想象的景象里也是一种极好的放松身心的方式。短暂的放松之后，我们就会让自己的心情平静许多，然后以良好的状态投入到工作和生活之中。

3. 每天让自己想一件美好的事情或者许一个美好的愿望。对于美好的东西，我们都是向往和期待的，哪怕还没有实现，也会在心理上首先体会到愉悦的感受。保持一个好心情，更有助于我们为自己的美好愿望努力奋斗。

丢掉心灵的垃圾，让我们在人生道路上轻装上阵；不时地清理心灵垃圾，让我们的心灵永远圣洁干净，让我们的生活永远充满阳光和朝气，让我们的内心永远感到幸福和快乐。

4. 在阳光下，放慢生活的脚步

复杂的人生，纷繁的世界，喧嚣的都市。现代社会，我们每一个人都行色匆匆。在压力和竞争的压迫之下，我们不得不忙碌，不得不加快脚步，不得不马不停蹄地奔向自己的美好目标。有人说忙碌是一种美德，当然，忙碌能使我们的内心感到充实，忙碌会提高我们的生活质量。但忙碌也会使我们身心劳累，会让我们的生活品质越来越差。当我们在忙碌中迷失自己时，不妨放慢脚步，欣赏沿途的风景，放松自己的心情。我们会发现也许我们已经错过了太多，原来生活可以过得如此轻松愉快。

有人说：人生就像攀登一座高峰。太多的人渴望自己能够登到高高的顶峰，可以“一览众山小”。然而，太注重山上的终极目标，难免会忽略一路上的好山水、好风光和好心情，更难以感受到那些细小的快乐和感动，享受攀登过程中的乐趣。因此，学会放慢登山的脚步，学会欣赏映入眼帘的每一处风景，学会捕捉每一幅明快的画面。这样必定使心情愉悦起来，脚步也会轻松起来，登上山顶指日可待。既没有错过沿途的风景又摘取山顶胜利的旗帜，岂不是一举两得。

乔治是一家大型广告公司的业务经理，在一次偶然的机会中他学会了一种在“阳光下放慢脚步”的艺术生活。这是他为工作忙碌了大半辈子第一次体会到了放慢生活脚步的美妙。让我们来看看他的宝贵经验吧。在一个三月的早上，我正在匆匆忙忙地去往纽约一家旅馆的路上，左手提着笔记本电脑，右手抱着厚厚的一叠需要紧急处理的文件。其实，我是来度假的，但是还是无法逃离我的工作。

当我快步走入我的临时办公室时，看见我的好搭档正坐在窗户下的一个摇椅上，他的眼睛被帽子盖住，我看不到他脸上的惬意。我把文件放在桌子上，准备一屁股坐下花费一下午的时间来处理它们。这时，我的好搭档用缓慢而愉悦的腔调问道：“你在做什么啊？乔治，快点过来，这么好的阳光，快点过来坐在摇椅上慢慢摇一摇，这可是我新发明的一项减压之术。”

我不屑地回答道：“你发明的减压之术？阳光是大自然的，摇椅不知什么时候我们的祖先就发明了。”

“的确如此，不过，它现在又被我们遗忘了，淘汰了。”搭档反驳道。

“是吗？那你的减压之术是又重新利用了摇椅，还增添了什么奥妙吗？”我头也不抬地跟他理论道。

“你过来试一试就知道了。我的减压之术可是一种艺术，美妙的艺术。”搭档越说越愉快。

我不禁被他的愉快之心所感染，犹豫了一下便放下手头的文件，快步走了过去，“听着，这是给你面子，我才过来一试。”我故意装腔地说道，然后一屁股坐在搭档的旁边。

“闭上眼睛，对，什么也不要想，享受阳光洒在你身上的感觉就行了。”搭档在旁边唠叨着。

我按照他说的去做了，我感觉到温暖的阳光洒在身上，脸上，我甚至能闻到旁边青草的味道，一只不知名的鸟儿在树枝上鸣叫，一阵徐风吹过我的脸庞。我好像要沉睡了，感觉自己的心从来没有如此地安静。

这时，搭档又开始说话了：“怎么样，我说得没错吧，是不是很美妙？其实太阳是天底下最会享受的，你看它从来不会匆匆忙忙，从来不会焦头烂额，它只是缓慢地恪尽职守，每天从东方升起，西方落下。它不用接电话，不用开电脑，不用开会，不会发出任何嘈杂的声音，就这样静静地，慢慢地洒在人间……但是你看它的工作一点也没耽搁，它让天空亮了，让花儿开放，让树木长大，让大地变暖，让瓜果成熟，五谷丰登，最重要的是它给我们人类带来了光明和温暖，它的功劳是无法代替的。”

听着搭档的一长串理论，有生以来第一次我在心底燃起对他的敬仰。“不要去想你那些破文件了，好好享受现在吧。”搭档又说道。

毫无疑问，我照着他的建议去享受了。当我再次回到房间工作时，几乎一口气处理完了那些棘手的文件，这使得我空出来很多的时间好好享受我的度假。从此以后，我对这项艺术的减压之术屡试不爽。每当我觉得自己脚步太匆忙，心里太累时，我就会停住脚步，在阳光下，找回内心的平静。

当下的快节奏，让我们的生活和工作都变得快起来，快餐文化、快餐运动、快餐城市，快生活引导着我们的快步伐。我们都会有一个体验，如果走得太快就会感觉心脏跳动加速，很难喘气，呼吸困难。快生活也是如此，会让我们气喘吁吁，会让我们身心疲惫。因此，很多人开始呼吁另外一种生活方式——慢生活，目的是让我们的脚步慢下来，躁动的心慢下来，生活慢下来，留心身边的美好。1986年，意大利记者卡洛·佩特里尼发起了“慢餐运动”。他宣称：“城市的快节奏生活正以生产力的名义扭曲我们的生命和环境，我们要以慢慢吃为开始，反抗快节奏的生活。”这种慢食的主张很快便席卷全球，引起人们的共鸣，由此发展出一系列的慢生活方式。

“慢生活家”卡尔·霍诺指出：“慢生活”不是磨蹭，更不是懒惰，而是让速度的指标“撤退”，让生活变得细致。慢是一种意境、一种健康的方式、一种回归大自然的和谐感受，让人们在张弛有度的生活中找回心灵的宁静。让我们放慢脚步吧，在阳光下漫步，便会感到生活是格外和美与宁静的，生命也是另一个样子……

5. 得之淡然，失之坦然

俗话说：“鱼和熊掌不可兼得也。”正是道出了我们人人必须明白的一个人生道理：人生，有得必有失。万事万物不可能完美无缺，不可能称心如意，此事古难全。既然如此，那我们就遵守“得之淡然，失之坦然”的人生态度吧。

有一个年轻人，从这边的大山想要到达那边的大山，但是中间隔着茫茫大海。年轻人下山后，来到海边，他驾一叶轻舟准备出海。途中，他经历了狂风大浪，历尽千难万苦，虽然平安靠岸了，但还是没有到达心目中的目的地。因为他发现，面前还有几条河流等着他渡过，几座小山等着他跨过，几片平原等着他走过，才能到达远在天边的那座大山。

一天，年轻人走得很累了，他停下来休息。这时，一个智者走过来坐在他的身边。年轻人问智者：“我经历了千辛万苦才渡过大海，我没有被大风浪所吓倒，没有被海里的鲨鱼吃掉。靠岸后，我又渡过了一条河，走过一片平原，爬过一座小山。你看，我的鞋子磨破了，脚开始流血，膝盖也磕破了，长途跋涉的辛苦和路上遇到的所有困难我都不怕，我一遍又一遍地告诉自己要坚强，要执着，要坚持。但是，已经过了很长时间了，我的目标看起来还是那么遥远，我什么时候才能到达那座大山呢？”

智者听完年轻人的叙说后，笑着问道："你从什么地方来呀?"

年轻人指着大海的另一边隐隐看见的大山说："我从那边来。"

智者又看了看年轻人放在旁边的大箱子问："你的行囊看起来很重，里面装的都是些什么呢?"

年轻人说道："它们对我可重要了。箱子的最左边装着的是我的生活必需用品；右边装着的是我每一次跌倒时的痛苦，每一次受伤后的哭泣，每一次孤寂时的烦恼；箱子的最上面装着我的所有荣誉，如我获得的一些奖杯和证书；最下面装着的是无价之宝，它们都是价值连城的宝贝，是我的爷爷传下来的，靠着它们，我才能来到这里。"

智者听了，微笑着问他："那你的箱子大概有多重呀?"

年轻人答道："我没有称过，不过感觉很重很重，一路上把我压得都喘不过气来，但是我又不能把它们扔掉，因为它们对我来说，都很重要。"

智者又说："那些东西也许对你很重要，失去它们你会难过甚至痛苦。但是有些东西我们该放下时，就得放下，这样才可以轻装上阵，我们走得快点，才能更快地到达自己的目的地。"

年轻人觉得智者说得有理，但是他还是不知道该扔掉哪些东西，便问智者："我首先应该扔哪些东西呢?"

智者笑着答："人生最痛苦的莫过于对过去的旧伤还念念不忘，过去了就过去了，应该坦然地放下，这样心灵上才不会再次痛楚。"

年轻人顿时大悟，他拿出箱子右边的东西全部扔掉，然后告别智者起程了。这时，他觉得不仅身体上轻松了许多，内心也感到像扔掉一块石头那么轻松。

赶了一段路后，年轻人又开始觉得疲惫，箱子又感觉重起来。于是他坐下来休息并打开箱子，看着那些荣誉证书，心想：这些也是过去了的东西，荣誉、名利都是过眼云烟也应该放下，我的将来在前面的这座大山上，并不是后面的那座大山上。这样想着年轻人便扔掉了它们，然后又开始赶路了，他觉得自己的背上又轻松了许多。走到途中，年轻人又感觉到累了，他再次打开箱子看着那些无价之宝，心想：也许这些财富本来就不属于我，我得到它们时太容易了，失去它们也就不用太难过。于是他毫不犹豫地就扔掉了它们，又继续赶路。这时，箱子里只剩下他时刻需要的生活用品。年轻人感觉自己的内心从来没有如此轻松，他的步伐从来没有如此轻盈，他觉得他的目标越来越近……

其实，我们的人生就是一次长途旅行。在途中，也许我们会像这个年轻人一样背着一个很大很大的包袱，里面装着我们认为很重要的东西，哪一样都不能丢弃；或者每一样东西都是我们辛苦挣来的，比如金钱、名利都是我们打拼下来的战利品，怎么可以轻易放弃呢？的确，有些东西是我们应该得到的，当我们通过正当的途径、通过自己的辛苦努力得到它们时，我们可以好好地享受，好好地珍惜。但是，世事难料，如果有些东西不是属于我们或者必然失去的时候，我们也要学会坦然面对，学会一切顺其自然，学会放开一切，看淡一切，这样才不会让我们的心灵处于痛苦的漩涡中，不会让我们背负太重的生活包袱，从而步履蹒跚、不得前进。

俗话说："拿得起，放得下。"该拿起来的东西，我们就积极进取、努力奋斗，得到之后就要用淡然的心态看待，千万不要得意扬扬，落得个骄兵必败的下场；对于该放下的东西，我们就坦然地放弃，人常说放弃也是一种美，放弃也是一种机会，"塞翁失马，焉知非福"，也许我们放弃打开这扇门，就会有另一扇窗户为我们打开。世间的一切都遵循着自然规律，都会达到平衡和谐的状态。因此，我们不要害怕，不要担心，大胆地选择和放弃，坦然地面对得与失，明白"得之淡然，失之坦然"的人生真谛，内心才会真正体会到幸福的滋味。

6. 保持一颗平和的心

有一位大师说过：在这个纷繁复杂的现代社会中，只有能够保持内心的平和宁静，才不会变成一个神经病。然而，如今社会中，却有着太多的"神经病"。他们有的是为了眼前的名利荣誉疯狂追求，有的是为了一些得失怅然痛苦，有的则沉浸在过去的回忆中无法自拔……总之，他们的内心时常充满痛苦、悲伤、烦恼、失落等消极情绪，并且时常跌宕起伏，不能平静。

曾经在一本书上看到一句话说：心平水现月，意定天无云。意思是只要你的内心平静了，就像水里会出现月亮似的；如果你的意有定力，就好像天上没有云彩一样。即我们不会因为天气的变化多端，不会因为突然地晴转阴而让自己的心情随之变化，也就是说只要我们内心足够平和，就不会被外界的事物所影响。但是人生无常，世事难料。也许前一秒我们在因为高兴的事情而开心，下一秒就会因为突发的状况而难过，人生道路上有太多太多的“防不胜防”，有太多的“峰回路转”，面对这些，我们谁还会保持内心的平静，谁不会心情大变呢？然而，我们不妨看看一位法师的智慧。

慧缘法师是唐代一个修行很高的法师，他曾经独自一人在寺院后的山岩洞中修行了十年，后来又回到了承天寺，不论白天黑夜，他都会坐在寺中打坐。

但有一天，却发生了一件令人意想不到的事情。原来寺庙大殿上的功德箱里面的钱突然丢失了。而当晚唯有慧缘法师一个人在大殿上打坐，他无疑成为了大家的怀疑对象。

但是寺庙里的所有人都不敢相信法师会做出行窃的事情来。当他们向慧缘法师对证时，法师只是摇摇头，并没有任何说辞。大家又问慧缘法师有没有看到有谁来行窃，法师还是摇摇头。于是，大家都愣住了，包括住持在内，只能相信一定是慧缘法师把钱偷走了，不然他一定会为自己辩解的。而且如果没有其他人，难道钱会自己长着翅膀飞走不成？

寺庙里顿时传得沸沸扬扬，小和尚到处跑着，交头接耳地说：慧缘法师道貌岸然，竟然偷寺庙里的钱用。为此，寺庙里的所有高僧、居士无不对慧缘法师侧目，他们再也不尊称他为“法师”，而是“偷钱的和尚”。面对这一切，慧缘法师一直无动于衷，他并没有心生怒火，也没有找住持讨个公道，他甚至让一个小和尚欺负，骂他为偷钱的和尚。他照样面不改色，行不改道地每天去食堂吃斋饭，吃完斋饭就去大殿内打坐。

终于，一个礼拜之后，寺中的住持才解开了谜底：原来功德箱里的钱根本没有丢，住持只是想考验一下慧缘法师在山洞中十年所修炼出来的‘道行’有多高。果真名不虚传，慧缘法师的修行让住持都不得不佩服。他在众人冤枉、唾骂的情境之下，依然能够保持一颗平和的心，平静地面对，一如既往地做自己的事情，真是难得的境界。

从此以后，寺庙里的所有人又对慧缘法师刮目相看，而且毕恭毕敬称他为“慧缘大师”。

物随心转，境由心造，烦恼皆由心生。一个人以什么样的心态去看待周围的事物，就会产生什么样的环境和状况，而这里的环境和状况只是我们内心所臆想的，并不是真实的，现实中的环境不会有丝毫的改变。如果我们烦恼地看待所有事情，那么周围的一切都会让我们觉得烦恼，如果我们以一颗乐观的心去面对，那么眼前出现的就是一番欣欣向荣的景象。

拥有一颗平和心的人，始终会以平常心面对世间的一切。他们不会忌妒别人的美好容颜，不会去攀比别人的富裕生活，在与人相处中不要争论不休，在名利荣辱面前不去计较得失，在别人伤害自己之后不去记恨甚至报复，而是用包容的心、宽恕的心去融化。

苏亚是一家分公司的总经理行政助理，她在总经理身旁工作了五年，成为总经理最信赖的人。可是前不久，总经理身患疾病，去国外治疗休养去了，于是总公司派来了一名新经理。

新经理知道苏亚是前任经理的“心腹”，于是对她特别冷淡，总是让她处理一些棘手的事情，目的是为了赶走苏亚，如果发现有一点不满意，就毫不留情地批评她。

同事们看在眼里，都劝说苏亚重新换一个单位，可是苏亚总是笑笑，不以为然。她仍一如既往地认真工作，并尽心尽力地“照顾”新任经理。

后来，苏亚又成为这位新任经理的最信任人之一。

苏亚虽身处于被炒鱿鱼的困境中，仍心平气和地工作，并且用一颗善良的心感化了这位刁钻的经理，不得不让人佩服她的宽宏大量和平和心境。

福兮祸所依，祸兮福所伏。任何事情的发生都不是单一的，有利必有弊，有得必有失。既然我们无力改变自然的循环规律，无法改变已经发生的事实，无法预测未来的方向，何不保持一颗平和的心，坦然地接受、勇敢地面对。能够做到“不以物喜，不以已悲”，那么，我们的“道行”也会令人羡慕，也会过得幸福快乐。

7. 学会忙里偷闲

亚里士多德曾经说过：“放松与娱乐，被认为是生活中不可缺少的要素。”然而，现代社会，对于很多人来说，放松和娱乐成为生活的一种奢侈品，度过闲暇的时间对于他们来说无疑是一种浪费或者罪孽。的确，这个世界很忙碌，但是我们再忙也不要伤害到自己的身体，再忙也不要让自己的心累到极点。时间是挤出来的，忙碌也需要短暂的休息，让自己学会忙里偷闲，生活会更加有乐趣。

有一年，美国加州的一个度假村，正在举行一个盛大的会议——第三届电信行业高峰会议。会议紧张地进行着，甚至一到会议休息时间，一些公司的老总便会回到自己的房间，和助手展开方案的商议或者是研究竞争对手的资料，总之，这些老总把自己忙得团团转。

但是让所有人也想不到的是，在这个紧要关头，有人竟然在“偷懒”，而这个人不是一些无名小卒，而是大名鼎鼎，房地产总集团的老总比尔先生。只见在休息时间，他总是一个人迈出会议室，然后来到度假村的湖边散步或者到花园中欣赏那些奇花异草。

刚开始，有的老总甚至有点气愤。作为公司的领头人物，比尔竟然看起来一点都不负责任，一点都不重视这次会议的重要性，只在美丽山水中流连忘返。这个节骨眼上，试问谁还有心情去欣赏美景呀？毕竟是公司的发展是头等大事。

然而，当会议继续时，又令很多人惊讶的是，比尔的主意源源不断，在发言时，他当仁不让，精力充沛、思路敏捷，简直就是峰会的焦点人物。

会议结束后，有一个老总好奇地问比尔：“平时总是见您漫不经心的样子，有的人甚至怪您游手好闲。可为什么一进入会议的状态，您就像吃了什么灵丹妙药，侃侃而谈，甚至咄咄逼人呢？”

比尔听了哈哈大笑起来说道：“我是吃了灵丹妙药，这个灵丹妙药只有四个字，那就是‘忙中偷闲’。其实，人一直处在紧张状态之下，大脑就会很容易疲乏的，思想就会迟钝，这时不妨适当地休息和放松一下，就会让身心恢复，这样开会时间也会越来越精神呀。”

那位老总听了比尔的说辞，不断地点头称赞。

有一首歌是这样唱的：我最近比较烦，比较烦。而对于现代人，我最近比较忙，比较忙已经成为了口头禅。忙得昏天黑地，忙得无法脱身，但不要忙得让自己失去了方向，失去了主张，那就成了瞎忙。我们忙也要忙得有意义，忙也要懂得张弛有度，更要懂得休息。人生如果只是忙忙碌碌，行色匆匆，那么就会错过许多沿途的美妙风景，更无法体味和享受真正的人生。

英国首相丘吉尔有一次会见了蒙哥马利。在交谈中，蒙哥马利说：“你看我身体有多么的棒，百分之百的健康。因为我有着良好的生活习惯，不抽烟、不喝酒、晚上准时十点钟睡觉。”

丘吉尔听了笑着说：“我可不能学你，因为我根本没那个时间，而且我还要思考，所以我得抽烟，得喝酒，晚上经常熬夜。但是，我敢保证我的身体是百分之二百的好。”

很多人可以理解丘吉尔的生活习惯，作为一个政治家忙碌是很正常的，但是很多人却不相信他的说辞，不规律的生活作息还怎么会有百分之二百的健康呢？恐怕没人知道其实丘吉尔也是有秘诀的，那就是他懂得在紧张的生活中忙里偷闲。即使是在第二次世界大战最紧张的时期，他还是习惯去游泳；在英国选择竞争激烈的关键时刻，他还是挤出一些时间去钓鱼。前一分钟他在台上激情高昂地演讲，后一分钟下台后就趴在桌子上悠闲地画画。当然他最不会忘记的就是随时随刻都会点燃一支雪茄，斜翘在嘴里，一副神情自得的模样。

这就是丘吉尔百分之二百健康的秘诀，他的“忙里偷闲”不仅放松了自己的身心，还享受了生活的乐趣。

泰戈尔曾经写过一句诗：“休息之隶属于工作，正如眼睑之隶属于眼睛。”眼睛需要睡觉来得到休息，人更需要睡觉以外其他的休息方式。不会休息的人，工作效率恐怕也好不到哪里去，有了休息，才能更好地工作，更好地生活。

学会忙里偷闲，学会在百忙中抽出时间来放松自己的心情；学会忙里偷闲让我们紧绷的每一根神经都可以得到彻底的休息和舒展；学会忙里偷闲，是有利于生活的调味剂；学会忙里偷闲，更有利于创造丰富多彩的生活；学会忙里偷闲更能感悟出生活的真谛。生活的乐趣是无穷无尽的，忙里偷得半日闲，哪怕是半小时，半分钟，我们也要体会它的乐趣，以积极美好的心情迎接，相信它也会还我们一个大晴天。

8. 少一点欲望，多一些幸福

据说最著名的犬儒派人士安提斯泰的弟子狄奥根尼，一生都没有什么欲望，生活简单得不可想象。他住在一个木桶中，拥有的东西除了一袭斗篷、一支棍子和一个面包袋外，一无所有。他每天做的事情就是坐在木桶里，晒太阳。

一天，狄奥根尼正坐在木桶里舒服地晒着太阳，亚历山大皇帝前来探望他。亚历山大站在狄奥根尼的面前，问他想要什么东西？无论什么都可以赐给他。

狄奥根尼眯着眼睛答道：“我希望你闪到旁边，让我可以晒到太阳。”谁料，亚历山大不仅没有生气，还无限感慨地说：“如果我不是亚历山大，我愿意做狄奥根尼。”

很多现代人为什么感觉不到幸福，体会不到生活的乐趣，就是因为永远对生活不满足，对生活的不断期望让我们的“胃口”不断扩大，欲望不断膨胀。当基本的欲望满足后，当合理的欲望实现后，我们只要细细体会，就会感到幸福，感到有成就。但如果追求的欲望太大，或者是不合理的，那么最终我们会被欲望伤得遍体鳞伤。

一只老鼠正在鬼鬼祟祟地偷东西吃，却被一只大花猫逮了个正着。老鼠哀求大花猫：“求求你放过我吧，我回去以后会给你送来一条大肥鱼。”大花猫听了，眼珠一转，心里起了痒痒，但是还是一本正经地说：“想得美。”老鼠又继续说道：“那五条呢？五条大肥鱼够你吃几顿了。”大花猫心里小动了一下，但是还是没答应老鼠的要求。

老鼠仍不死心，继续诱惑大花猫："这样吧，如果你放了我，我每天会给你送一条大肥鱼，逢年过节，我更会带来好多礼物拜访你。"

大花猫为了不泄露自己心里的小算盘，干脆眯起了眼睛，不让老鼠看到它眼中的惊喜。但老鼠却觉得事情有回转了，于是不失时机地说："你家主人也不是很富裕，你平时肯定不是天天吃鱼，只要你放过我，我就会满足你的欲望了。而且，我也不会告诉别人，只有天知地知你知我知，你的名誉也不会扫地，这样两全其美的事，何乐而不为呢？"

大花猫听了，心里乐得开了花。它刚打算要放过老鼠，突然干瘪的肚子咕噜噜叫起来，好像在提醒它什么。于是大花猫犹豫了，又思考道："老鼠的主意虽然好，但是我放过它就会对不起我家主人。以后老鼠胆子越来越大，来偷主人家东西，我如果睁一只眼闭一只眼，主人还以为我没有抓老鼠的本领，就会把我赶出去的。那时，别说吃到鱼，连剩茶剩饭也吃不到了。一日三餐去哪里找呢？"想到这里，大花猫的肚子又开始大叫起来，"到手的猎物怎么能放过，还是满足眼前的基本要求就行了。"终于想通的大花猫突然睁开眼睛，毫不犹豫地把老鼠吞下了肚子，美餐了一顿。

大花猫是聪明的，它的选择无疑是正确的。面对老鼠的诱惑，大花猫没有背叛主人，而是选择了一日三餐的基本要求。连大花猫都能做到，何况是我们人类呢？人生必有得失，必有取舍，必有贫富，必有差距。不要强求自己不能得到的东西，不要让自己的心变成一个"无底洞"。

欲望就犹如吹大的气球，吹得越大，就越会一触即破。人生在世，功名利禄都是身外之物。不要让这些东西迷惑了我们的心智，祸害了我们美好的生活。让欲望的"胃口"小一点，让实在的幸福多一些，我们会拥有一个繁花似锦的人生。

第十七章

快乐

——独乐乐不如众乐乐

快乐是我们每个人一生的追求。快乐是美好的，它愉悦我们的精神，满足我们的心灵。然而快乐又是我们苦苦寻求却不能得之的。怎样才能让自己快乐呢？美国心理学博士凯伦·撒尔玛索恩女士在其所著的《如何快乐》一书中说：“我们的生活有太多不确定的因素，你随时可能被突如其来的变化扰乱心情。与其随波逐流，不如有意识地培养一些让你快乐的习惯，随时帮助自己调整心情。”

快乐其实很简单，快乐并非取决于我们是什么人，或我们拥有什么，它完全来自于我们的思想；快乐是一种心境，跟财富、年龄与环境无关，只需我们时刻保持一个积极乐观的心态，每天都笑笑，那么快乐就在我们身边；快乐又是需要共享的，有一句话说：“把你的痛苦与人分享，痛苦将会减少一半；把快乐与人分享，则会让快乐增加一倍。”的确，一个人独乐，不如分享出来众乐乐。把自己的快乐传染给别人，让世界的每一个角落充满快乐。

1. 让快乐与你结伴而行

我们的一生会遇到许多的困难和挫折，带给我们痛苦和悲伤，同时也有很多的惊喜和乐事带给我们欢乐和笑声。谁都无法让自己的人生一帆风顺，畅通无阻，但是我们可以决定的是快乐的多少，谁不愿意让多一点的快乐来陪伴我们呢？

一位老者特别喜爱兰花，他自己家里也养了好几盆。平日里除了工作，老者把很多的时间精力都花费在那几盆兰花上。

有一天，老者要跟家人出去游玩，于是就把兰花托付给他的学徒。临行前，老者千叮万嘱，让学徒照顾好兰花。

老者走后，学徒每天都细心地照顾兰花，给它们浇水、松土、施肥。但是有一天，学徒因为工作到太晚，累得倒头就睡，忘记把放在阳台上的兰花搬进屋子。却不想半夜里雷鸣电闪，风雨交加。当学徒猛然醒过来从床上跳起，冲到阳台上时，那几盆兰花已经被风雨吹散架了，好多枝叶都折断了，简直惨不忍睹，有一盆还摔在了地上，花盆被打碎，泥土中白白的兰花根也露了出来。

学徒惊恐地看着眼前的一幕，想到师傅回来肯定要责骂。第二天，当老者回来后，小学徒把事情的经过告诉了老者，并准备赔罪领罚。没想到，老者听完后，笑着说："不用你说，我已经看到了。没事，我种兰花本来就是为了修养身心，如果为了它们生气或悲叹，岂不是适得其反了吗？"

老者是明智的，他种兰花的目的是为了得到快乐，至于兰花的得失，他不强求，也不悲伤，而是以一颗平常心坦然对之。老者种兰花，却悟出了让自己生活快乐的真谛，岂不乐哉！

然而，生活中，我们很多普通人并不能像老者一样，能保持一颗平常心，能让快乐随时陪伴我们。我们经常牵挂太多，忧虑太多，在乎太多，从而让快乐的心情远离了我们。但是我们每个人一直都在努力地追寻快乐，想让自己无时无刻不是快乐自在的。

其实快乐很简单，只要我们有一种乐观的心态，有一颗平和的心，面对一切烦心事都能迎刃而解，那么快乐就会常在。其实快乐存在于我们生活的每一个角落，每一个细节，也许是一个微笑，也许是一句话语，也许是一个小小的惊喜，也许是一个明媚的天气，都会让我们的心情感到快乐。快乐是如此的简单，如此的朴实，只需要我们有一双发现快乐的眼睛和善于体会快乐的心。

可是，当很多人苦苦追寻快乐时，还是觉得自己不快乐，甚至让自己的身心很累，处于无尽的不快乐中，正犹如以下的这只小狗。

主人养了一只可爱的小狗，每天把它喂得饱饱的。但是这条小狗一闲下来，就会不停地绕着自己的尾巴转圈，直到把自己累得筋疲力尽地趴在地上喘着粗气，才停下来。

主人觉得很奇怪，问小狗："你为什么每天都围着自己的尾巴转呢？把自己弄得那么累，究竟是在寻找什么呢？"

小狗委屈地回答："有人告诉我，只要我能够追到自己的尾巴，我就可以永远快乐幸福了。所以，我时刻都不会忘记追逐我的尾巴，我想让自己永久地快乐幸福。"

主人听了叹着气说道："其实我在年轻的时候，也听别人说过同样的话。所以，那时候我就乐此不疲地追寻幸福和快乐，直到把自己弄得跟你一样筋疲力尽，疲惫不堪。但是，最后我发现我自己还是不快乐，不幸福。而且，那些追寻的时间也让我白白浪费掉了。后来，我想通了，就主动放弃了。当我随性地生活时，我才发现原来幸福和快乐就在我们身边，到处都是。"

小狗听了主人的话，从此以后再也不追着自己的尾巴跑了。而是在吃饱喝足后，拿起主人丢的小球玩一会儿，玩累了就出去散步，呼吸新鲜空气，追逐蝴蝶，或者跟同伴们一起啃骨头、聊天。小狗觉得自己快乐极了。

的确如此，当我们苦苦地围着那条尾巴转时，却不能明白，其实快乐就在我们心中。生活中到处充满快乐，快乐无处不在。比如吃一顿美餐，买到自己喜欢的衣服，读一本自己想读的书，睡一个美美的午觉，和朋友谈心、玩耍，想通一个小问题，这些都会让我们快乐不已，因为这是真正源自我们内心的满足。

快乐并不需要经历千辛万苦才能寻到，快乐并不需要拥有很多的东西，快乐并不需要天天有大喜事降临，快乐也并不需要我们取得多么辉煌的成就。快乐是一种心态，快乐是一种简单的境界，快乐是一个细小的感动。因此，不要傻傻地、刻意地去追寻快乐，快乐就在我们身边，只要我们愿意，它时刻都会与我们结伴而行。

2. 留一份纯真在心底

我们经常羡慕小孩子的无忧无虑，没有烦恼。每个小孩都会长大成人，都会学习、工作，面对纷繁的社会。我们每一个人都逃离不了长大的命运，长大究竟是喜还是忧呢？

无可厚非，长大是令人兴奋的。小时候我们每吹一次的生日蜡烛，都会欢呼雀跃：我们又长大一岁了。长大会让我们拥有得更多，长大会让我们尝试很多的第一次，长大会让我们经历很多，从而生活变得丰富多彩，长大会让我们体会和品味成功的喜悦滋味。长大是妙趣无穷，意义非凡的，只有长大的我们才不会在这个世上白走一遭。

然而，长大又是令人苦恼的。学习的繁重，工作的压力，人际问题的困扰，生活中的各种琐事都给我们带来无穷无尽的烦恼和忧伤。长大的同时，我们也失去很多很多，就比如想象力，比如羞涩，比如童年，比如内心的那份纯真……

小樱与小云是同一家公司的，她们都从事着广告动漫的工作。工作上小樱和小云旗鼓相当，但是生活中，她两人的性格却是截然不同：小樱是那种天真活泼、开朗大方的性格；但小云却是比较事故，城府很深又有点傲慢的女孩。因此，在公司里，小樱的人缘明显比小云好，小樱是同事们眼中的“开心果”。两个人的穿着打扮走在公司里也是不同的风景，一个轻快明亮、可爱调皮，一个却是有点妖娆性感。

平时，上司对两人的工作都很满意。自从，那天公司接到一个大客户，是保险界的老大——中国人寿。人寿公司为了跟老客户联谊，同时挖掘新客户，因此，打算举办一场儿童动漫画展，目的是取悦客户家的“心肝宝贝”最终达到取悦大人的计策。公司领导带着小樱和小云一起参加了与客户交接的会议，两人都细心地记录了好多笔记，以备回来写方案用。

回去之后，领导让小樱和小云各出一份方案，看看谁的主意好点。三天之后，她俩都各准备了一份精致的PPT策划方案，并制作出来一些动漫道具的设计。中午，小樱和设计总监一起出去吃饭，小云正好和同事走在后面，听到了他们的谈话，设计总监对小樱的方案赞不绝口，说里面亮点很多，交到经理那里，经理一定会很高兴的。

小云听在耳里，急在心里。要知道这是一个大客户，如果能争取过来由她负责整个方案，不光是钱的问题，从此以后领导也一定会重用她的，可现在好像小樱的方案占优势……想到这里，小云顿时心生妒意，她决定不能让小樱这次轻易获胜。

下班后，小云故意忙着加班，等到同事们都走光后，她就偷偷打开小樱的电脑，找到小樱的方案后浏览了一遍。果真看起来小樱比较了解小孩子，点子不仅有创意而且想得非常周到。小云知道，明天一早小樱就会把方案交上去的。于是小云就偷偷地删了其中的几页，并把一些好的点子拿过来放在自己的方案中。

第二天，当小云和小樱把方案都交给老总时，老总对小云的方案赞不绝口。等小樱反应过来，才知道自己的方案被人动了手脚，并且小云的某些想法明明就是自己的想法呀。小樱不服气，在场的设计总监也觉得事情有蹊跷，但是他们完全没有证据。

后来，设计总监想到公司安装的摄像头，调出录影带后果真发现那天下班后小云的行径。公司老总知道事情的来龙去脉后，找小云谈话。小云在证据确凿之下，终于承认了自己的丑陋行为。而当小樱又重新把方案整理出来后，老总看着小樱的佳作，大赞道：“不错，不愧是‘方案小魔女’呀，你把内心的那份纯真表现得淋漓尽致呀，很符合儿童的口味。”

小樱不论在生活中还是工作中，都能保存一份纯真，实在难能可贵。她的纯真让自己快乐，也给别人带来了欢乐。而小云在名利中勾心斗角，为了自己的利益做出不道德的事情来，她失去的不仅是一颗公德心，更是一份天生的纯真。

有人曾说过：人最可怕的不是容颜衰老，最可怕的是心态的未老先衰。同样，人最可怕的也是失去一颗童心，一份纯真。生活太复杂，生活太累，我们必须学会人情世故，学会让自己“聪明”一点。但是我们时刻不要忘记用正确的心态对待尘世间的名利，记住时刻在自己的心底留一份纯真。我们能够拥有一颗成熟的心灵是再好不过了，但是如若能够保持一份纯真也必定会给生活带来许多轻松，带来许多乐趣。

李凡纳利先生在一本书中提出了一个观点就是：“儿童阶段是人生的最高境界。”讲的意思就是一个人要求的心灵上的自由和人生的洒脱，最佳捷径就是找回儿童的天真，像孩子一样生活。因为无论贫富，童年时，都是单纯地追求一份快乐，而这份快乐主要就是没有心灵上的束缚，比如名利、欲望、财富、经历、所求等牵绊。

拥有一份纯真，少一份烦恼；拥有一份纯真，在纷乱的尘世中，给自己的心灵找一块净地；拥有一份纯真，让我们的心永葆青春，拥有一份纯真，让我们的生活快乐又幸福。

3. 输什么也不能输了心情

战场中有输赢，职场上有输赢，生活中有输赢，人生中有很多的输赢是我们无法避免的。但是输什么也不要输掉自己的心情。

小兔子花花、小小、玲玲、琼琼都住在一个大森林中。一天，小小在路边发现一只小蘑菇，于是约着花花、玲玲和琼琼去摘蘑菇。三个小伙伴听到后，非常乐意地挎着小竹篮跟着小小去摘蘑菇。到了目的地，它们四个就分散开来摘蘑菇。

但是转了一上午，花花才摘得半篮子蘑菇，而且都很小。花花又累又难过，心里想本来准备摘得最多呢，现在看来自己输定了。这时，它看到小小挎着小竹篮一边哼着歌，一边蹦蹦跳跳地走过来。花花连忙迎上去问："小小，你是不是摘了好多蘑菇，那么高兴呀。"小小把竹篮拿过来说："你看，也没多少。"花花看了看小小的竹篮里面，看见小小的蘑菇还没有自己的多呢。于是花花瞪着眼睛不解地问："小小，你摘的蘑菇比我的都少呢，怎么还那么高兴呀?"小小听了笑着说："没事呀，我今天摘得少，明天我还可以来呀。""是啊，咱们明天再来摘吧。"花花听到小小这么说，心里好受了一点。

于是它们俩手拉着手去找玲玲，发现玲玲正在草地上扑蝴蝶，玩得不亦乐乎，竹篮远远地放在一边。花花心想："玲玲是不是已经摘了好多蘑菇呀，看它的样子比小小还高兴呢。"这样想着花花就赶紧跑到玲玲的竹篮旁边一看，玲玲篮子里的蘑菇比小小的还少呢。它更加奇怪地问玲玲："我还以为咱们三个你摘的蘑菇最多，现在知道你摘得最少，可是你为什么还那么开心呢?"玲玲听了花花的话，笑着说道："我又没有跟谁比摘的蘑菇多，我摘的蘑菇的确少，但是这是我今年第一次吃蘑菇，你说我能不高兴吗?"花花听了，觉得玲玲说得有道理，于是心里开始开心起来。

正说话呢，只见琼琼远远地走过来，走近了花花才发现它是把篮子背在背上的。花花明白琼琼的竹篮是空的，一个蘑菇也没有摘到。于是它问道："琼琼，你竟然一个蘑菇也没摘到，你心里不难过吗?"琼琼听了反问道："我为什么要难过呀，虽然我今天一个蘑菇也没找到。但是我总算知道现在很多蘑菇还没长出来或者长出来的都很小，你看你们摘的也都很小吧。也就是说我们过几天再来摘，蘑菇肯定就长大了。而且，我现在知道那几座山不用再去了，因为那几座山上根本没有长蘑菇。"

大家听了琼琼的话，都点点头。花花心想：是呀，琼琼一个蘑菇也没摘到，它还这么乐观。我是四个之中摘得最多的，却还不高兴，我也要向它们学习。想到这里，花花就高兴地拿出几个蘑菇给了琼琼说："我送给你几个吧。"琼琼接过蘑菇说："谢谢!"于是四个伙伴都高兴地回家了。

花花一开始一心想着自己要摘很多的蘑菇，胜过其他人，但是它只摘了半篮子蘑菇，心里感到很难过。可是当它发现其他三个小伙伴摘的蘑菇都没有它的多时，很奇怪地问它们为什么不难过？三个伙伴的回答终于解开了花花心中的疑问。的确如此，蘑菇可以摘得很少，但是心情不能减一分，输什么也不能输心情。

也许我们很多人会像花花一样想让自己是最好的，想争得第一。但是我们往往在追求好的同时失掉了自己的好心情。即使真正取得了胜利，但还是输家，因为，我们输掉了自己的心情。生活中，输什么也不能输掉自己的心情，好心情是我们快乐的源泉，是我们开启幸福的钥匙。千万不要因为一些无关紧要的小事，就丢失了自己的好心情，更不能让坏心情左右我们。

以下是让我们心情愉快的十种方法，不妨一试。

1. 平时培养一项自己喜欢的体育运动，如跑步、游泳、打球等。这些体育活动都是我们化解自己消极情绪的行之有效的办法之一。

2. 多晒太阳。在温暖的阳光下，我们的心情会趋于平静，逐渐好转起来。著名精神病专家缪勒指出，阳光可改善抑郁病人的病情。

3. 多吃香蕉。德国营养心理学家帕德尔教授发现，香蕉含有一种能帮助人脑产生五羟色氨的物质，它可减少不良激素的分泌，使人安静、快活。

4. 大声哭喊。有时候我们的不良情绪需要大肆地宣泄。日本心理专家研究发现：大声哭喊不仅让压抑的情绪得到宣泄，同时由这些不良情绪产生的对我们身体有害的毒素也可以发泄出来。

5. 睡眠好。睡眠好是我们每一个人精神好的主要因素。睡眠有助于我们克服恶劣情绪，稳心定神，我们经常体会到，一觉睡到自然醒后，心情也会好很多。

6. 听音乐。音乐可使大脑产生一种镇静安神的物质，但要选择适合自己的音乐来调节心情，不然会适得其反。

7. 欣赏花草。花草的颜色和气味，有调解人情绪的作用。这就是为什么我们身处于大自然中时，就觉得身心很愉快。

8. 观赏山水。青山绿水，莺歌燕舞，面对此良辰美景，我们的心情不好都很难。

9. 打东西。当然是打不坏或者伤不到我们的东西，比如打沙包、拳击，或者把让我们心情不好的事件写在某个实物上，然后拼命地打。痛快淋漓地打过之后，心情也会随之好起来。

10. 洗淋浴。舒服的淋浴，会产生一种安神的活性分子，冲掉身上的脏东西也好似冲掉烦恼心事，洗过之后一身轻松。

4. “取之有道”的快乐

有句老话言：君子爱财，取之有道！其实不光是财富、名利，对于生活中的一切需求，我们都要“取之有道”。取之有道不仅是合法之道，合理之道，更让我们心安理得，心生快乐。

然而自古至今，有太多的人因为贪念，因为利欲熏心，因为诱惑，运用不合法、不合理的手段和计谋得到自己想要的东西，满足自己的私欲，从而走上了一条不归路，最终害己害人。

一天，一座寺庙里来了一个商人，穿着讲究、气宇昂轩。商人是来向寺院的大师请教一直困扰他的一个问题。商人说道：“师父，人怎样才能消除无穷无尽的欲望，变得快乐呢?”

大师听了，站起身来到内室拿出来一把剪刀，对商人说：“施主，请跟我来。”商人跟着大师来到了寺院的后院里，看见一个小花园，花园里的部分矮灌木都被修剪得整整齐齐。

大师把手中的剪刀交给商人，说道：“很简单，欲望就像这些杂草和灌木一样，这样经常修剪就会消除。”商人疑惑地看着大师，然后走到一处没有剪平的灌木旁边开始咔嚓咔嚓地剪起来。

半炷香的时间过去了，大师让商人停下来问道：“施主感觉身心轻松了没有?”商人回答：“舒活了一下筋骨，身体上感觉轻松多了，但是内心还是觉得有好多东西堵在那里。”

大师笑着说道：“慢慢来，时间长了就会好的。”于是商人就辞别了大师并约定过一个礼拜后再来。

一个礼拜后，商人发现那些灌木又长出来多余的了，于是又开始剪。此后，每隔一个礼拜商人都来修剪一次……当两个月过后，商人修剪灌木的技术已经可以跟一个园艺工人相媲美了，不仅把灌木修剪得干干净净，看起来很美观，而且每次修剪的速度也越来越快，越来越灵活。更神奇的是商人觉得每次修剪这些灌木时，内心就异常地平静和舒服，心无挂念。但是他一走出寺庙的门，那些心中的欲望和杂念又都跑出来。

商人告诉了大师自己的想法，大师笑而不言。又过了一个月，大师终于开口说道："施主知道我为什么让你修剪灌木吗？其实你和我心中都明白，这些灌木被修剪过了，一个礼拜之后，又会重新长出来，并且长得参差不齐。这就像我们心中的欲望和杂念一样，不要想着可以完全修剪掉，它们是消除不掉的。因此，我们能做的就是时常地修剪它们，并且把它们修剪得更加美观，而不是放任它们疯长得丑陋不堪。对于生活中的财富和名利，只要我们取之有道，用之有道，就会利己惠人，就会造福众生，就会成为一道明亮的'风景线'。"

大师的教诲使我们每一个人都受益匪浅。的确，人生来都是有欲望的，欲望的正面意义就是雄心和志气。有了欲望，才会促使我们不断地努力，不断地奋斗，不仅我们自身的需求得到满足，同样推动人类社会的进步。但是千万要记住，任何欲望的满足，都要防止过犹不及，防止肆意滋长，这就需要我们不时地修剪，需要取之有道。

5. 知足者常乐

也许不断地进步可以让我们开心，也许不断地成功可以让我们快乐，也许欲望不断地得到满足可以让我们幸福。但是我们在追求这些"不断"时，千万不要迷失了自己。更何况我们在追求的过程中，难免会遇到种种坎坷和失意。这时，千万不要钻牛角尖，要懂得转换思维，要懂得以一颗平常心对待，要懂得知足长乐的人生真谛。

古希腊著名的哲学家苏格拉底年轻的时候还很贫困，他不得不跟几个伙伴挤在一个七八平方米的屋子里。他的朋友来玩，抱怨房子太小了，甚至连站脚的地方都没有。但是苏格拉底总是乐呵呵的，于是朋友问："你和这么多人住在一起，如此的拥挤难受，你还笑得出来？"

苏格拉底听了笑着回答："这几个伙伴是好伙伴，我们在一起住着不仅感情和睦，还可以随时交流思想和学识，难道不值得开心吗？"

几年后，几个伙伴结婚的结婚，上学的上学，都先后搬了出去，只剩下苏格拉底一个人。但是，他看起来每天还是很快乐。一次，一个邻居问道："小伙子，看你现在孤零零的一个人，赶快找个女朋友呀。"

苏格拉底笑着说："我虽然想找女朋友，但是我并不孤单。有那些书陪着我呢，书就是我的良师益友，有这些有思想、有感情的'朋友'陪伴我，我高兴还来不及呢。"

又过了几年，苏格拉底自己也结婚了。有了家，他就搬进了一个七层的公寓，但是他只能付得起最底层的那套房钱，住在最底层不仅环境潮湿脏乱，而且不安全。有一次，苏格拉底的同事过来玩，看到这样的条件，就问："你看你家的环境这么差，你和妻子还一副其乐融融的样子？你们真的那么快乐吗？"

苏格拉底答："我们的确很快乐呀！住在一楼，办什么事都方便，不用很累地爬楼梯，进门就是家，而且你看窗外可以种些花草，种点蔬菜，给生活增添不少乐趣呢。"

又过了一年，苏格拉底却搬到了第七层。原来，第七层住着一个腿脚不好的邻居，上下楼很不方便，于是好心的苏格拉底就把一层楼让出来，搬到了七楼。邻居都说苏格拉底傻，住在最顶楼多不好呀。

但是苏格拉底又有一番说辞："没事，住在顶楼挺好的，不仅通风，光线充足，看书写字对眼睛好，而且经常爬楼梯还可以锻炼身体。"

我们不得不佩服苏格拉底的乐观心态和知足精神。他把"知足者常乐"这句人生哲理演绎得淋漓尽致。快乐不是别人给的，而是自己不断创造和发现的；生活中快乐无处不在，只要我们懂得体会，懂得知足，就会让快乐和幸福常伴左右。那些永远不满足，永远不知足的人，不仅没有快乐，还会让自己失去更多。

快乐是我们的生活动力，快乐是我们生活的价值和意义所在，而只有真正懂得知足的人才会享受到无穷无尽的快乐，才会让快乐晋升到幸福。因此，让我们一生都坚守这个信念：知足者常乐！

6. 微笑是快乐的源泉

俗话说得好："笑一笑，十年少。"微笑不仅可以让我们看起来年轻，更大大有益于身体健康。笑口常开，不仅可以让我们保持愉快的心情，更是我们快乐和幸福的源泉。

威尔科克斯说过："当生活像一首歌那样轻快流畅时，笑颜常开乃易事；而在一切事都不妙时仍能微笑的人才活得有价值。"当遇到开心、高兴的事情时，我们内心感到快乐，笑容便会在脸上绽放，这是人之常情。但是如果在逆境中仍然能够乐观面对，笑容依旧的人，那么他们得到的幸福和快乐会更多、更长久。因为，他们懂得发现快乐、创造快乐，他们是智者！

汤姆已经结婚20年了。在20年中，他一直保持着每天早上起来对自己的太太说声早安，然后微笑相迎。不管是街坊邻居还是在公司里，汤姆的人缘都特别好，这都是拜他的微笑所赐。然而，20年前，当汤姆还是一个小伙子时，并不明白微笑的力量，自从他参加了一个教育培训班以后，一切都变了。

这个教育培训班就是美国著名的成功大师卡耐基先生所创办的，大家都仰慕卡耐基的大名，纷纷报名听课，汤姆也想一睹卡耐基的容貌，而且日子过得实在很沉闷。但是他没想到无意中的一个决定会影响他的一生。

当卡耐基先生教给他关于微笑的道理时，汤姆决定试一试。于是，他见了任何人都笑容相迎。他会对大楼门口的警卫微笑着道一声早安；给地铁口检票的小姐微笑着说一声谢谢；甚至走在陌生人群中，他都保持着微笑。很快，汤姆就发现只要他给别人微笑，总会得到相应的一个微笑回报。后来，汤姆就养成了微笑的习惯，并且运用到工作中，他在交易市场工作，遇到那些满腹牢骚的人喋喋不休地抱怨时，汤姆都是微笑着聆听；遇到刁蛮的顾客时，汤姆也是以微笑化解一切不快。微笑让汤姆的工作越做越好，他的收入也越来越高。

在公司里，有一个很孤僻的年轻人，整天看起来闷闷不乐。刚开始，年轻人看见汤姆整天笑呵呵的，似乎是在嬉皮笑脸很是讨厌，年轻人觉得这是对他的一种嘲笑，于是，拒绝跟汤姆交谈。汤姆发现了后，就主动跟年轻人打招呼，说话，并告诉他自己在微笑方面的体会和得到的收获。逐渐地，年轻人对汤姆的态度缓和下来，并且分享他心中的苦闷。很自然地，他俩就成了好朋友。年轻人告诉汤姆："当您微笑的时候，就会让我想起去世的父亲，觉得很慈祥。"

汤姆的微笑不仅给自己带来了无穷的快乐，也感染了周围的人。可见，微笑的力量是多么的强大，微笑可以赶走生活的阴霾，可以战胜一切苦痛，甚至改变一个人的一生。

丽娜是一个犹太女孩，生长在一个庞大繁琐的大家族中，从小父母管教很严，没有自己独立的空间，没有自己的追求。本人也是天生的相貌平平，一副大大的眼镜盖住了她那小小的脸，在所有人眼里她从小就是很安静、很忧虑的女孩。

一直到了30岁，丽娜已经走过了自己青春的最美好的时期，却连一次恋爱都没有谈过，还是一个十足的大龄剩女。她的眼睛里已经只剩下麻木的光芒，每天像机器一样在她家里开的餐馆里"免费服务"，没有自己的事业。她几乎几年没开怀大笑过了，虽然每天脸上挂着的是标准的服务微笑，但却让人想到一个死人的微笑，甚至觉得有点恐怖。

一天，有个高大帅气的男人推门走进了丽娜家的餐馆，走进丽娜的视线。好像是冥冥中注定的，丽娜的心开始扑通扑通地跳，死寂般的心湖像扔进了一块小石头泛起了涟漪。想象着如果跟这么气度翩翩的男人恋爱，该是多么美好的事情啊。想着，想着，丽娜不禁甜蜜地笑了，笑得像孩子得到糖果一样纯真又害羞。

"小姐，不要盯着我看了，来一杯咖啡吧。"不知何时男人已经走到丽娜的柜台前，丽娜的脸瞬间红得像大苹果，不好意思地低下头，开始手忙脚乱起来，却反应不过来该做什么。

“不过，你笑起来可真美。”男人看着惊慌失措的丽娜微笑着补充道。

男人走后，丽娜和母亲一起说服自己古板的父亲，去男人的学校上计算机课，男人是一名教师。

丽娜开始打扮自己，摘下眼镜，化起淡妆，穿上美丽的裙子，最重要的是她脸上开始洋溢着自信、美丽的笑容，她像换了一个人似的。

很快她就吸引了意中人的目光，俩人开始甜蜜地恋爱，快乐地约会，后来丽娜找到一份与计算机相关的工作，彻底改变了自己的人生。最终，丽娜是事业和爱情大双收。

丽娜见到男子的一瞬间的微笑不同于她平时死板的、标准的服务式微笑，是发自内心的，是真诚的自然流露，因此才牵动了对方的情愫，才有了以上幸福的结局。因此，请记住我们微笑是不需要任何技巧，任何伪装，任何牵强的。莎士比亚言：“如果你一天之中没有笑一笑，那你这一天就算是白活了。”我们也许未必会天天微笑、未必会对任何人微笑，但是至少当我们微笑时，是真正地发自内心的幸福洋溢。

7. 让快乐的自己感染别人

曾经有一个心地很善良的少年，想把自己的快乐带给别人，但是又不知道用什么方式。一天，他碰到一位智者便问：“我怎样才能让自己变成快乐又让别人快乐的人呢?”

智者听了笑着道出了四句话：“把自己当成别人，把别人当成自己，把别人当成别人，把自己当成自己。”

少年听了恍然大悟，从此以后他就把智者的这四句话铭记在心里并且走过了他的人生历程。之后他自己也变成了一位智者，让自己快乐，也给别人带来许多快乐。

智者的这四句话犹如快乐的秘诀。那么在什么情况下要把自己当成别人？当遇到苦难和挫折时，只要我们跳出这些让人悲伤的圈子，人不是经常说“当局者迷，旁观者清”，以一个旁观者的角度就会用清醒的头脑看清事实，也能很快冷静地处理事情和解决问题。当功成名就、获取荣耀时，我们也不要太洋洋自得，以至于得意忘形，常言“骄兵必败”。在什么情况下要把别人当成自己呢？当我们与人交往，牵扯到一些问题时，都要设身处地地为别人着想，站在别人的角度思考，才能学会包容，学会宽恕，学会感恩。在什么情况下把别人当成别人呢？这就教会我们做人不要太自以为是，太自大，要学会尊重别人，不干涉别人的自由，不去强求别人做不喜欢的事情，正所谓“己所不欲，勿施于人”正是这个道理。在什么情况下把自己当做自己呢？意思就是说我们每一个人活着都要懂得为自己而活，追求自己真正喜欢的东西，有自己的梦想、有自己的目标、有自己的生活、有自己的独立个性，有自己的做人原则和准则，有自己的责任和义务等。

情绪会传染，快乐也会传染的。英国曾有人研究证明：如果你认识的快乐的人越多，你快乐的可能性就越大，后来他们在《英国医学杂志》上撰写报告称，与快乐的人交往会增加人自身的愉悦感。也有心理学研究表明：追求快乐是人的本能，每个人都会发自内心，愿意接近那些能给自己带来快乐的人，远离那些整日愁眉苦脸的人，这就是快乐吸引快乐法则。因此，要让自己远离消极情绪，远离一切压力，首先让自己快乐起来，然后带给别人快乐。

曾经看过这样一个故事。

有一个女人因为工作的压力，心情很不好。当她拖着疲惫的身体走到自家楼底下，坐电梯时，她在电梯的镜子里无意中瞥到自己吓人的一张脸，那是一张多么灰暗、憔悴、没有一丝血色的脸。整张脸的五官甚至都有点扭曲，松弛的皮肤、下垂的嘴唇、忧郁的眼神、肿大的眼袋、紧缩的眉头。

看着看着，女人惊恐起来：天啊，如果我的孩子和丈夫看到我这副模样，会怎么想呢？我的父母亲看见我这个样子会有多难过呀？假如我自己看到的别人也是这样的面孔，会不会觉得不舒服？

接着，女人想到这几天跟孩子和丈夫的关系也不好，孩子都不愿意接近她，丈夫睡觉都是背对着她。本来她认为这都是他们的错，自己为了这个家累死累活的，他们还这样冷漠对她。可是现在女人觉得是自己错了，根本原因在于自己！

想着想着，女人心里更加难过，她不禁啜泣起来，但是一会儿后，她擦干眼泪，在进家门的那一瞬间，她振作精神。

当晚，女人在卧室跟丈夫进行了沟通谈话，夫妻俩很快和好了。女人决定以后再进这个家门之前，一定不能愁眉苦脸的。于是第二天，她钉了一块木牌，上面写了一句话：进门之前，脱去烦恼，把快乐带回家。从此以后，女人的这块木牌不仅提醒了自己，提醒了一家人，还提醒了整个楼层的人。

快乐就像一种生生不息的资源，不断循环，不断传递。自己的快乐分享给别人，别人就会快乐；一个快乐散播出去，就会生出无数个快乐。人人都渴望快乐，但是人人都未必快乐，只有那些内心真正快乐的人，才善于发挥快乐的能力。快乐的人一般都比较自信，很乐意跟人交往和沟通，任何人也肯定很乐意地跟快乐的人打交道、接触和交流。正如一句谚语说：你笑，人人陪你笑。做快乐的自己，用自己的快乐感染别人，何乐而不为呢？

一个人如果能快乐地活着是一种巨大的幸福；但是如果能把自己的快乐播撒在世界的每一个角落，让别人因为我们而快乐，不仅是一种幸福，更是一种功德。所以带给别人快乐是一种高境界的修养，是智者的智慧。“赠人玫瑰，手有余香”，我们带给别人快乐，别人回馈我们一个微笑。学会以一颗快乐的心感染别人吧，让快乐充满生活，弥漫世界。

第十八章

忍耐

——小忍才能大成

小不忍，乱大谋，小忍才能大成。忍耐需要修养，忍辱需要度量，忍耐是一种境界。伟大的事业不是靠力气、速度和身体的敏捷完成的，而是靠性格、意志和力量完成的，忍耐可以赐予我们最强的意志和最大的力量。学会忍耐与坚守，学会妥协与吃亏，学会沉默与疼痛，助我们开启成功之门，打开幸福之窗。

1. 退一步海阔天空

古希腊神话中有一个大英雄名叫海格力斯，他虽然很英勇、很讲义气，但是脾气很暴躁。一天，海格力斯在山路上行走，总觉得脚下坎坎坷坷，很碍脚，心中感到很恼火。突然，他脚下踩到一个袋子似的东西，海格力斯退了一步，仔细看了一下那个“袋子”，又重新踩了一脚。但是“袋子”不仅没有被踩破，反而开始膨胀变大了。海格力斯心中的怒火终于爆发了，心想：连一个袋子都敢欺负我，看我不踩扁你才怪！于是他抬起脚狠狠地又踩了几脚，没想到那“袋子”眼看着越长越大。海格力斯急忙抡起路旁的一根粗树枝砸了下去，但是那“袋子”不仅没有被砸个粉碎，竟然长大到把路也堵住了。

海格力斯心中是又恼又气，这时，一个白胡子圣人走过来对他说：“朋友，快不要跟它较真了，它是仇恨袋，你越碰它，它会长得越大。就像人一样，你若犯它，它便犯你，你若不犯它，它便会缩回到原来那么小。”

生活中，我们很多人像海格力斯一样犯过这样的错误。当遇到纠纷时，我们不懂得谦让和忍让；当面对名利和财富时，我们不愿意吃亏，宁愿占点小便宜；当遭到别人的批评和指正时，我们死要面子，不肯承认，还据理力争。我们的这些行径和处事风格只会激化矛盾，让事情更加棘手或恶化，这样最终给双方带来损害和痛苦。我们何不冷静地面对，理智地思考，懂得忍让和宽容，那么事情就会往另一个好的方面发展，避免了矛盾的加深，避免了争吵，避免了伤害，大家其乐融融，和谐相处，岂不是更好?

这个社会本来就是个很复杂的网，细细密密，错综复杂。人这一生会遇见许多的人，会面对许多的事情，有好的也有坏的，有称心的也有不如意的，影响我们的心情乃至人生。因此，我们必须要学会控制自己的情绪，把握自己的心情，必须学会为人处世的原则和技巧，必须学会换个角度思考，学会宽恕和感恩，善待别人，也善待自己。这样，人生就会少一些恩怨，少一点仇恨，多一些尊重，多一点快乐。

有这样两户人家，一家姓王，一家姓刘，两家人面对面地住在一个楼层。但是屋子里传来的声音却截然不同。王家经常传来争吵、唾骂的声音，而刘家则是欢声笑语。有一天，王家人听到对面的大笑声，趴在门缝上看，只见刘家一家人坐在沙发上看电视，桌子上放着水果，一幅温馨的画面。

王家人便问："怎么就从来听不到你家争吵呢？什么原因呀？"

刘家人听了笑着说："因为我们家都是'坏人'，所以才不吵架；而你家都是'好人'，所以才吵架。"

"什么意思？"王家人迷惑不解。

"打个比方，茶桌上放一个水杯，你家有人把它打破了，但是却不承认是自己的错误，反而责怪那个放水杯的人把杯子放到这里，洒出来的热水烫到了他。这时，放水杯的那个人会说，是你自己不小心，还怪别人，再说你打破了我的水杯，我还没责怪你呢？就这样大家都觉得自己是好人，都觉得自己有理，不是自己的错，从而导致争吵不休。

"而在我们家的人都宁愿当个坏人。当水杯被打碎的时候，会立即道歉，说对不起。而放水杯的那个人也会连忙说，是我不好，不该把水杯放在这里。这样大家互相谦让，互相退一步，就相安无事了，怎么可能吵起架来？"

王家人听了，深深地点点头。

这两家平凡人的生活却是我们天下所有人的家庭生活的写照。人是群居动物，家是一个小家，社会是一个大家。不论何时，我们都处在"家"的环境中，都需要跟人交往，需要有朋友，有帮助。但是这些都是互相的，而且想让别人亲近我们，帮助我们，我们必须学会把自己浑身的"刺"先收起来，学会接受别人的缺点，学会忍让别人的错误，学会主动退一步，别人才能走进来。只要把我们的心放宽，我们的生活世界也会是一片“海阔天空”。

2. 吃亏是福

古人常讲：“吃亏是福。”很多人怀疑这句话的真实性，觉得坏事怎么可能变成好事？吃亏还能是一种福？有些人甚至觉得甘愿吃亏的人是“笨”，是“傻”。其实不然，吃亏是福是一种先苦后甜的福气，是一种以退为进的处事方略。因此，我们吃亏上当，不必抱怨，不必指责，吃亏上当是真实的智慧，是我们成功的垫脚石，是幸福快乐的开启钥匙。

据报道：河南省有一名村官，专门做了一首“吃亏歌”是这样的：“当干部就应该能吃亏，能吃亏自然就少是非；当干部就应该肯吃亏，肯吃亏自然就有权威；当干部就应该常吃亏，常吃亏才能有所作为；当干部就应该多吃亏，多吃亏才能有人跟随；能吃亏、肯吃亏、不断吃亏，工作才能往前推……”这名村官的“吃亏歌”不仅让很多的从政人员深思，也是我们每一个普通人学习的榜样。

有时候我们吃了物质上的“亏”，却得到了精神上的“福”；有时候也许我们吃了小“亏”，却得了大“福”。

苏醒从一所著名的大学毕业后，凭借优异的成绩，进了一家出版社做发行工作。因为他勤快、工作态度端正，从不计较个人利益。所以，公司的领导很重视他。

有一次，出版社正在进行一套丛书的发行和宣传，每天忙得不可开交。当时的经理有招人的想法，很多员工在工作了三四天后就提出了辞职，而只有苏醒一个人坚持了下来。

在很多人看来，苏醒吃了大亏，公司天天加班，还不给加班费，累死累活的，工资也没多高。但是苏醒总是笑呵呵地说：“吃亏是福。”

后来，因为工作出色，苏醒就被调到业务员岗位，参与图书的直销加工。但是苏醒的工作任务也加重了，他每天不仅忙着包书，送书，还要负责邮寄和印刷厂谈判等工作。任务量增加，但是工资还是没有上涨。朋友们都说苏醒傻，干脆换公司得了，你看跟你同一时间毕业的那些同学的工资已经涨了再涨。苏醒听了笑笑，又是那句：吃亏是福。

就这样，苏醒抱着“吃亏是福”的心态忙碌了两年，学到了很多的知识和经验。然后他就跟朋友们借钱再加上自己攒下的钱，开了一个工作室。无论是在编辑、发行，还是出版上，他都非常的精通。几年之后，苏醒的小工作室就变成了一个小公司，苏醒也成了一个小老板，买房买车，还娶了一个漂亮的老婆。朋友们都羡慕不已，这时，他们终于懂得了苏醒所说的“吃亏是福”是一条真理。

吃亏是一门学问，是一种深刻的人生感悟。吃亏表面上看起来是一种妥协、一种忍让、一种软弱，甚至是一种消极的人生态度。但是当我们因为失去了眼前的一点小利益哭泣悲伤后，冷静下来就会思考出一种智慧，领悟出一种道理，获得前进的动力，从而向更大的成功迈进。人生中如果不断地吃亏，就会历练出一身平和、容忍、谦逊的修养与情操，就会增加生命的坚韧度和竞争力，从而在人生阶梯上一路攀升。

生活中，一个不懂得忍让，咄咄逼人，斤斤计较的人，时间久了，相信很多人都会因觉得没趣而远离他；而一个懂得退让、懂得吃亏的人，在吃亏的过程中，无论是自己的心情还是别人的人情，都已经得到了满足和补偿。

当然，万事万物都有个度，我们要拿捏住“吃亏”的度，才会享受到福，才会得到长远的回报。吃亏也是人生的一个坎，需要付出勇气和代价，但是只要我们坚持，就会“守得云开见月明”。

3. 忍耐就是能耐

有能耐的人经常得到我们的称赞。一个有能耐的人也许是有着惊人的本事，有着过人的天资，有别人学不到的技巧或者任何人无法达到的一种境界。总之，有能耐的人，人人羡慕和称赞。然而，很多人只看到他们表面的风采和荣耀，却不知道他们背后的苦难和耻辱，面对这些他们都是忍耐过来的。

天气很闷热，很多教徒们坐在教堂里都昏昏欲睡。然而，只有一个绅士，背挺得很直，表情严肃，看起来一副认真的样子。他跟周围的人不一样，简直是“鹤立鸡群”。后来，很多人才知道他果真跟别人不一样，他就是英国大名鼎鼎的首相格莱斯顿。

有人觉得首相真有风度，在那种环境下还能认真地听讲。也有人觉得奇怪，便问：“您觉得听这个有趣吗？”

首相听了笑着回答：“说句实话，我也很困，想偷一会儿懒。但是我又想，何不考验一下自己的忍耐程度有多大？可以忍到什么时候？有这种力量从而让我精神大作，专心致志地听下去了。”

“那您可以忍耐到什么程度呢？”那人又问。

“这个是个未知数，总之我对自己很满意，我觉得以这种耐心去面对和解决政治上的种种难题应该不成问题。”首相认真地回答，“还有，今天的讲道，对我真的很有启示，作用很大呢。”

格莱斯顿首相的忍耐功力证明了一个把不可能变为可能的事实。复杂多变的政治环境，当“智慧”没法施展，当“天才”无力回天，当“手腕”和“机智”都失去良效的时候，忍耐就是一种坚持，是一种能耐，从而解决掉一个又一个的难题，获得最终的成功。

对于想成就一番大事业的人，忍耐甚至负重都是自身必须具备的基本素质。孟子言：“天将降大任于斯人也，必先苦其心志，劳其筋骨，饿其体肤，空乏其身。”只有能够在各种困境中，各种恶劣环境中，各种消极情绪中忍耐坚持，才可以让我们慢慢积蓄力量，静心寻找新的突破点，总会有一个突破口，然后在适当的时机，突然出击，取得胜利。所谓“小不忍则乱大谋”，凡成就大业者莫非如此。

当年的韩信，不仅是忍耐，简直是忍辱负重。但是他宁愿选择这种“钻裤裆”的奇耻大辱，最终让自己英勇地站起来。当时的韩信按我们正常人的思维恐怕只有两个选择，一是把那个屠夫杀掉，二是他被那个屠夫杀掉。这样就会得到两种结果：一是韩信得到了当时的胜利，维护了自己的人格和尊严；二是从此世上再也没有韩信，因为按照法律，杀人者偿命，韩信杀了人肯定会活不成。

而聪明的韩信哪个也没选择，他选择了一条活路，让自己活下来，最后成就了一番大事业，在中国历史上千古流传。

韩信的典故无疑是告诫我们：小忍才能大成。一时的忍耐不会让我们无颜做人，反而会在我们的胸膛填筑一股强大的力量和勇气，让我们的眼光看到未来的方向，从而雄心壮志地朝着远方的目标前进。

日常生活中，我们通常告诫别人做事情要不厌其烦、不怕麻烦、不怕艰辛、不怕困苦。甚至现在流行一句：“耐得住寂寞的人，才会不寂寞。”其实，这些都说明了一个道理，忍耐在一定意义上是一种能耐，是需要毅力和勇气的。

忍耐还可以让我们的生活趋于风平浪静。人这一生也许有太多需要忍耐的事情和忍耐的人。在这个复杂的社会，我们不是什么事情都可以去做，什么话都可以说，因为一不小心我们就会功亏一篑，就会得罪他人，让自己的人际关系恶化。而忍耐则是一种很好的处事技巧，也是人际关系的润滑剂，助我们事事如意。

只有经受住了人生的各种痛楚，痛过了、哭过了、悲伤过了，经过泪水的洗刷我们才会感受到真正的幸福和快乐，才会懂得珍惜来之不易的成果。忍耐是一种能力，是一种本领，是一种能耐。

4. 无谓的争辩永远没有胜利

富兰克林曾经说过："如果你一味地去争强，去争辩，即使你占了上风，这种胜利也是得不偿失的，因为你永远无法取得对方的认可。"因此，请记住在生活中无论是我们对还是对方错，不管是我们的观点正确还是他人的观点错误，或者是当我们被人误会时，永远不要争辩。因为争辩并不能使对方觉得我们是对的，并不能使两人之间的误会消除，反而会激化矛盾，产生更大的误会。况且争辩永远也不会取得胜利，即使最后看起来是胜利了，其实是一场没有意义的胜利，是一场空虚的胜利，没有任何实质性的价值。

美国总统林肯曾经苦口婆心地劝导过一位军官，他是这样说的："一个做大事的人，是不能把自己的时间和精力浪费在斤斤计较的小事情上，或者为了一些鸡毛蒜皮的小事而进行无谓的争辩。争辩这样不但损害你的性情，还有可能使你失去控制力，做出更加不可理喻的事情来。这就好比你遇到一条狗，千万不要跟它抢道，而是让它先走。不然被狗咬伤了，难道你还返回去咬它吗？你想着把它打死算了，你打死它了，也不能治愈你的伤口呀。"

在为人处世中，我们难免会与他人发生冲突，产生矛盾。聪明的人会选择闭嘴，而不是做无谓的争辩，不仅浪费口舌、浪费精力，还让争辩更加激烈，从而得罪对方，让对方记恨，还给周围的人也留下不好的印象，乃至疏远我们。

奥哈尔是一个忠厚老实的爱尔兰人，他本人不坏，但就是有个好争辩的毛病，为此奥哈尔跟好几个人打架而被罚款。

奥哈尔没有受过什么教育，只好当一名出租车司机。在路上难免会遇到堵车的情况，这时，奥哈尔就显得很烦躁，他经常会把头伸出车窗大声咒骂。有一次，一个新手上路，没有及时刹车，差点撞到奥哈尔的车子。奥哈尔下车查看了车子，虽然发现没事，但还是毫不客气地开始找这个新手理论。新手是一个年轻人，礼貌地道歉了。可是，奥哈尔说他的语气太傲慢，一点都不诚恳。年轻人也急了，两个人就开始争论起来，紧接着变成争吵，最后就大打出手。结果两人都被扭送到警察局，接受了处罚。

后来，奥哈尔成了一名汽车公司的推销员。虽然他对汽车的功能了如指掌，但是业务成绩一直不好。后来，奥哈尔请教了一位老业务员。老业务员委婉地批评奥哈尔太喜欢跟别人较劲，对于顾客的苛刻和指责，永远也别想还口。可是奥哈尔不服气地说："有些顾客就是说得不对，我是好心给他们解释，哪里不对了?""那么他们不仅没有感激你，还一扭头走了不买你的车，是不是?""是！我不知道为什么?"奥哈尔口气终于软下来，开始请教老业务员，因为他说得对极了。

最后，老业务员就教导奥哈尔在汽车推销时，什么时候该开口说话，什么时候该闭嘴，尤其是记得永远不要跟顾客争辩较真。奥哈尔听取了老业务员的教诲，开始改变自己喜欢争辩的毛病，最后他终于成了一名成功的推销员，收入也大增。

外国有一家保险公司，给公司职员定下一条规则就是：永远不要争辩。很多经历过无数次谈判的谈判高手和在商场叱咤风云的成功人士总结出来一条成功的秘诀也是：永远不做无谓的争辩。可见争辩没有任何的好下场，因为争辩只会让本来就点燃的小火苗越烧越旺，最终变成熊熊烈火。争辩会使人的情绪更加激动，而且大脑容易失去理智，因此根本不会做出正确的判断。

在生活中喜欢争辩的人，也许口才很好，可以把别人说得哑口无言或低头认错，表面上觉得很有成就感。但是说不定对方内心未必是真心实意地承认或者心服口服，更可怕的是从此会埋下"祸根"。总有一天这个心怀"祸根"的人会找个机会以牙还牙，这样一来还是彻头彻尾地失败了。这正应了那句：无谓的争辩是永远没有胜利可言的。

人常说："沉默是金。"因此，让我们学会"闭嘴"，学会沉默，学会忍让，学会包容，给自己创造一个和睦的环境，也给别人带来一片安宁的气氛。

5. 疼痛会让我们破茧成蝶

蚌因为忍受了沙子在体内长时间痛苦的折磨，才诞出一颗光彩夺目的珍珠；大海因为忍耐了任何河流的汇入，才拥有了壮阔波澜的气概；蝴蝶因为忍受了破茧的巨大疼痛，才由一只毛毛虫变成美丽的蝴蝶；而我们人也是如此，只有忍受了人生中各种各样的挫折和苦难，才逐渐成熟，逐渐强大，让生命绽放出美丽的花朵。

孙林毕业后被分配到一个遥远的海上油田钻井队工作。没想到在工作的第一天，领班就要求孙林在规定的时间内爬上那几十米高的钻井架，就是为了给在井架顶层的主管送一个包装很漂亮的盒子。孙林虽然不情愿，但是也不敢违抗命令。于是他抱着盒子，爬上狭窄的舷梯。当孙林满头大汗地爬到顶层，气喘吁吁地对主管说这是领班让交给他的。主管接过盒子，在上面大笔一挥签了个名字就交给孙林，让他送回去。

孙林照做了，他又咚咚地跑下舷梯，把盒子交给了领班。但是让孙林不敢相信的是，领班签完了字后又让孙林把盒子再次给主管送上去。孙林犹豫地看了看领班，准备开口发问。但看着领班严肃的表情，他张开的嘴巴又闭住了。当孙林第二次爬上高高的井架时，腿已经开始发抖，浑身大汗。可是，主管头也没抬地签完字交给孙林，让他送回去。孙林下来后，领班签了字又让他送上去。

孙林终于忍耐不住，心中升起一股怒火。但他还是笑着问了一句这样做是为了什么？但是领班没有回答他。孙林擦了擦脸上的汗，只好又开始爬舷梯，当他步履维艰地爬到顶层时，浑身的衣服已经粘在身上了，喉咙干涸得要命。当他把盒子递给主管时，主管这才抬起头看着他，慢条斯理地说：“你把盒子打开吧。”

孙林撕掉盒子外边的包装纸，打开盒子一看，里面放着两个玻璃罐。一个装的是咖啡，一个是咖啡伴侣。孙林失声笑道，用不可思议的目光看着主管。主管不理，只对他说：“你把咖啡泡上吧。”这时，孙林再也忍不住了，他用力把盒子往地上一摔，叫道：“我不干了，你们这是故意在折磨我是不是?”

然而，主管没有回答孙林的问题，而是直视着孙林的眼睛说了一句：“你可以走了。不过看在你刚才跑了三次的份上，我可以解释这是为什么。你刚才做的这些动作叫‘承受极限训练’，我们这里的每一个队员都需要训练，因为我们的工作是海上作业，随时会有危险，队员们必须具备极强的承受力，经得起任何考验。才能很好地完成任务，又保住自己的性命。可喜的是你已经通过了，但是却让你自己搞砸了，因为你没喝到自己冲的甜咖啡。现在你明白了吗？你可以走了!”

孙林听完主管的话，一屁股瘫坐在地上，眼神迷离地望着摔在地上的盒子，一个玻璃罐已经被砸破，里面的咖啡倒出来一些。

我们不得不为孙林感到惋惜，但是也会感慨很多时候我们也像孙林一样遇到过同类的事情和同样的境况。当我们自以为别人是在折磨我们，命运是在捉弄我们，岂不知其实是我们自己没有扼住命运的咽喉，白白让机会溜走，让到手的成功飞走了。这正是因为我们的无法忍耐，不会忍受所造成的，我们经常只会看到“忍”字头上的那把刀，却看不到下面的那颗心。也许那把刀架在我们的头上令我们痛苦不堪，恐惧不已，但是我们完全可以用这颗坚强的心化解一切，忍耐所有。不要在忍耐到差一点点的时候，因为放弃，从而不能喝到准备给我们的“甜咖啡”后悔不已。

英国有位作家曾这样说过：“富者能忍保家，贫者能忍免辱，父子能忍慈孝，兄弟能忍意笃，朋友能忍情长，夫妇能忍和睦。”可见忍的力量，忍的好处，忍的智慧。谁不羡慕蝴蝶的翩翩起舞，谁不羡慕老鹰的展翅高飞，谁不羡慕花朵的风姿招展。但是它们都是经历过疼痛才让自己破茧成蝶，才能拥抱蓝天，才能挺拔伟岸。大自然的生物可以做到忍耐，何况是我们人类呢？学会忍耐，学会能屈能伸，学会不畏艰辛，学会披荆斩棘，做一个“忍者”，做一个有耐性的人，让我们的生命充满斑斓色彩，充满炫耀风采。

第十九章

宽容

——拥抱幸福的永恒之道

宽容是人性中最美丽的情感，宽容是一种良好的心态，宽容也是一种崇高的境界，俗话说：心宽路自宽，心宽一寸，受益三分。懂得宽容的人，都拥有一颗包容的心，如大海般宽阔深广；懂得宽容的人，面对纷繁社会中不可避免的事实，别人犯下的过错，明智地选择原谅和宽恕；最高贵的复仇是宽容，面对曾经的伤害，宽容的人不计较、不追究，自得一份平和心。

宽容是一种生存的智慧、生活的艺术，宽容是一种仁爱的光芒、无上的福分，宽容是一种良好的心理品质、非凡的气度；学会宽容，远离仇恨，用一颗宽容的心去宽容一切，拥抱一切，用宽容之雨滋润人们的心灵，用宽容之花，芬芳世间每一个角落，用宽容之心给世界带来幸福和希望。

1. 宽恕自己，放下心灵的包袱

漫长人生道路上，我们总会不可避免地遇到各种各样的不如意事，令我们痛苦、悲伤、难过。比如我们所遇到的苦难，曾经犯下的错误，面对自身无法改变的缺点和缺陷。这些就像石头一样压在心头，让我们喘不过气来。我们觉得自己太不幸，然而却不知道，背着心灵的包袱行走在人生道路上，才是最不幸的。因此，一定要懂得放下“包袱”，懂得释怀，懂得看开，放过自己，宽恕自己，不要“作茧自缚”更不要“飞蛾扑火”，让自己永无回头之路。

安娜是一位很成功的女性，她是一家广告公司的大总裁，有着众多女性所羡慕的东西，财富、地位、美满的家庭，她的成功是许多女性可望而不可即的。

但是，有一天，安娜偷偷在家里请来了市里面一名最好的心理医生，说出了自己心中多年的苦恼。原来，安娜一直都是争强好胜的女人，从小女孩时，就对自己严格要求，这也许是受她父母的影响，她的父母都是大学教授。安娜所有的成绩都是班里最好的。直到上了大学，安娜还是样样优秀，直到认识了一位英俊的青年——里克，骄傲的安娜一下子跌入了情感的漩涡，无法脱身。那时候的里克只是来自一个僻远山村的穷小子，因此，安娜的父母极力反对，因为他们觉得吊儿郎当的里克不能给自己的女儿幸福。但是安娜一直在坚持，大学还没毕业，安娜就未婚先孕，于是她偷偷地退学。安娜的父母知道后强烈要求女儿把孩子打掉，但是年轻气盛的安娜说不用他们管，自己可以养活。父母觉得女儿给他们丢尽了面子，一气之下就对女儿说，如果不把孩子打掉，如果跟里克结婚，他们就不认这个女儿。性格倔犟、敢爱敢恨的安娜连夜就跑出了家门，跟里克私奔到另一个半球的国家澳大利亚……

后来安娜还是把孩子打掉了，因为她死死爱着的里克并没有她想象得那么爱她。她跟里克分手后，开始了自己一个人在国外的艰难生活，好强的安娜觉得自己没有脸面回去，她不能原谅自己对父母所犯下的过错。一转眼，15 年已经过去了，安娜从来没有回去看过自己的父母，虽然期间父母写过信让她回家看看。但是安娜害怕见到他们，她更害怕自己。

有一天母亲又发来电报说，父亲病危，想见见安娜，安娜起初一直犹豫不决，她没有勇气回去。最后在现任丈夫的劝说及陪同之下，安娜才踏上了遥远的回家路程。可是当她回到家后，她再也见不到她的父母了，她们已经双双去世了。原来她的肥胖的母亲在父亲去世的那天晚上，由于伤心过度，导致脑溢血，也去世了。

从此，安娜就更不能原谅自己了，她快要恨死自己了，她觉得是她害死了自己的父母，她简直伤透了他们的心。白天一天的忙碌后，晚上安娜开始失眠，或者睡着之后就是连续不断的噩梦，她真的快被折磨疯了。安娜的丈夫觉得她如果再不去看心理医生，肯定会得精神分裂症。

“医生，您快点帮帮我，我快要疯了，我快要恨死我自己了。”此刻的安娜竟像个小孩子一样无助。

没想到，心理医生只对安娜说了一句话：“对不起，安娜女士。其实我并不能帮您多少忙，真正能帮上忙的只有一个人，那就是你，宽恕自己吧。”

一直以来，安娜的心灵上都压着重重的包袱，里面装着仇恨、愧疚、痛苦等折磨着她。与其忍受这些心灵上的煎熬，还不如像心理医生所说：宽恕自己，拯救自己，因为真正能帮得上忙的只有她自己。

人生难免会有很多遗憾，但我们可以选择不要把它们打成一个个死结。很多时候，只是我们自己跟自己过不去，其实事情并没有那么糟糕，并不是没有回头的余地。当我们发现自己犯错时，就及时地改正，避免错上加错，如果已经来不及那就坦然接受和承担；当我们发现自己一直沉浸在自身的不足时，何不抬起头向四处看看，也许不如我们的人有很多呢。积极地挖掘自己的优势，乐观地面对一切，不要自我否定，不要自我虐待，而是宽恕自己，肯定自己。让自己的心灵得到解放、得到自由，快乐幸福地走完自己的人生。

2. 宽恕别人就是善待自己

人非圣贤，孰能无过？的确如此，人生在世，谁不会犯错误？人无完人，谁会保证自身没有一点缺点？有一位哲人说过：用一颗宽恕的心化解生活的一切矛盾，宽恕的受益者不光是被宽恕者，还有宽恕者自己。的确，宽恕别人不仅是善待别人更是善待自己；宽恕别人，让自己的人际关系和睦，让我们的生活和谐圆满。

这个故事是发生在第二次世界大战时期的一个真实故事。

一支美国军队走到森林处，遇上了敌军，于是就展开了一场激烈的战斗。战斗结束后，两名战士失踪了，因为根本就没看到他们的尸体，没人知道他们去哪里了。

这两名战士是同乡，来自同一个小镇，所以关系很亲密，既是兄弟又是朋友。其实他们并没有死，而是在混乱中与队伍走散了，在森林里迷失了方向。两个人互相扶持着在森林里熬过了好几天，艰难跋涉，但他们互相鼓励，互相安慰，坚强地活下来。可是十多天过了，他们还是看不到一个人影，他们失去了与部队联系的希望，更致命的是还要面临生存的危机。因为战火连天，很多动物都被杀光或奔逃了，连一只小兔子都很难见到。

这一天，上帝救了他们，他们终于幸运地逮到一只鹿。两人高兴地分享了鹿肉，又相安无事地度过了几天。但是鹿肉眼看着快要吃光了，可这几天他们再也没碰到动物。这预示着鹿肉吃完了，他们又要挨饿了。

不幸的是，他们在有一天寻找食物时，竟然碰到了敌人。幸亏两人机智，又巧妙地逃脱了。正当他们以为甩了敌人高兴地前进时，突然一声枪响，前面背着鹿肉的那个随即倒在了地上。后面的这个连忙跑上前，发现兄弟的肩膀中了一枪，血流不止。他撕下自己的衣服给兄弟包扎了伤口。这时，天黑了，他们就躺下来休息。受伤的这个眼神迷乱，嘴里喃喃地念叨着，他似乎在憧憬着什么，但对自己的生命一点都不抱希望。虽然很饿，但两个人谁都没有动那块仅剩的救命鹿肉，而是在饥寒交迫中度过了一晚上，他们以为自己会死，但是第二天眼睛还是睁开，看见阳光在茂密的森林里洒下来……

也许是上帝的怜悯，他们命不该绝。当听到一阵嘈杂的声音后，两个人惊喜地看到自己的部队，他们终于获救了。此后，两个人又一起并肩作战，最终熬到战争结束，幸运地活下来。

30 年过去了，受伤的那个回忆起当年的生死关头，他缓缓地说：“其实我知道是谁开的枪，他就是我的老乡兄弟。”很多人惊讶不已。他又平静地说：“这么多年来，我从来没有说出口，我想把它烂在肚子里直到死，但是他先比我死了，我觉得应该公布出来。

“在森林里，我被打伤后，他跑过来抱住我时，我感觉到一个热热的东西指着我的身体，那是他的枪筒。但是我什么话也没说，我宽恕了他，我知道他是不得已的，家里有一个老母亲在等着他回来。战争太残酷了，但是我们不能失去善良的心和宽恕的心。30 年来，我绝口不提此事，心里倒觉得很平静，而且我们的关系一直很好，他还是我的好兄弟。

“战争结束后，我们回到老家，但是难过的是他的母亲早已去世了，没有等到自己的儿子回来。我们一起祭奠老人家，在老人家的面前，他终于说出了心里的话，流着泪跪下来请求我原谅，其实他根本没必要那么做，因为那一瞬间我就已经原谅了他，宽恕他了。看吧，没有仇恨，没有痛苦，我们又做了这么多年推心置腹的兄弟。这样不是很好吗?”

宽恕别人的最高境界莫过于能原谅别人的过错，宽恕别人对自己的伤害，甚至去帮助别人走出困境。当别人伤害我们时，怒气冲天，记恨复仇，都是没有任何好处的，正如莎士比亚忠告人们说：“不要因为你的敌人而燃起一把怒火，灼热地燃伤你自己。”别人伤害我们无法改变，自己伤害自己才是愚蠢的。富兰克林说：“对于所受的伤害，宽容比复仇更高大得多。”因此，让我们做高大的自己，以一颗包容的心宽恕他人所犯的过错，对方不仅会感激我们，说不定还会“化干戈为玉帛”，由敌人转化成朋友。一生放宽心胸，宽恕别人，善待别人，更善待我们自己。

3. 难得糊涂

据说，“难得糊涂”四个字是写在山东莱州的云峰山上。关于这四个字还有一个故事。

著名书画家郑板桥有一年专门来到这里观赏郑文功碑，流连忘返，却没发觉天已经黑了。他没办法下山，只好借宿在山间的一个茅屋中。茅屋中的主人是一个白发苍苍的儒雅老翁，自命为“糊涂老人”，并且说话、风度都不俗。老翁的屋中放一块方桌般大小的砚台，郑板桥细细观赏后不禁赞不绝口，只见此砚台不仅石质细腻，上面的镂刻也很精良。老翁让郑板桥题字并打算刻到砚背上。郑板桥欣然答应，他根据老翁的风格，便题写了“难得糊涂”四字。后来郑板桥知道老翁是一位隐退的官员，便又在砚背上补了一段话：“聪明难，糊涂尤难，由聪明而转入糊涂更难。放一著，退一步，当下安心，非图后来报也。”

的确，糊涂不仅是人生的真谛，更是一门大学问，曾经有一位哲人说：“聪明的最低境界是糊涂，而它的最高境界依然是糊涂。”糊涂其实是最大的聪明，是真正的智慧。

世人都想当智者，不愿做糊涂虫。可是世间万物，变化多端，人，更是难以猜透的动物。所以，我们不可能把每一件事都掰扯得清清楚楚，或者思考得明明白白。那么，人生在世，就“难得糊涂”一回吧。这“糊涂”二字，绝非那种浑浑噩噩的“糊涂”，不是让我们变得没有思想、没有意识、没有主见，而是以一种真正聪明的方式，一种豁达的心态，一种宽容的眼光去看待、处理事情的糊涂。

在生活中我们总是喜欢事事完美，事事较真，岂不知这样会让自己活得很累。有些东西越是看得清楚就越让人烦恼不爽，有些事情越是想得明白就越让人失望难过。与其在无尽的痛苦和折磨漩涡中挣扎，还不如“睁一只眼，闭一只眼”，就会让事情成为过去，而那些负面的情绪也会烟消云散。

民间还流传着一副对联："诸葛一生唯谨慎，吕端大事不糊涂。"后来也成为了人们心中的至理格言。吕端是宋朝一名宰相，长相看起来很愚笨，平日里做人也很糊涂，但是遇到大事他却一点也不糊涂。当年，宋太宗想任命吕端为相，很多人反对说吕端为人太糊涂，宋太宗说小事糊涂，大事不糊涂就行了，于是决意提拔了吕端。

当时还有一位名臣也是同样的办事干练，很有才能，他就是寇准。但是寇准性子有点刚烈，凡事都很认真固执。吕端担心宋太宗提拔他为臣相，寇准心里会不服气，因此耍脾气，这样就会影响大臣之间的关系，更会影响朝政。于是吕端就让宋太宗重新下了一道指令，让寇准和自己轮流掌印，领班奏事，平起平坐。寇准最后心服口服，不仅情绪得到了平复，还跟吕端和睦相处，共同辅政。

后来，宋太宗对吕端说："以后，有什么事，你处理完了就给我上报吧。"但是吕端每次都叫来寇准一起商量，从不专断。最后，吕端干脆把丞相的职位让给了寇准，自己去当参知政事。很多人觉得吕端的这种主动让权很傻，简直是"糊涂虫"一个，但是吕端并不在乎，依然自得其乐。在他的一生里，对于名利、财富从来都不会斤斤计较，而是表现出淡然的态度，但真正关于朝政的大事，他能非常聪明地做出决断。因此，让宋太宗很是欣赏，也给后人留下一段佳话。

吕端一辈子糊涂，不仅让自己在复杂多变的朝政中平安度过，还得到了宋太宗的赏识。他什么都没追求，却什么都得到了，一辈子活得快乐幸福。真正高境界的"糊涂"是一种心中有数，不动声色的涵养，是一种明哲保身，化险为夷的韬晦术，是一种与世无争，悠然自得的乐趣，用老子的话说就是"大智若愚"。

一位名叫爱弥尔·劳伦的人曾经写过这样一首关于糊涂的诗。

糊涂最难得

真正的糊涂是最高明的

那是一种将自己的才智升华后的智慧

那是一种虽知晓却不点破的涵养

那是一种不入世俗的气量

那是一种让自己远离纷争的快乐

那是一种豁达的胸怀

那是一种让自己免于危险的方法

不管是男人还是女人，只要他能做到这一点

他的一生将可以放出绚丽的色彩

这首诗无疑是道出了糊涂的真理，糊涂的真谛。人生在世，难得糊涂，糊涂一回，幸福一回。一辈子“糊涂”，幸福一辈子。

4. 宽容是一种巨大的力量

伟大的法国作家雨果曾经说过：“宽容就像清凉的甘露，浇灌了干涸的心灵；宽容就像温暖的壁炉，温暖了冰冷麻木的心；宽容就像不熄的火把，点燃了冰山下将要熄灭的火种；宽容就像一支魔笛，把沉睡在黑暗中的人叫醒。”宽容果真有如此大的力量？

仙崖禅师曾经收过一个贪玩的徒弟，他耐不住寺院的寂寞，常常在傍晚时分趁着禅师不注意偷偷溜出院子去玩，天快亮的时候再悄无声息地溜回来。

有一天傍晚，他在后院的高墙下又架起一张高脚凳，翻墙溜出去了。正在院子里散步的仙崖禅师忽然发现了墙角边的这张凳子，就知道有人违规越墙出去闲逛了，但禅师并没有动怒，而是走到墙边，将凳子搬到一边，就地而蹲，等待溜出去的人归来。

夜深人静的时候，禅师的那位徒弟尽兴归来，不知道墙下的凳子已被搬走，黑暗中踩着禅师的脊背跳进了院子。当他双脚落地的时候，才发现刚才自己踩的不是凳子，而是自己的师父，顿时吓得魂飞魄散，一动不动地矗立在那里，连大气都不敢喘一口。

但是，令徒弟没有想到的是，师父并没有厉声责备他，反而关心地说：“夜深天凉，快去多穿一件衣服。”

徒弟回到住处，坐卧不宁，翻来覆去睡不着觉，生怕第二天师父会当着所有学僧的面批评他一顿。但是这件事一天天过去了，师父从来没有提到过此事，也没有第三个人知道。徒弟这才渐渐恢复了内心的平静，并为此感到深深自责。从此他再也没有偷偷溜出去玩耍，而是一心一意跟随师父学习本领，最终成为一代深有造诣的高僧。

仙崖禅师用一颗宽容的心原谅了徒弟的过错，从而把徒弟造就成了一代高僧，足见宽容的力量，宽容的境界。

原谅和宽恕，比仇恨更有力量。仇恨的力量是强大的，它会让我们做出不道德之事，甚至走向极端，乃至毁灭一生。然而宽容的力量更加强大，因为它可以化解如冰雪般的仇恨，犹如太阳般的能量，温暖全世界。宽容小到可以救人一命，大到可以拯救一个民族，一个国家。

古时候，有一次楚怀王设宴款待群臣，犒劳众位将军和大臣。那一夜歌舞升平……

当酒过三巡，楚怀王兴致很高，于是就召唤后宫的妃子出来给大臣们敬酒，妃子里面有一位绝代佳人名叫许姬。

当许姬给一位大将军敬酒时，突然来了一阵风把大厅里的灯吹灭了。那个大将军乘机就摸许姬的大腿。许姬身子一转，手一伸顺手摘掉了大将军头上的红缨。

许姬哭哭啼啼地给楚怀王说了刚才发生的事。没想到楚怀王并没有大怒，而是让在场的大臣和将军把头上的红缨都取下来，包括身上象征身份的玉佩，并且让太监收起来。当灯点亮后，在场的所有将军头上都没有红缨。

那个非礼许姬的大将军内心明白了楚怀王的用意，这是在宽恕他犯下的罪过，于是心里又感激又自愧。

后来，在一次战斗中，楚怀王被许多敌兵团团围住，进退不能，眼看着要战败被捉。这时，紧要关头，一名勇猛的大将从后面杀出来，解救了楚怀王，并赢回了战争。这名大将正是当年被楚怀王原谅的将领。

楚怀王的宽容不仅拯救了大将军，还拯救了自己，自己的国家，可见宽容的力量之大。然而宽容并不是每一个人都能做到，宽容需要一个人有海纳百川的宽广胸怀和上善若水的非凡气度，需要操练、需要修行才能达到的从容、超然和成熟。

宽容首先要懂得以客观的心态面对这个世界，不愤世嫉俗、不感情用事，如果能够有一颗平和的心和一种淡然处世的心态，更是乐在其中；宽容需要懂得对别人不苛刻，做到“得饶人处且饶人”，放别人一条生路，给自己留一条后路；宽容的最高境界莫过于宽恕别人的过错，化敌为友，化仇恨为感动。宽容是一种生存的智慧，一种生活的艺术，学会宽容，赐予生命巨大的力量，更容易获得幸福快乐！

5. 再冷的“棉被”也会被暖热

有一句古语说：人之初，性本善。每个人的本性都是善良的。日常生活中，我们以礼待人，一心向善，大家和睦相处。但是，一旦人与人之间碰到利益关系的事情就会产生矛盾，发生冲突。有的人会对我们恶语相向，甚至拳脚相加，有的人会给我们穿“小鞋”，背后“捅刀子”。这些都让我们悲愤不已，但是仇恨不会起任何作用，只会进一步恶化与对方之间的关系。我们唯一能做的就是以平常心面对，以一颗包容的心化解，相信会得到我们意想不到的收获。

一座山上有一个破旧的寺庙，寺庙里住着一个老和尚和一个小和尚。一天，小和尚面露苦色地对老和尚说：“咱们缸里的米快没了，这几天我下山去化缘，村里的人都不理我们。还有很多人笑话我们是山上的野和尚。”

老和尚听了笑着说：“无妨，他们骂就是了。”

小和尚听了急着说：“骂我倒能忍受，可是今天我下山化斋饭。这么冷的天，却没有一家人给我开门，让我在外面冻得哆嗦。这些人太没良心了，只有有求于佛的时候，才想起到寺庙里来烧香拜佛。平日里不闻不问，都不理我们的死活。这样下去，师父，您所说的庙宇千间、钟声不断的梦想可能一辈子也实现不了了。”

老和尚听了，脱下袈裟，笑着说：“现在你不冷吗？”

“冷。”小和尚回答，然后又继续絮絮叨叨地说，而老和尚坐在床上闭起眼睛，开始打坐。过了好一会儿小和尚还在唠叨着。老和尚睁开眼睛看了看窗外，慈祥地说：“你看外面被风吹得紧，冰天雪地，你站在地上肯定很冷，快点上床来吧。”

小和尚听了老和尚的话，赶紧脱了外衣钻进了被窝，老和尚也熄了灯睡进被窝。“被窝里很凉，都不暖和。”小和尚又开始抱怨道。老和尚没有发话。

过了15分钟后，老和尚问：“现在被窝里暖和了没有?”“暖和了，就像在太阳底下一样暖和。”小和尚转悲为喜。

老和尚笑着说道：“刚开始棉被放在床上面，没人动它，肯定一直都是冰冷的；但是人一旦钻进了被窝过一会儿就会暖和了。你说是人把棉被暖热了还是棉被把人暖热了?”小和尚一听笑着说：“师父，您真是糊涂呀，当然是人把棉被暖热了，棉被怎么可能把人暖热了呢?”

老和尚又说道：“你也明白其中的道理，既然棉被无法把我们暖热，我们为什么还需要棉被，需要用它取暖呢?”

小和尚想了想说道：“虽然棉被不会自己发热给我们供暖，但是厚厚的棉被可以保存我们的温暖，还让我们睡在被窝里很舒服。”

黑暗中，老和尚会心一笑：“其实我们这些撞钟诵经的和尚正是睡在厚厚棉被下面的人，而那芸芸众生则是厚厚的棉被啊。只要我们以一颗善心，包容之心感化他们，总有一天，冰冷的‘棉被’会被我们所暖热的，而那‘棉被’也会把我们的温暖保存下来，让我们舒服地睡在被窝里。”

小和尚听了老和尚的话，终于恍然大悟。从第二天开始，小和尚很早就下山去化缘去了，依然有很多人拒绝给他开门或者恶语相向，但是小和尚都报之以微笑，行一个僧人之礼。

十年之后，这座破寺庙已经被整修扩大，并取名叫菩提寺。里面来了很多僧人，烧香拜佛的人络绎不绝，当年的老和尚成了主持，而小和尚则成了众多小和尚中的大弟子。

生活中，我们也许会碰到很多冰冷的“棉被”，让我们感到“寒冷”和难过。但是只要我们用一颗包容的心坚持下去，以一颗善心去爱，再冰冷的“棉被”总有一天会被温暖的。这时，大家都感受到温暖的气息，生存在阳光般的环境里，莫过于是天下最大的幸福。

6. 懂得感恩，学会珍惜

感恩是我们人生不老的话题。每一个人都要学会感恩，感恩可以润化和滋养我们的心灵，感恩可以丰富和缤纷我们的生活。懂得感恩，才能学会珍惜；懂得感恩，才能真正品味到幸福和快乐。

从小就听过这样一首歌叫《感恩的心》：感恩的心感谢有你，伴我一生让我有勇气做我自己，感恩的心感谢命运，花开花落我一样会珍惜……一个人要常怀有感恩之心，要心存感恩之情，懂得感恩的人才会懂得珍惜生命，珍惜人生，珍惜生活中的点点滴滴。

一个穷苦的大学生，为了缴纳学费，不得不自己打工赚钱。他找到一份推销的工作，寒冬腊月，挨家挨户地敲门推销商品。可是一天下来，他只推销出去几件商品，肚子却饿得咕咕直叫。他摸了摸自己口袋里的钱，舍不得买东西吃，于是他准备讨点饭吃。

敲开一户人家的门后，出来一位年轻貌美的女孩。他顿时失去了行乞的勇气，脸涨得通红，老半天，他小声地说道：“小姐，请给杯水喝吧。”女孩听了，转身走进屋子，不一会儿，端出来一大杯热腾腾的牛奶。

他惊讶地接过来，然后一口气喝完，问道：“需要付多少钱?”

“你不需要付一分钱的。”女孩用清脆的声音说，“母亲告诉我们做善事不要求回报。”

这位穷学生听了，什么话也没说，只是感激地点点头，但是他的心里已经暗暗下定决心。后来他终于毕业了，当了一名医生。行医救人，成了他一生的目标。

一天，医院送来了一个病危的女孩。然而，由于交不出手术费，医院拒绝给她治病。当他得知后，便走过来一看，他一眼就认出来是那个女孩。他心情激动，很快把女孩安排进入了急救室，尽自己全部的力量来救女孩。最终，女孩终于醒过来，女孩的母亲激动地对她说：“那个医生是个大好人呀，救了你一命。”

当女孩和母亲相互搀扶着来到医生的办公室时，医生急忙走过来让他们坐下。女孩感谢医生的救命之恩，没想到，医生的眼里却噙着泪水连声说：“是我应该感谢你们呀。你们恐怕不记得了，当年的一个冬天，我敲开你家门，讨杯水喝，但你却给我拿出来一杯热腾腾的牛奶……”女孩两眼发亮，似乎回想起来。

女孩虽然已经脱离生命危险，但还需要住院观察，可女孩却执意要出院。当医生询问她时，女孩说：“我们家交不起住院费。那一年父亲公司生意不好，欠下很多债务，父亲喝酒后驾车出了车祸去世了。家里就留下母女俩相依为命，每年还需要给别人还债……”医生了解到情况后，就说：“你安心养病吧，一切治疗费用由我来出。”

一个月后，女孩的病终于痊愈。到了出院的时候，医院交代办理手续，并将出院的账单送到医生的手中签字。医生签完字后，账单就被转送到女孩的手中。

女孩不敢打开账单，因为她知道那是一个天大的数目，恐怕是她一辈子也无法还清的。最后她鼓起勇气打开后，上面的一行小字吸引了她，是这样一句话：“一杯鲜奶已足以付清全部的医药费！”女孩顿时泪流满面……

女孩和医生无疑都是善良的，懂得感恩的。真可谓“滴水之恩当涌泉相报”，当年的穷学生变成医生后，用昂贵的医药费偿还了一杯热牛奶的情分。是女孩的善良感化了他，教会了他懂得感恩，学会珍惜生命，从而行医救人，一生做善事。

感恩让人与人之间充满了爱，感恩让世界的每个角落充满温暖。学会感恩，感恩父母赐予我们生命，感恩帮助过我们的所有人，感恩大自然带给我们美妙。学会珍惜，珍惜我们的生命，珍惜爱我们和我们爱的人，珍惜生活中的每一个感动。让感恩净化我们的心灵，让珍惜充实我们的生活，此生足矣！